普通高等教育"十四五"规划教材

冶金工业出版社

航空遥感图像处理

主编 白新伟 孙文邦

北 京

冶金工业出版社

2023

内 容 提 要

本书共分 11 章，主要内容包括绪论、数字图像处理基础、图像压缩编码、图像增强、图像定位、图像恢复、图像镶嵌、图像识别、雷达图像处理、多光谱图像处理和视频图像处理。

本书可作为高等院校计算机科学与技术、电子信息、遥感科学与技术及相关专业的教材，也可供有关研究人员和工程技术人员参考。

图书在版编目（CIP）数据

航空遥感图像处理/白新伟，孙文邦主编. —北京：冶金工业出版社，2023.5

普通高等教育"十四五"规划教材

ISBN 978-7-5024-9479-7

Ⅰ.①航… Ⅱ.①白… ②孙… Ⅲ.①航空遥感—遥感图像—图像处理—高等学校—教材 Ⅳ.①TP72

中国国家版本馆 CIP 数据核字（2023）第 073882 号

航空遥感图像处理

出版发行	冶金工业出版社	**电　话**	（010）64027926
地　　址	北京市东城区嵩祝院北巷 39 号	**邮　编**	100009
网　　址	www.mip1953.com	**电子信箱**	service@mip1953.com

责任编辑　刘林烨　美术编辑　吕欣童　版式设计　郑小利
责任校对　郑　娟　责任印制　窦　唯
三河市双峰印刷装订有限公司印刷
2023 年 5 月第 1 版，2023 年 5 月第 1 次印刷
787mm×1092mm　1/16；16.5 印张；399 千字；254 页
定价 55.00 元

投稿电话 （010）64027932　**投稿信箱** tougao@cnmip.com.cn
营销中心电话 （010）64044283
冶金工业出版社天猫旗舰店　yjgycbs.tmall.com
（本书如有印装质量问题，本社营销中心负责退换）

前　　言

随着侦察平台的快速发展，侦察传感器的类型及性能也得到了前所未有的高速发展，人们越来越依赖所获取的各种图像进行观察、分析，并获得所需的重要信息，因此对侦察到的数字图像进行适当处理也变得越来越重要。

本书立足现阶段侦察手段，对侦察过程中出现的问题及需求进行梳理，内容深入浅出，注重基础，图文并茂，用缜密的逻辑、通俗的语言叙述技术机理与过程。

本书第 1 章和第 2 章主要介绍了现阶段常用的侦察平台及传感器，以及数字图像的基础知识，图像变换的内容也编入在第 2 章，主要考虑变换的目的也是为了后续的处理，所以不作为单独章节介绍。第 3~7 章主要介绍了常用的处理技术，包括压缩编码、图像增强、定位、恢复、镶嵌等处理技术。在图像增强处理中，将辐射增强、空间增强、频域增强和形态学增强等几个不同方面的增强统一在一章中，这对读者系统掌握增强方法有很大帮助。在图像恢复章节中，重点介绍了图像几何变形的恢复，这主要是由于侦察平台在侦察过程中，由于空气、操控等原因，几何变形成为影响图像质量的主要原因。第 8 章主要介绍了图像识别的方法，从分割、特征提取到分类，全流程的将识别过程展现出来，依托计算机技术进行智能识别。第 9~11 章主要是根据侦察图像的类别，选取现阶段除可见光之外的常用的侦察图像，包括合成孔径雷达图像、多（高）光谱图像以及视频图像，重点介绍了一些简单、常用的处理方法。

本书由白新伟、孙文邦担任主编。编写分工如下：孙文邦编写第 1 章，白新伟编写第 2~5 章，于光编写第 6 章，吴迪编写第 7 章和第 8 章，尤金凤编写第 9 章，武赫男编写第 10 章，刘文婧编写第 11 章。本书由刘宇主审，白新伟统稿。

本书在编写过程中，参考了相关的文献资料，在此向相关作者表示感谢！

由于编者水平所限，书中不妥之处，恳请广大读者批评指正。

编　者

2022 年 10 月 7 日

目　　录

1 绪　　论

　　伴随着现代战争信息化程度的日益增强，战场感知能力成为各军事大国争相发展的领域，其中利用航空、航天平台获取侦察图像是战场感知的基础，是筹划和指挥作战的重要依据。对侦察到的图像进行恰当的处理可以快速、准确地提高战场感知能力。现阶段，航空航天获取的图像主要是数字图像，因此本书主要讨论数字图像的处理方法。本章从侦察图像的相关基础知识入手，介绍常用的侦察平台及传感器、侦察图像处理系统、特点、处理流程及现阶段实用的处理技术。

1.1　数字图像与数字图像处理

1.1.1　数字图像

　　客观世界在空间上是三维（3-D）的，但一般从客观景物得到的图像是二维（2-D）的。一幅图像可以用一个 2-D 数组 $f(x, y)$ 来表示，这里 x 和 y 表示 2-D 空间 XY 中一个坐标点的位置（实际图像的尺寸是有限的，所以 x 和 y 的取值也是有限的），而 f 则代表图像在点 (x, y) 的某种性质 F 的数值（实际图像中各个位置上所具有的性质 F 的取值也是有限的，所以 f 的取值也是有限的）。例如常用的图像一般是灰度图，这时 f 表示灰度值，它常对应客观景物被观察到的亮度。文本图像常为二值图像，f 的取值只有两个。图像在点 (x, y) 也可有多种性质，此时可用矢量 $\boldsymbol{f}$ 来表示。例如一幅彩色图像在每一个图像点同时具有红绿蓝 3 个值，可记为 $(f_r(x, y), f_g(x, y), f_b(x, y))$。需要指出的是，人们总是根据图像内不同位置的不同性质来利用图像的。

　　日常所见的图像有许多是连续的，即 f、x、y 的值可以是任意实数。为了能用计算机对图像进行加工，需要把连续的图像在坐标空间 XY 和性质空间 F 都离散化。这种离散化了的图像是数字图像，是客观事物的可视数字化表达。数字图像可以用 $I(r, c)$ 来表示，其中 I、c、r 的值都是整数，这里 I 代表离散化后的 f，(r, c) 代表离散化后的 (x, y)，其中 r 代表图像的行，c 代表图像的列。本书以后主要讨论数字图像，在不致引起混淆的情况下，用 $f(x, y)$ 代表数字图像，若不作特别说明，f、x、y 都在整数集合中取值。

　　早期英文书籍里一般用 picture 来指图像。随着数字技术的发展，现都用 image 代表离散化了的数字图像，因为计算机存储人像或场景的数字图像（computers storenumerical images of a picture or scene）。图像中每个基本单元称为图像元素，在早期用 picture 表示图像时就称为像素（picture element）。对 2-D 图像，英文里常用简称 pixel 代表像素。如果采集一系列的 2-D 图像或利用一些特殊设备，还可得到 3-D 图像。对 3-D 图像，英文里常用 voxel 代表其基本单元，简称体素（volumeelement）。近年由于都用 image 代表图像，所以也有人建议用 imel 统一代表像素和体素。

1.1.2　数字图像处理

人类感知的图像仅限于比较小的一段电磁波谱，而数字图像由于可以通过各种成像途径获取，因而可以覆盖从 γ 射线到无线电波的几乎整个电磁波谱。因此，数字图像处理不仅可以对人类习惯的图像进行加工，还可以对包括超声波、电子显微镜和计算机等成像机器产生的图像进行处理。这样，数字图像处理涉及的应用领域将非常广泛。

数字图像的处理大体上可以分为两类：一类是图像到图像的处理；另一类是图像到非图像的处理。前者的主要作用是将效果不好的图像处理为效果较好的图像，或者将失真、模糊和噪声污染等退化的图像进行恢复和还原，其目的是提高画面质量，或者达到某种特殊目的。后者图像到非图像的处理是将图像中有关信息用非图像的方式表示，以便于分析与理解，所以这类处理通常又称为数字图像分析。例如：对某军事目标识别时，就需要将军事目标与其他背景区分开，然后根据目标的典型特征进行识别；对人脸进行识别时，通常需要将人脸的图像处理为一个特征向量；对材料颗粒分析时，需要将材料微粒的形状、粒径分布情况等按数量、大小和表面积等特征进行统计。这些处理都是图像到非图像的处理。

对图像的处理既包括空间域的处理，又包括变换域（如频率域）的处理。有忠实于客观景物对图像进行的复原，也有便于获取某一特定信息对图像进行的增强，既有对彩色图像、灰度图像的处理，也有对二值图像的处理。

总之，数字图像处理的目的是提高图像中所包含的信息的质量，帮助人类或机器获取所需的信息（包括图像形式的信息或非图像形式的信息），或者在不损失或少损失图像信息的前提下，为图像的存储、显示和传输提供更好的方法。

1.2　侦察平台及传感器

在军事上，搭载传感器的运载工具称为侦察平台，其主要有飞机、人造卫星、宇宙飞船、航天飞机等。侦察平台是传感器赖以工作的场所，平台的运行特征及姿态稳定状况直接影响传感器性能和侦察图像的质量。

1.2.1　侦察平台

按照侦察平台的高度，侦察平台可以分为地面侦察平台、航空侦察平台和航天侦察平台三类。

1.2.1.1　地面侦察平台

放在地面或水上的，装载传感器的、可固定或移动的装置叫地面平台，高度一般在100m 以下，包括三脚架、侦察塔、侦察车等。在地面平台上可装置地物波谱测量仪或摄影机、雷达等仪器，地面侦察主要用来为航空和航天侦察提供辅助测量数据和建立地物模型。

1.2.1.2　航空侦察平台

航空侦察平台是指在海拔高度 20km 以下大气（平流层、对流层）中的侦察平台，其包括飞机和气球两种。航空平台的飞行高度较低，地面分辨率较高；可以根据需要在特定的地区、时间飞行，机动灵活；可携带多种传感器，资料回收方便，设备维修及时，是最常用、使用最早，也是应用最广泛的侦察平台。

A　气球

法国于 1858 年首次用气球进行航空摄影。气球是一种廉价的、操作简单的平台，气球上可携带摄影机、摄像机、红外辐射计等简单传感器。气球按其在空中的高度分为低空气球和高空气球两类。发送到对流层及其以下高度的气球称为低空气球，大多数可人工控制在空中固定位置进行侦察，最高可升至地面上空 5000m 处；发送到平流层以上的气球称为高空气球，大多是自由漂移的，可升至 12~40km 高空。

B　飞机

飞机是航空侦察的主要侦察平台。用于侦察的飞机有专门设计的，也有将普通飞机根据需要改装的。航空侦察对飞机性能和飞行过程有特殊的要求，比如：航速不宜过快，稳定性能要好；续航能力强，有较大的实用升限；有足够宽敞的机舱容积；具备在简易机场起飞的能力及先进的导航设备等。飞机侦察具有分辨率高、不受地面条件限制、调查周期短、测量精度高、携带传感器类型样式多、信息回收方便等特点，特别适用于局部地区的资源探测和环境监测。按照飞机飞行高度不同，可分为低空飞机、中空飞机和高空飞机。

1.2.1.3　航天侦察平台

航天侦察平台是指海拔高度在 100km 以上大气中的侦察平台，其包括卫星、火箭、飞船和轨道空间站。航天侦察平台高度高、视野开阔、观察地物范围大，可对地球进行宏观、动态、周期性地观察。随着高分辨率传感器的不断研制和运行，侦察数据源不断改善，利用航天侦察平台进行探测的优势越来越高。

A　高空探测火箭

高空探测火箭飞行高度一般可达 300~400km，介于飞机和人造地球卫星之间。火箭可在短时间内发射并回收，不受轨道限制，应用灵活，可对小范围地区侦察。但火箭上升时冲击强烈、易损坏仪器、付出的代价大、取得的资料不多，所以火箭不是理想的侦察平台。

B　人造地球卫星

人造地球卫星目前在地球资源调查、环境监测及军事中起着主要作用，是航天侦察中应用最广泛的侦察平台。

气象卫星是最早发展起来的环境卫星，轨道分为低轨和高轨。低轨是近极地太阳同步轨道，简称极地轨道，高度为 800~1600km，对东西宽约 2800km 的带状地域进行观测，由于与太阳同步，卫星每天在固定的时间经过每个地点的上空；高轨是地球同步轨道，高度 36000km 左右，绕地球一周需 24h，相对于地球似乎固定于高空某一点，所以也称地球同步卫星或静止气象卫星，如美国的 GOES、日本的 GMS 等。

陆地卫星是指地球资源卫星（如美国 Landsat、IKONOS，法国 SPOT，中巴地球资源卫星 CBERS，印度的 IRS，日本的 MOS 等），是太阳同步的近极地圆形轨道，高度在 700~1000km，重复周期在 2—3 天，主要以研究地球资源和环境动态监测为目的。

海洋卫星是以研究海洋资源和环境为目的。比如：美国的 SEASAT 卫星是近极地太阳同步轨道；加拿大的 RADARSAT 卫星是一颗微波侦察卫星，应用于农业、海洋、航海、环境监测等。

C　载人宇宙飞船

载人宇宙飞船有"双子星座"飞船系列、"阿波罗"飞船系列、"天空实验室"、"礼炮"号轨道站、"和平"号空间站等。相比卫星，载人宇宙飞船有较大的负载容量，可携带多种仪器，可及时维修，在飞行中可进行多种试验，资料回收方便。缺点是一般飞船飞行时间短（7—30天），飞越同一地区上空的重复率小。但航天站可在太空运行数年甚至更长时间。

D　航天飞机

航天飞机是一种新式大型空间运载工具。其主体轨道飞行器可以回收，两个助推器也可回收，重复使用，这是它的优点之一。

航天飞机有两种类型：一种不带侦察器，仅作为宇宙交通工具，将卫星或飞船带到一定高度的轨道上，在轨道上对卫星、飞船检修和补给，在轨道上回收卫星或飞船等；另一种携带侦察仪器进行侦察。航天飞机是火箭、载人飞船和航空技术综合发展的产物，它像火箭那样垂直向上发射，像卫星和飞船那样在空间轨道上运行，还可以像飞机那样滑翔降落到地面，具有三者的优点；同时，它是一种灵活、经济的航天平台。自1981年4月以来，美国已经发射过"哥伦比亚"号、"发现"号、"挑战者"号、"亚特兰蒂斯"号、"奋进"号等航天飞机。苏联也曾成功地进行过无人驾驶航天飞机的飞行试验。

1.2.2　侦察传感器

传感器是记录地物反射或发射电磁波能量的装置，是遥感技术系统的核心部分。其主要有摄影机、摄像机、扫描仪、雷达、光谱辐射计等。

1.2.2.1　传感器的组成

传感器一般由收集、探测、信号处理和输出四个系统部分组成，如图1-1所示。

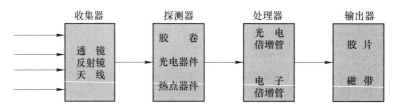

图1-1　侦察传感器的基本组成

（1）收集系统：该系统负责收集或接收地面目标发射或反射的电磁波能量，然后送往探测系统。收集器的设备有照相机的透镜组、扫描仪的反射镜、雷达天线等。

（2）探测系统：将收集的辐射能转变成化学能或电能。常用的探测器件有感光胶片、光电管、光电二极管、光电晶体管等光敏探测元件，以及锑化铟、碲镉汞、热敏电阻等热敏探测元件。不同探测元件有不同的最佳使用波段和不同的响应特性曲线波段。探测元件之所以能探测到电磁波的强弱，是因为探测器在电磁波作用下发生了某些物理或化学变化，这些变化被记录下来并经过一系列处理，便成为人眼可视的图像。

（3）处理系统：对转换后的信号进行各种处理，比如：感光胶片的显影、定影；数字信号的放大、变换、校正等。

（4）输出系统：输出获取的图像、数据，如摄影胶片、磁带记录仪、阴极射线管等。

1.2.2.2 传感器的种类

由于地物对电磁波的反射特性不同，接收电磁辐射信号的传感器种类也多种多样，主要有以下几种分类。

（1）按记录方式。按记录方式分为成像传感器和非成像传感器。成像式传感器可将地物目标反射或发射的信息以图像形式记录下来，按成像原理又分为摄影成像和扫描成像。如摄影机、摄像机、成像雷达等；非成像式传感器记录的是地物目标的一些物理参数，以数据和曲线的形式表示，如微波辐射计、微波高度计等。

（2）按工作方式。按工作方式分为主动式传感器和被动式传感器。主动式传感器由仪器内的人工辐射源向目标发射电磁波信号，接收从目标反射回来的辐射能量，从而探测地物目标的特征信息，如雷达；被动式传感器是被动地接收地物目标自身的反射或热辐射的能量来探测目标的特征信息，除雷达外的其他传感器大多属于被动式传感器，如微波辐射计。

（3）按工作波段。按工作波段分为光学传感器和微波传感器。使用从可见光到红外区的光学波段的传感器统称为光学传感器；记录微波辐射能量的传感器统称为微波传感器。

（4）按记录介质。按记录介质可分为数字传感器和模拟传感器。数字传感器是以光电材料为记录介质，直接获取数字图像；模拟传感器是以光化材料为记录介质，获取胶片图像，也称模拟图像。

（5）按成像方式。按成像方式分为画幅式相机（面中心投影）、扫描式相机（线中心投影、点中心投影）和斜距投影三大类。其中，画幅式投影是可见光和红外波段投影方法，而斜距投影是微波波段投影方式。

（6）按投影方式。按照投影方式分中心投影和非中心投影（斜距投影）。中心投影又分为面中心投影、线中心投影和点中心投影三种方式；非中心投影（斜距投影）仅是雷达图像成像方式。

（7）按波段数目。按照波段数目划分可以分为全色传感器、彩色传感器（三个波段）、多光谱传感器、高光谱传感器和极光谱传感器。

（8）按时间采样。按照时间采样分为静态图像传感器和动态图像传感器两大类。静态图像传感就是通常所说的照相机，而动态图像传感器就是通常所说的摄像机。其中，动态图像还包括通常所说的视频图像。

1.2.2.3 常用传感器

随着计算机硬件技术的不断发展，获得数字图像并进行显现的设备越来越多，性能也越来越好。这些设备中，有的可以直接生成数字图像，如数码照相机、扫描仪和数码摄像机等；有的则只能生成模拟图像，然后通过数字图像转换或采集设备转换为数字信号，如图像采集卡。常见的数字成像设备比较多，如数码照相机、数码摄像机、扫描仪、图像采集卡及各种图像显示设备等。本小节仅对最常用的数码相机和图像采集卡作简单介绍。

A 数码相机

数码相机是由镜头、图像传感器（常用 CCD 或 CMOS）、A/D（模数转换器）、MPU（微处理器）、内置存储器、LCD（液晶显示器）、可移动存储器和接口（计算机接口、视频接口）等部分组成，除可移动存储器外，其他部件通常都集成为一体。数码相机具备数字成像设备的绝大部分构成要件，代表了数字成像设备的基本组成，因此本节将详细介绍。

数码相机的工作原理和过程：当按下快门时，镜头将光线汇聚到感光器件 CCD 上，CCD 是半导体器件，它代替了普通相机中胶卷的位置，它的功能是把光信号转变为电信号。这样就得到了对应于拍摄景物的电子图像，但是它还不能马上被送去计算机处理，还需要按照计算机的要求进行从模拟信号到数字信号的转换，A/D（模数转换器）器件用来执行这项工作；接下来，MPU（微处理器）对数字信号进行压缩并转化为特定的图像格式，如 JPEG 格式；最后，图像文件被存储在存储器中。至此，数码相机的主要工作已经完成，剩下要做的是通过 LCD（液晶显示器）查看拍摄到的照片，或者通过可移动存储器复制到计算机进行进一步的处理。

a 感光器件

与传统相机相比，传统相机使用胶卷作为其记录信息的载体，而数码相机的"胶卷"就是其成像感光器件，而且是与相机一体的，是数码相机的心脏。感光器是数码相机的核心，也是最关键的技术。数码相机的发展道路，可以说就是感光器的发展道路。目前，数码相机的核心成像部件有两种：一种是广泛使用的 CCD（Charge-Coupled Device）元件；另一种是互补金属氧化物半导体（CMOS，Comple-mentary Metd-Oxide Semiconductor）器件。

CCD 是用一种高感光度的半导体材料制成，利用微电子技术制成的表面光电器件，可以实现光电转换功能。能把光线转变成电荷，通过模数转换器芯片转换成数字信号，数字信号经过压缩以后由相机内部的闪速存储器或内置硬盘卡保存，因而可轻而易举地把数据传输给计算机，并借助于计算机的处理手段，根据需要和想象来修改图像。

CCD 的分辨率被作为评价数码相机档次的重要依据，在摄像机、数码相机和扫描仪中被广泛使用。CCD 器件上有许多光敏单元，它们可以将光线转换成电荷，从而形成对应于景物的电子图像，每一个光敏单元对应图像中的一个像素，像素越多图像越清晰。如果想增加图像的清晰度，就必须增加 CCD 的光敏单元的数量。数码相机的指标中常常同时给出多个分辨率，如 4000×3000 和 6000×40000。其中，最高分辨率的乘积为 24000000（6000×40000），是指 CCD 光敏单元 2400 万像素。因此，当看到"1200 万像素 CCD"等字样时，就可以估算该数码相机的最大分辨率。

CCD 本身不能分辨色彩，它仅仅是光电转换器。实现彩色摄影的方法有多种，包括给 CCD 器件表面加以彩色滤镜阵列（CFA，Color Filter Array），或者使用分光系统将光线分为红、绿、蓝三色，分别用三片 CCD 接收。

CMOS 和 CCD 一样，同为在数码相机中可记录光线变化的半导体。CMOS 的制造技术和一般计算机芯片没什么差别，主要是利用硅和锗这两种元素做成的半导体，使其在 CMOS 上共存着带 N（带负电）级和 P（带正电）极的半导体，这两个互补效应所产生的电流即可被处理芯片记录和解读成影像。然而，CMOS 的缺点就是太容易出现杂点，这主要是因为早期的设计使 CMOS 在处理快速变化的影像时，由于电流变化过于频繁而会产生过热的现象。

b A/D 转换器

A/D 转换器又称为模拟数字转换器（ADC，Analog Digital Converter），是将模拟电信号转换为数字电信号的器件。A/D 转换器的主要指标是转换速度和量化精度。转换速度是指将模拟信号转换为数字信号所用的时间，由于高分辨率图像的像素数量庞大，对转换速度要求很高，当然，高速芯片的价格也相应较高。量化精度是指可以将模拟信号分成多少个等级。如果说 CCD 是将实际景物在 X 和 Y 的方向上量化为若干像素，那么 A/D 转换器则是将每一个像素的亮度或色彩值量化为若干个等级。这个等级在数码相机中称为色彩深度。数码相机的技术指标中无一例外地给出了色彩深度值，那么色彩深度对拍摄的效果有多大的影响呢？其实色彩深度就是色彩位数，它以二进制的"位"为单位，用位的多少表示色彩数的多少。常见的有 24 位、30 位和 36 位。具体来说，一般中低档数码相机中每种基色采用 8 位或 10 位表示，高档相机采用 12 位或 14 位。三种基色红、绿、蓝总的色彩深度为基色位数乘以 3，即：$8\times3=24$ 位，$10\times3=30$ 位，或 $12\times3=36$ 位。数码相机色彩深度反映了数码相机能正确表示色彩的多少，以 24 位为例，三基色（红、绿、蓝）各占 8 位二进制数，也就是说红色可以分为 $2^8=256$ 个不同的等级，绿色和蓝色也是一样。那么它们的组合为 $256\times256\times256=16777216$，即 1600 万种颜色。而 30 位可以表示 10 亿种颜色，36 位可以表示 680 亿种颜色。色彩深度值越高，就越能真实地还原色彩。

B 图像采集卡

图像信号的采集，广义上讲包括各种数字成像设备。图像采集卡在机器视觉系统中起到一个桥梁作用，虽然有些数字摄像机（如含 USB 2.0 接口）已经不需要特殊的图像采集卡了，但大多数专业的机器视觉系统还是要使用专门的采集卡。在很多时候，为了提高输入图像的质量和多路同时输入、高压缩率等特殊应用，也必须使用专门的图像采集卡。

图像采集卡是机器视觉系统的重要组成部分，其主要功能是对成像设备所输出的视频数据进行实时的采集，并提供与计算机的高速接口，即将视频转换成计算机可使用的数字格式。图像采集卡主要由视频输入模块、模数转换（A/D）模块、时序及采集控制模块、图像处理模块、总线接口及控制模块、输出及控制模块部分组成。

图像采集卡全部或者大部分模块功能是由硬件实现，也有的采集卡部分功能由软件实现。在采集过程中，由于采集卡传送数据采用 PCI Master Burst 方式，图像传送速度可达 33MB/S，可实现摄像机图像到计算机内存的可靠实时传送。由硬件完成模块功能的采集卡几乎不占用 CPU 时间，留给 CPU 更多的时间去做图像的运算与处理。图像采集卡的常见参数如下。

（1）帧图像大小（image size）：$L\times W$（长×宽）。

（2）颜色深度 d（位数）：希望采集到的图像颜色（8 位为灰度图像，16/24/32 位为彩色图像）。

（3）帧速 f：标准 PAL 制为 25 帧/s，NTSC 为 30 帧/s。当使用非标准采集时，帧速可以设定，最高可能达到数百帧/s。

（4）数据量 Q（MB）：图像信号的数据量。

（5）采样率 A（MB）：采集卡的采样率，通过其产品手册可查阅。

其中，$Q=\dfrac{WHfd}{8}$。如果 $A>1.2Q$，则该采集卡能够胜任采集工作。

随着图像处理技术，特别是视频技术的不断提高，图像采集卡的功能和性能都在不断提高，不仅能够同时完成多路实时采集，各种新的编码压缩方式也不断出现。现在有许多采集卡能够提供多种压缩方式，如动态图像可以压缩成 MPEG-1、MPEG-2、MPEG-4、H. 264、RM、AVI 等；静态图像可以存储 BMP，JPEG 等格式。

1.3　侦察图像处理系统及特点

在图像处理广泛应用的今天，出现了大量面向各个层次应用的图像处理软件。除了针对如卫星图像等的大规模图像处理系统外，目前绝大部分图像处理软件都朝着小型化和通用化的方向发展。图 1-2 显示了用于数字图像处理的典型通用系统的组成部件，各部分功能在下面的段落进行阐述。

图像获取设备通常包括光学系统（如各种透镜，对于一些特殊形式的成像不一定是传统意义上的光学系统，如超声波成像，但有类似的成像元件或系统）和图像传感器，实际的景物通过光学系统在图像传感器上成像。图像传感器对物体发射的能量很敏感，能够将接收到的强弱不同的能量转化为相应的电信号。然后经过模数转换器（A/D）将连续的模拟信号转换为离散的数字信号，以便于计算机的处理。例如，在数码相机中，CCD传感器产生一个与光强成比例的输出，模数转换器把该输出转化为数字信号。

图像处理硬件通常由模数转换器、执行其他原始操作（如算术逻辑单元）的硬件和接口模块组成。模数转换器将转换后的数字信号交由算术逻辑单元，由算术逻辑单元对图像执行前期的处理。例如，使用算术逻辑单元对输入的图像进行降噪、色温调整和运动检测等。集成在硬件中的处理单元通常是并行化的，执行速度和效率都远高于计算机中软件的处理速度，一些需要实时或者快速的操作功能和预处理任务经常交由硬件完成。接口模块负责将硬件处理后的数据可靠地传输到计算机，供图像处理软件调用和存储。

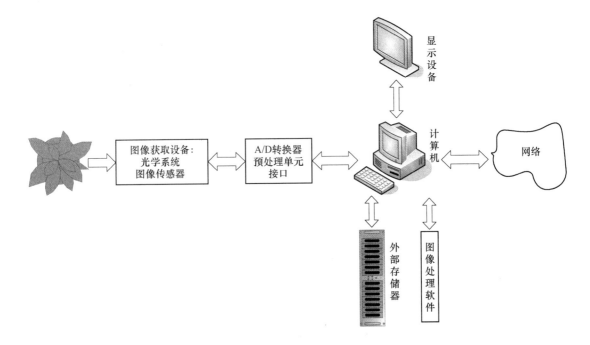

图 1-2　数字图像处理系统

　　图像处理软件是专门用于处理数字图像的软件，它由执行特殊处理任务的模块组成。在现在流行的图像处理软件中，既有针对静止图像的，也有针对活动图像的；既有针对二维平面图像的，也有针对三维立体图像的；既有只需简单操作几个按钮就能完成一些处理任务的，也有能够进行代码编写，完成复杂处理任务的。一个设计优良的软件包往往包括为用户写代码的能力，完善的软件包允许那些模块和至少用一种计算机语言编写的通用软件命令集成。当然，在掌握了图像处理的知识后，也可以用某一种开发环境开发自己的图像处理软件。

　　相对于其他形式的媒体，图像文件往往需要更大的存储空间。例如，用 120 万像素照相机拍摄的彩色照片，最大尺寸为 4000 × 300 像素，每像素的红、绿、蓝三色的亮度都是 8 位。如果图像不压缩，则需要 36MB 存储空间。因此，大规模存储能力在图像处理中是必需的。当处理成千上万幅图像时，在图像处理系统中很难提供足够的存储空间。图像处理应用的存储分为处理时的短期存储、快速调用的在线存储和长期存储三个主要类别。

　　在进行图像处理时，图像处理系统需承担短期存储的任务，这种短期存储一般依赖于使用计算机内存。当采用专门的图像处理板卡时，板卡上往往会有图像帧缓存（缓冲存储器），它可以存储一帧或多帧图像并可快速访问。PAL 制式视频通常以 25 帧/s 的速率访问，NTSC 制式视频通常以约 30 帧/s 的速率访问。在线存储一般采取磁盘或光介质存储，其关键特性参数是对存储数据的访问频率。长期存储无须频繁访问，但要求存储容量巨大，以海量存储要求为特点，一般采用外部存储器，如磁带、光盘和大容量磁盘。

　　图像处理的结果经常用于满足显示的需要，现在使用的图像显示器基本上是高分辨率的彩色显示器，要达到高质量的图像效果，需要在计算机中配置高性能的图像和图形显卡（通常简称为显卡）进行驱动。随着对图像显示的要求越来越高，对于显卡的要求也越来越高，高性能的显卡都搭载运算能力非常强大的 GPU（图形处理器）。这些 GPU 由于要快速完成复杂的图形图像运算，设计相当复杂，目前一款高性能的 GPU 往往集成数亿个晶体管。高性能的显卡还需要大容量、高性能的图像缓存，一些新开发的存储元件经常最先用于显卡。

　　上述图像处理的软硬件实际上都是以一个计算机为中心共同构建图像处理的平台，这种计算机一般是通用的计算机，包括从 PC 到超级计算机和各类计算机，这些计算机不一定需要很高的运算速度和存储容量。根据图像处理的实际内容，目前的大部分计算机都可以满足离线处理的要求。当然，有时也采用特殊设计的计算机以达到专业应用中所要求的性能水平。

2 数字图像处理基础

2.1 数字图像表示

图像的表示是进行图像处理算法描述和利用计算机对其进行处理的基础和先决条件。下面从简单的图像成像模型出发，引出数字图像的基本表示方法，并对与之相关的图像坐标系统的概念予以介绍。

2.1.1 简单的图像成像模型

一幅图像可定义成一个二维函数 $f(x, y)$。其中，x 和 y 是二维空间的坐标，$f(x, y)$ 是图像中空间坐标 (x, y) 处所对应的幅值。由于幅值 f 实质上反映了图像源辐射能量，所以 $f(x, y)$ 一定是非零有限的，即：

$$0 < f(x, y) < A_0 \tag{2-1}$$

图像是由于光照射在景物上，并经其反射或透射作用于人眼的结果。因此，$f(x, y)$ 可由两个分量来表征：一是照射到观察景物的光的总量；二是景物反射或透射光的系数。设 $i(x, y)$ 表示照射到观察景物表面 (x, y) 处的白光强度，$r(x, y)$ 表示观察景物表面 (x, y) 处的平均反射（或透射）系数，则：

$$f(x, y) = i(x, y)r(x, y), \ 0 < i(x, y) < A_1, \ 0 \leq i(x, y) \leq 1 \tag{2-2}$$

式中，$i(x, y)$ 的取值说明照射到观察景物的光的总量总是大于零，$i(x, y)$ 的值取决于光源的性质；$r(x, y)$ 的取值说明反射（或透射）系数在 0（全部被吸收）和 1（全部被反射或透射）之间，$r(x, y)$ 的值取决于成像景物的特性。

对于消色光图像（有文献称为单色光图像），$f(x, y)$ 表示图像在 (x, y) 处的灰度值 l：

$$l = f(x, y) \tag{2-3}$$

这种只有灰度属性没有彩色属性的图像称为灰度图像，由式(2-2)得：

$$L_{\min} \leq l \leq L_{\max} \tag{2-4}$$

理论上要求 $L_{\min}$ 应为正，$L_{\max}$ 应为有限值。$[L_{\min}, L_{\max}]$ 称为灰度的取值范围。在实际中，一般取 $L_{\min}$ 的值为 0，这样灰度的取值范围就可表示成 $[0, L_{\max}]$。

2.1.2 数字图像的表示

为了描述方便，仍用 $f(x, y)$ 表示数字图像 $f(i, j)$。设 $x \in [0, M-1]$，$y \in [0, N-1]$，$f \in [0, L-1]$，则数字图像 $f(x, y)$ 可表示成一个 $M \times N$ 的二维数字阵列，即：

$$f(x, y) = \begin{pmatrix} f(0,\ 0) & f(0,\ 1) & \cdots & f(0,\ N-1) \\ f(1,\ 0) & f(1,\ 1) & \cdots & f(1,\ N-1) \\ \vdots & \vdots & \vdots & \vdots \\ f(M-1,\ 0) & f(M-1,\ 1) & \cdots & f(M-1,\ N-1) \end{pmatrix} \tag{2-5}$$

其中，每个(x, y)对应数字图像中的一个基本单元称为图像元素，简称像素（pixel）；且一般取M、N和f的灰度级L为2的整次幂，即：

$$M = 2^m, \ N = 2^n, \ L = 2^k \tag{2-6}$$

式中，m、n和k为正整数。

数字图像的灰度级取值范围为$[0, L-1]$，则满足如下。

（1）当$k = 1$，即$f(x, y) \in \{0, 1\}$时为黑白图像，有时也称为二值图像（所谓二值图像是指具有两个灰度等级的图像。其中，黑白图像一定是二值图像，但二值图像不一定是黑白图像），这里0表示颜色为黑色的灰度值，1表示颜色为白色的灰度值。

（2）当$k = 4$，即$f(x, y) \in \{0, 1, 2, \cdots, 15\}$时为16灰度级图像，这里$\{0, 1, 2, \cdots, 15\}$中的值表示二维图像在点$(x, y)$处可能取得的灰度值。

（3）当$k = 8$，即$f(x, y) \in \{0, 1, 2, \cdots, 255\}$时为256灰度级图像，这里$\{0, 1, 2, \cdots, 255\}$中的值表示二维图像在点$(x, y)$处可能取得的灰度值，在目前的图像处理应用中，大多数情况下采用256灰度级图像。

习惯上对图像的数学运算时采用图2-1（a）中的坐标系统，原点位于图像左下角，横轴为x轴，纵轴为y轴；当图像在屏幕上显示时，采用图2-1（b）中的坐标系统，它的原点位于图像左上角，纵坐标x表示图像像素阵列的行，横坐标y表示图像像素阵列的列。

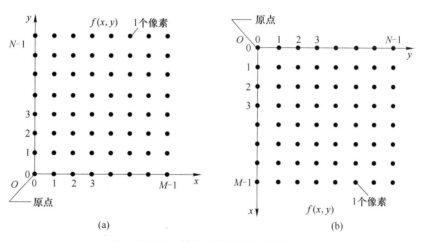

图 2-1　数字图像的坐标表示
（a）数字图像运算的坐标系统；（b）数字图像显示的坐标系统

存储一幅$M \times N$的数字图像所需的位数为$b = M \times N \times k$。显然，对于黑白图像，1B（字节）可存储8个像素点；对于16灰度级图像，1B可存储2个像素点；对于256灰度级图像，1B可存储1个像素点。例如，对于一幅600×800的256灰度级图像，就需要480KB存储空间。

以上的讨论均假设 $M \neq N$，在实际应用中，数字图像阵列也可以是方形阵列，即 $M = N$。

2.2　像素间的基本关系

图像是由其基本单元—像素组成的，像素在图像空间是按某种规律排列的，互相之间有一定的联系。为了表述上的方便，本节在讨论图像中像素间的关系时约定，用诸如 p、q 和 r 这样的一类小写字母表示某些特指的像素，用诸如 S、T 等这样的一类大写字母表示像素子集。

2.2.1　像素的相邻和邻域

对一个像素来说，与它关系最密切的常是它的邻近像素/近邻像素，它们组成该像素的邻域。图像中像素的相邻和邻域有 4 邻域、4 对角邻域和 8 邻域三种。

2.2.1.1　相邻像素与 4 邻域

设图像中的像素 p 位于 (x, y) 处，则 p 在水平方向和垂直方向相邻的像素最多可有 4 个，其坐标分别为 $(x-1, y)$、$(x, y-1)$、$(x, y+1)$、$(x+1, y)$。由这 4 个像素组成的集合称为像素 p 的 4 邻域，记为坐 $N_4(p)$。在图 2-2(a) 中，中心像素 p 的 4 个 4 邻域像素是 q_1、q_2、q_3 和 q_4。

图像中坐标为 (x, y) 像素与它 4 邻域中每个像素相距一个单位距离。严格来讲，位于图像边界的有些相邻像素是不存在的，但对于图像某些运算来说，位于图像上边界的像素［见图 2-2(d) 中的 $r00$、$r01$、$r02$ 和 $r03$］的上相邻像素是图像中同列像素中最下边的一个像素，即 $r00$、$r01$、$r02$ 和 $r03$ 的上相邻像素分别是 $r30$、$r31$、$r32$ 和 $r33$；位于图像的左边界的像素［见图 2-2(d) 中的 $r00$、$r10$、$r20$ 和 $r30$］的左相邻像素是图像中同行像素中最右边的一个像素，即 $r00$、$r10$、$r20$ 和 $r30$ 的左相邻像素分别是 $r03$、$r13$、$r23$ 和 $r33$。同理，可给出图像的下边界中的像素的下相邻像素和图像的右边界中的像素的右相邻像素的定义。一个比较模糊的定义是：如果 (x, y) 位于图像的边界，则像素 p 的有些相邻像素位于图像的外部。

2.2.1.2　对角相邻像素与 4 对角邻域

设图像中的像素 p 位于 (x, y) 处，则 p 的对角相邻像素 r_i 最多可有 4 个，其坐标分别为 $(x-1, y-1)$、$(x-1, y+1)$、$(x+1, y-1)$、$(x+1, y+1)$。由这 4 个像素组成的集合称为像素 p 的 4 对角邻域，记为 $N_D(p)$。在图 2-2(b) 中，中心像素 p 的 4 个 4 对角邻域像素是 $r1$、$r2$、$r3$ 和 $r4$。

2.2.1.3　8 邻域

把像素 p 的 4 对角邻域像素和 4 邻域像素组成的集合称为像素 p 的 8 邻域，记为 $N_8(p)$，如图 2-2(c) 所示。如前所述，如果 (x, y) 位于图像的边界，则像素 p 的有些相邻像素位于图像的外部。同理，$N_D(p)$ 和 $N_8(p)$ 中的某些像素位于图像的外部。

2.2.2　邻接性、连通性、区域和边界

像素的邻接性和连通性用于研究像素之间的基本关系，是研究和描述图像的基础。确

	q_1	
q_2	p	q_3
	q_4	

(a)

r_1		r_2
	p	
r_3		r_4

(b)

r_1	q_1	r_2
q_2	p	q_3
r_3	q_4	r_4

(c)

$r00$	$r01$	$r02$	$r03$
$r10$	$r11$	$r12$	$r13$
$r20$	$r21$	$r22$	$r23$
$r30$	$r31$	$r32$	$r33$

(d)

图 2-2　像素的相邻和邻域

（a）4 邻域相邻；（b）4 对角相邻；（c）8 邻域相邻；（d）图像像素相邻

定图像中两个像素是否连通有两个条件：一是确定它们是否存在某种意义上的相邻；二是确定它们的灰度值或是否相等，或是否满足某个特定的相似性准则。本小节后面的内容将进一步说明，如果图像中两个像素存在某种意义上的相邻，而且它们的灰度值或者相等，或者满足某个特定的相似性准则，则这两个像素存在某种意义上的邻接性和连通性。

2.2.2.1　邻接性及其判定方法

设 V 是一个用于定义像素间邻接性的灰度值集合。对于黑白图像来说，若相邻像素的灰度值等于 1，则说明它们彼此相邻，即 $V=\{1\}$。比如，若位于 (x, y) 处的像素 p 的灰度值为 1，$N_4(p)$ 中位于 $(x, y-1)$ 和 $(x, y+1)$ 处的像素 q_1 和 q_2 的灰度值分别为 0 和 1，如图 2-3（a）所示，那么在灰度值是否同时属于 $V=\{1\}$ 中的元素的准则意义下，像素 p 与像素 q_1 是不邻接的，但像素 p 与像素 q_2 是邻接的。对于 256 灰度级的图像来说，一般用 0~255 中的任意一个灰度级子集作为判定是否相邻的准则。比如，若 $V=\{10, 11, \cdots, 16\}$，且若位于 (x, y) 处的像素 p 的灰度值为 13，$N_4(p)$ 中位于 $(x-1, y)$、$(x, y-1)$ 和 $(x, y+1)$ 处的像素 q_1、q_2 和 p_3 的灰度值分别为 220、11 和 16，如图 2-3（b）所示，那么在灰度值是否同时属于 $V=\{10, 11, \cdots, 16\}$ 中的元素的准则意义下，像素 p 与像素 q_1 是不邻接的，但像素 p 与像素 q_2 和像素 q_3 都是邻接的。

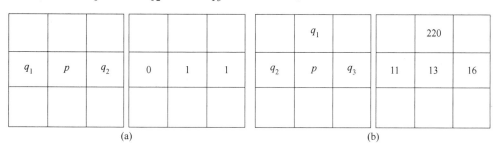

图 2-3　像素的邻接性示例

（a）黑白图像像素的邻接性判定；（b）灰度图像像素的邻接性判定

像素间有 3 种类型的邻接性：

（1）4 邻接。若像素 p 和像素 q 的灰度值均属于 V 中的元素，且 q 在 $N_4(p)$ 中，则 p 和 q 为 4 邻接。

（2）8 邻接。若像素 p 和像素 q 的灰度值均属于 V 中的元素，且 q 在 $N_8(p)$ 中，则 p 和 q 为 8 邻接。

（3）m 邻接（混合邻接）。若像素 p 和像素 q 的灰度值均属于 V 中的元素，或者 q 在 $N_4(p)$ 中，或者 q 在 $N_D(p)$ 中且集合 $N_4(p) \cap N_4(q)$ 中没有值为 V 中元素的像素，则 p 和 q 为 m 邻接。

根据以上的邻接性定义，对于一幅图像中的两个子图像的像素子集 S 和 T，如果 S 中的某些像素与 T 中的某些像素邻接（这里的邻接指 4 邻接、8 邻接或 m 邻接），则称像素子集 S 和 T 是相邻接的。

之所以引入 m 邻接，是为了克服 8 邻接可能存在的二义性，下面以图 2-4（b）为例说明。

例 2-1　判断图 2-4（b）中的 8 邻接和 m 邻接。

解：设 $V = \{1\}$，并用虚线表示像素 p 和 q 之间存在 k 邻接，$k \in \{4, 8, m\}$。为了描述上的方便，把图 2-4（b）中像素的排列情况表示成图 2-4（a）的一般形式。

（1）分析图 2-4（b）中像素间的 8 邻接情况。根据 8 邻接的定义依次考察图 2-4（b）中的每一个像素值为 1 的像素，得到图 2-4（b）中像素间的 8 邻接情况如图 2-4（c）中的虚线所示。在图 2-4（c）中，中心像素 $r22$ 与上一行的像素 $r12$ 和 $r13$ 之间分别有 1 条虚线，这在表示区域和边界时显然存在二义性。

（2）分析图 2-4（b）中的像素间的 m 邻接情况。依次考察图 2-4（b）中的每一个像素值为 1 的像素。

1）对于 $p = r12$，$q = r13$，有 $N_4(p) = \{r13\}$，即 $r13$ 和 $r22$ 在 $N_4(p)$ 中，所以 $r12$ 分别与 $r13$ 和 $r22$ 之间存在 m 邻接，用虚线连接。

2）对于 $p = r13$，$q = r12$，有 $N_4(p) = \{r12\}$，即 $r12$ 在 $N_4(p)$ 中，所以 $r13$ 与 $r12$ 之间存在 m 邻接，与上一步的分析一致。并且，对于 $p = r13$ 和 $q = r22$，有 $N_4(p) = \{r12\}$，$N_D(p) = \{r12\}$ 和 $N_4(p) = \{r12\}$，所以 $N_4(p) \cap N_4(q) = \{r12\}$ 中有值为 V 中元素的像素，像素 $r13$ 与 $r22$ 之间不存在 m 邻接。

3）对于 $p = r22$，有 $N_4(p) = \{r12\}$ 和 $N_D(p) = \{r13, r33\}$。对于 $N_D(p)$ 中的 $q = \{r12\}$，所以 $N_4(p) \cap N_4(q) = \{r12\}$ 中有值为 V 中元素的像素 $r12$，像素 $r22$ 与 $r13$ 之间不存在虚线。对于 $N_D(p)$ 中的 $q = r33$，有 $N_4(p) = \{\ \}$，且 $N_4(p) \cap N_4(q) = \{\ \}$ 中没有值为 V 中元素的像素，所以像素 $r22$ 与 $r33$ 之间存在 m 邻接，用虚线。

4）同理，对于 $p = r33$，$N_4(p) = \{\ \}$，且 $N_4(p) \cap N_4(q) = \{\ \}$ 中没有值为 V 中元素的像素，所以像素 $r33$ 与 $r22$ 之间存在 m 邻接，且与上一步的分析一致。

由此得到的 m 邻接如图 2-4（d）中的虚线所示。

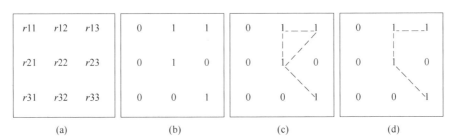

图 2-4　像素的 8 相邻和 m 相邻示例

（a）像素位置标识；（b）像素值排列；（c）8 邻接（虚线）；（d）m 邻接（虚线）

2.2.2.2 连通性及其判定方法

下面先介绍由像素序列组成的通路概念，然后在此基础上给出连通分量和连通集的概念。如果像素 (x_i, y_i) 和 $(x_i - 1, y_i - 1)$ $(1 \leqslant I \leqslant n)$ 相邻接，$(x_0, y_0) = (x, y)$，且 $(x_n, y_n) = (u, v)$，则从具有坐标 (x, y) 的像素 p 之间存在一条由特定的像素序列组成的通路，该像素序列的坐标为 (x_0, y_0)、(x_1, y_1)、$\cdots$、(x_n, y_n)。其中，n 是通路的长度。如果 $(x_0, y_0) = (x_n, y_n)$，则称该通路是闭合通路。

上述通路定义中的邻接概念是针对特定类型的邻接性而言的。进一步讲，在 4 邻接意义下定义的通路是 4 连通的；在 8 邻接意义下定义的通路是 8 连通的；在 m 邻接意义下定义的通路是 m 连通的。比如在图 2-4(c) 中，右上角的像素 $r13$ 与右下角的像素 $r33$ 之间存在的通路是 8 连通的；而在图 2-4(d) 中，右上角的像素 $r13$ 与右下角的像素 $r33$ 之间存在的通路是 m 连通的。显然，m 连通不存在二义性。

设 p 和 q 是一幅图像中的像素子集 S 中的两个不同的像素，如果在 S 的全部像素之间存在一条通路，则称像素 p 和 q 在 S 中是连通的。对于 S 中的任意一个像素 p，在 S 中所有与像素 p 连通的像素组成的像素集合（包括 p）称为 S 中的一个连通分量。如果 S 中仅有一个连通分量，则称集合 S 为连通集。

2.2.2.3 区域和边界

令 S 是图像中的像素子集。如果 S 是连通集，则称 S 为一个区域。一个区域 S 的边界（也称为边缘或轮廓）是区域中像素的集合，该区域有一个或多个不在 S 中的邻点。如果 S 是整幅图像（设这幅图像是像素的方形集合），则边界由图像第一行、第一列和最后一行、最后一列定义。这个附加定义是需要的，因为这种整幅图像除了边缘没有邻点。正常情况下，当提到一个区域时，指的是一幅图像的子集，并且区域边界中的任何像素（与图像边缘吻合）都作为区域边界部分全部包含于其中。

边缘的概念在涉及区域和边界的讨论中常常遇到，然而这些概念中有一个关键区别。一个有限区域的边界形成一条闭合通路，边缘是由具有某些导数值（即梯度，超过预先设定的阈值）的像素形成。这样，边缘的概念是基于在不连续点进行灰度级测量的局部概念。把边缘点连接成边缘线段是可能的，并且有时以与边界对应的方法连接线段，但并不总是这样。边缘和边界吻合的一个例外就是二值图像的情况。根据连通类型和所用的边缘算子，从二值区域提取边缘与提取区域边界是一样的。这很直观，在概念上把边缘考虑为强度不连续的点和封闭通路的边界是有帮助的。

2.2.3 像素间的距离

像素间的距离有以下几种量度方式。

（1）距离度量函数。对于坐标分别位于 (x, y)、(u, v)、(w, z) 处的像素 p、q 和 r，如果：

1) $D(p, q) \geqslant 0 [D(p, q) = 0$，当且仅当 $p = q$，即 p 和 q 是指同一像素]，

2) $D(p, q) = D(p, q)$，

3) $D(p, q) \leqslant D(p, q) + D(p, q)$，

则 D 为距离量度函数。

（2）欧氏距离。像素 p 和 q 之间的欧几里得距离（简称欧氏距离）定义为：

$$D_e(p, q) = \sqrt{(x-u)^2 + (y-v)^2} \tag{2-7}$$

根据式(2-7)的距离量度,所有距像素点(x, y)的欧氏距离小于或等于d含在以(x, y)为中心,以d为半径的圆平面中。

(3) 街区距离。像素p和q之间的D_4距离(即街区距离)的定义为:

$$D_4(p, q) = |x-u| + |y-v| \tag{2-8}$$

根据式(2-8)的距离量度,所有距像素点(x, y)的D_4距离小于d或等于d的像素组成一个中心点在(x, y)的菱形。比如,那些与点(x, y)的D_4距离小于2或等于2的像素组成了图2-5(a)的等距离轮廓。$D_4=1$的像素就是点(x, y)的4邻域像素。

(4) 棋盘距离。像素p和q之间的D_8距离(即棋盘距离)的定义为:

$$D_8(p, q) = \max(|x-u|, |y-v|) \tag{2-9}$$

根据式(2-9)的距离量度,所有距像素点(x, y)的D_8距离小于d或等于d的像素组成一个中心点在(x, y)的方形。比如,距点(x, y)的D_8距离小于或等于2的像素组成了图2-5(b)的等距离轮廓。$D_8=1$的像素就是点(x, y)的8邻域像素。

		2					2	2	2	2	2
	2	1	2				2	2	1	2	2
2	1	0	1	2			2	1	0	1	2
	2	1	2				2	2	1	2	2
		2					2	2	2	2	2
		(a)						(b)			

图 2-5   等距离轮廓示例

值得注意的是,像素p和q之间的D_4和D_8距离仅与这些点的坐标有关,而与它们之间可能存在的通路无关。然而,对于m邻接(对应于m连通),像素p和q之间的D_m距离定义为它们两者之间的最短通路。也就是说,两点间的D_m距离与通路中各像素的灰度值及与它们相邻的像素的灰度值有关。m连通时像素间D_m距离的确定方法可用下面的例子来说明。

例 2-2   设$V=\{1\}$,且有图2-6(a)的像素排列情况,并假设p、$r2$和q的值为1,$r1$和$r3$的值为0或1。由$r1$和$r3$的值的不同组合(00,01,10,11)依次得到图2-6(b)~(e)。

解:根据m邻接的定义可知:

(1) 图2-6(b) ($r1, r3=0$) 时的情况,每一个像素值为1的像素,由于它们的4邻域像素集为空集,$N_4(p)=\{\ \}$,且$N_4(p) \cap N_4(q)=\{\ \}$,所以在$p$与$r2$和$r2$与$q$之间存在$m$邻接,因而$p$和$q$之间的最短$m$通路的长度$D_m=2$;

(2) 图2-6(c) ($r1=0$,$r3=1$) 时的情况,对于像素$r3$,由于$r2$和q是$r3$的4邻域像素集中的元素,所以在$r3$与$r2$和$r3$与q之间存在m邻接,由于p的4邻域像素集为空集,在p与$r2$之间存在m邻接,因而p和q之间的最短m通路的长度$D_m=3$;

(3) 类似地,对于图2-6(d) ($r1=1$,$r3=0$) 时的情况,p和q之间的最短m通路的

长度 $D_m = 3$，对于图 2-6（e）（$r1$，$r3 = 1$）时的情况，p 和 q 之间的最短 m 通路的长度 $D_m = 4$。

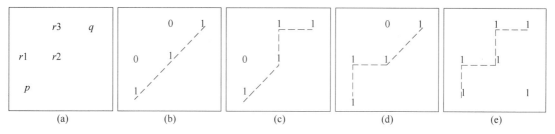

图 2-6 m 连通时像素间的 D_m 距离示例

（a）已知像素排列；（b）$D_m = 2$；（c），（d）$D_m = 3$；（e）$D_m = 4$

2.3 灰度直方图

在数字图像处理中，灰度直方图是描述一幅图像中灰度级内容的最简单且最有用的工具，也是对图像进行多种处理的基础。

2.3.1 基本概念

图像的灰度直方图是一种表示数字图像中各灰度值及其出现频数关系的函数。描述图像灰度直方图的二维坐标，其横坐标表示像素的灰度级别，纵坐标表示该灰度值出现的频数（像素的个数）。

设一幅数字图像的灰度级范围为 $[0, L-1]$，则该图像的灰度直方图可定义为：

$$h(r_k) = n_k \tag{2-10}$$

式中，$k = 0, 1, 2, \cdots, L-1$；r_k 为第 k 级灰度值；n_k 为图像中灰度值为 r_k 的像素个数；$h(r_k)$ 为直方图函数，表示图像中灰度值为 r_k 的像素的个数。有些文献中提及的一维直方图即指灰度直方图，同样，有时为了描述上的方便，本书也把灰度直方图称为一维直方图。

图 2-7 是具有 4 种基本图像类型（暗、亮，以及低对比度和高对比度）的图像及其灰度直方图，这里，图像的对比度是指图像中一个目标之内或目标与周围背景之间光强的差别。如果成像系统在物体成像过程中的对比度选取得比较低，那么该物体所成的像（目标）看起来就比实际物体要暗一些；如果对比度降至 0，则物体将会从图像中消失。

图 2-7 说明了 4 种基本图像类型的直方图分布特征：当图像比较暗时，直方图中的灰度分布主要集中在低像素级一端（左端）；当图像比较亮时，直方图中的灰度分布主要集中在高像素级一端（右端）；当图像的对比度比较差（低）时，直方图中的灰度分布主要集中在中等像素级（中间）；当图像的对比度比较好（高）时，直方图中的灰度比较均匀地分布在整个灰度级范围内。

式（2-10）所定义的灰度直方图反映的是图像中各灰度的实际出现频数，所以当某个灰度的频数（计数值）远远大于其他灰度的频数时，这时的灰度直方图就往往难以分辨清图像的真正灰度分布情况。因此，当出现这种情况时，可通过增加允许用户指定查看某个区间的灰度分布情况的显示功能，来查看和了解各个灰度的分布情况。

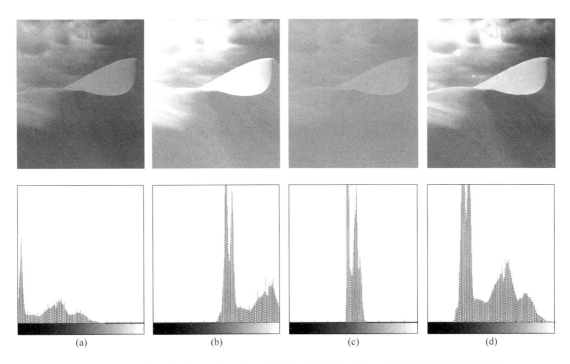

图 2-7　4 种基本图像类型（暗、亮、低对比度和高对比度）的图像及其灰度直方图

（a）图像比较暗时；（b）图像比较亮时；（c）图像对比度差时；（d）图像对比度好时

扫码查看图片

2.3.2　灰度直方图的特性

灰度直方图具有如下一些特征。

（1）直方图仅能描述图像中每个灰度级具有的像素个数，不能表示图像中每个像素的位置（空间）信息。

（2）任一特定的图像都有唯一的直方图，不同的图像可以具有相同的直方图。

（3）对于空间分辨率为 $M×N$，且灰度级范围为 $[0, L-1]$ 的图像，存在：

$$\sum_{j=0}^{L-1} h(j) = M \times N \tag{2-11}$$

（4）如果一幅图像由两个不连接的区域组成，则整幅图像的直方图等于两个不连接的区域的直方图之和。

2.4　图像分辨率

不同类型传感器所获得的侦察图像质量不尽相同，它们之间的差异可用空间分辨率、辐射分辨率、光谱分辨率和时间分辨率来描述。

2.4.1　空间分辨率

空间分辨率是指图像上能够详细区分的最小单元的尺寸或大小，或指侦察器区分的最小角度或线性距离的度量。它们均反映两个非常靠近的目标物的识别、区分能力，有时也称分辨力或解像力。空间分辨率与摄影机镜头的焦距、扫描仪瞬时视场、景物的反差、飞行的高度和所用的光谱波段等都有关系。这个分辨率对图像判读人员很重要，因为他们最关心的获得的图像到底能分辨出地面多大尺寸的目标。空间分辨率有三种表示方法。

（1）像元。这种表示一般用于航天侦察图像，表示侦察图像上一个像元代表地面多大区域，单位一般为"m"。例如，Landsat 的 TM 的 1～5 和 7 波段，一个像元（像素）代表地面 28.5m×28.5m，或概略说其空间分辨率为 30m。空间分辨率与传感器的瞬时视场角 IFOV（Instantaneous Field of View）、观测高度有关。瞬时视场角是传感器的视场范围内所对应的角度［见图 2-8 中的 A］，瞬时视场角所对应的地面单元［见图 2-8 中 B］的尺寸定义为空间分辨率。

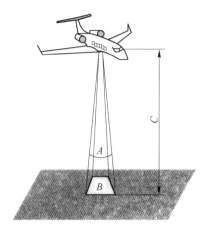

图 2-8　瞬时视场角

在垂直图像中，瞬时视场角所对应的地面单元尺寸等于瞬时视场角乘以传感器的高度。

（2）线对数。这种表示一般用于光化侦察图像，表示侦察图像上 1mm 间隔内包含的线对数，单位为"线对/mm"或"线对/m"。所谓线对，是指一对同等大小的明暗条纹或规则间隔的明暗条纹，如图 2-9 所示。

宽度为 W 的黑线
宽度为 W 的白线
｝一个宽度为 2W 线对

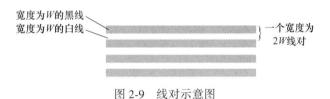

图 2-9　线对示意图

地面分辨率 R_g 取决于胶片的分辨率和摄影镜头的分辨率所构成的系统分辨率 R_s 和摄影机焦距 f 和航高 H，即：

$$R_g = \frac{f}{H} R_s \tag{2-12}$$

式中，R_g 为地面分辨率，线对/mm；H 为摄影机距地高度（即航高），m；R_s 为系统分辨率，线对/mm；f 为摄影机主焦距，mm。

例如，摄影机的主焦距 $f=152$mm，航高 $H=6000$m，系统分辨率 $R_s=40$ 线对/mm，则地面分辨率 R_g 为：

$$R_g = \frac{f}{H} R_s = \frac{152}{6000} \times 40 \approx 1 \text{ 线对/m} = 2 \text{ 线/m}$$

式中，R_g 的单位是"线对/m"，而实际地面分辨的最小间隔（图像能够被分辨出来的地面上两个目标的最小距离）为 $\frac{R_g}{2}$，由于 1 线对 = 2 线，因此如果 R_g 以"线/m"为单位，则此例中 $R_g=0.5$ 线/m，即地面分辨率为 0.5m。

一幅图像可以被缩放，当图像被放大以后，由于尺寸变大，增大了对人眼的视角，眼睛原先分辨不清的细节，现在能分辨了，整个像幅中人眼能分辨的线条数增加了，但眼睛的角分辨率并未改变。每个线对所代表的地面尺寸也未改变，所以地面分辨率也未改变。由于放大增加了线条的尺寸，像幅中单位长度内清楚分辨的线条却减小了，则图像分辨率会因图像放大而下降。若将图像缩小，假设像片的分辨率能够表达出缩小后图像的全部细节，则图像每毫米内容纳的线对数目增加，图像分辨率增加，但人眼和地面分辨率依然不变。

（3）图像行列数。一般用于不易确定每个像素对应地面多大尺寸的数字图像，例如航空侦察所获得的数字图像。直接采用数字图像的行乘列来表示，例如 $M \times N$。在拍摄景物范围相同的情况下，采样的空间分辨率越高，获得的图像阵列 $M \times N$ 就越大；反之，采样的空间分辨率越低，获得的图像阵列 $M \times N$ 就越小。在空间分辨率不变的情况下，图像阵列 $M \times N$ 越大，显示图像的尺寸就越大；反之，图像阵列 $M \times N$ 越小，显示图像的尺寸就越小。这种情况下，需要记录传感器成像时的状态参数，例如传感器的外方位元素等。在需要计算每个像素对应地面多大区域时，根据成像模型逐个像素进行换算。

以上三种表示空间分辨率的意义相仿，只是考虑问题的角度不同，它们可以相互转换。一般说来，侦察器系统的空间分辨率越高，其识别物体的能力越强。但实际上每一目标在图像的可分辨程度，不完全决定于空间分辨率的具体值，而是和它的形状、大小，以及它与周围物体亮度、结构的相对差异有关，还要考虑环境背景复杂性等因素的影响。

2.4.2　辐射分辨率

辐射分辨率（radiant resolution）是指侦察器对光谱信号强弱的敏感程度、区分能力（即传感器的灵敏度），是侦察器感测元件在接收光谱信号时能分辨的最小辐射度差，或指对两个不同辐射源的辐射量的分辨能力。辐射分辨率一般用灰度的分级数来表示，即最暗到最亮灰度值间分级的数目——量化级数。比如 Landsat/MSS，起初以 6bits（取值范围 0~63）记录反射辐射值，经数据处理把其中 3 个波段扩展到 7bits（取值范围 0～127）。而 Landsat4、5/TM，7 个波段中的 6 个波段在 30m ×30m 的空间分辨率内，其数据的记录以 8bits（取值范围 0～255），显然 TM 比 MSS 的辐射分辨率更高，图像的可检测能力增强。

例如，图 2-10 的图像从左到右依次为 256、128、32、8 个灰度级的图像效果，图像中可以看出，随着灰度级分辨率降低，细节信息逐步损失，伪轮廓信息逐步增加，木刻画效果越明显，视觉效果越差。

辐射分辨率可以用辐射量值来表示。比如陆地卫星 Landsat5 的 TM3，其最小辐射量值 R_{min} 为 -0.0083mV/（cm² · sr · μm），最大辐射量值 R_{max} 为 1~410mV/（cm² · sr · μm），量化级 D 为 256 级。其辐射分辨率 $R_L = \dfrac{R_{max} - R_{min}}{D} = 0.0055\text{mV/}（\text{cm}^2 · \text{sr} · \mu\text{m}）$。有时也可用"%"来表示，其辐射分辨率 R_r 为 $R_r = \dfrac{R_L}{R_{max} - R_{min}} = 0.39\%$。

2.4.3　时间分辨率

时间分辨率（temporal resolution）是指关于侦察图像间隔时间的一项性能指标。侦察

(a)　　　　　　　　　　　　(b)

(c)　　　　　　　　　　　　(d)

图 2-10　图像辐射分辨率效果图

(a) 256 个灰度级；(b) 128 个灰度级；(c) 32 个灰度级；(d) 8 个灰度级

扫码查看图片

器按一定的时间周期重复采集数据，这种重复周期也叫回归周期，它是由飞行器的轨道高度、轨道倾角、运行周期、轨道间隔、偏移系数等参数所决定。对同一地点进行重复观测的最小时间间隔，称为时间分辨率。

时间分辨率的大小，除了决定于飞行器的回归周期外，还与侦察器的设计因素直接相关。对侦察卫星来说，静止气象卫星（地球同步气象卫星）的时间分辨率为 1 次/0.5h；太阳同步气象卫星的时间分辨率为 2 次/d；Landsat 为 1 次/16d；中巴合作的资源卫星 CBERS 为 1 次/26d 等。还有更长周期甚至不定周期的。

2.4.4　光谱分辨率

光谱分辨率（spectral resolution）是指传感器所选用的波段数量的多少、各波段的波长位置及波长间隔的大小。表 2-1 列出了一些传感器的光谱分辨能力。

不同光谱分辨率的传感器对同一地物探测效果有很大区别。选择的通道数、每个通道的中心波长、带宽，这三个因素共同决定光谱分辨率的大小。

对于黑白全色胶片，记录了地物在 0.38~0.76μm 宽的波段范围内反射光谱的特性；Landsat/TM 有 7 个波段，能较好地区分同一物体或不同物体在 7 个不同波段的光谱响应特性的差异，其中以 TM3 为例，侦察器用一个较窄的波段（0.63~0.69μm，波段间隔为 0.06μm）记录下红光区内一个特定范围的反射辐射；而红外成像光谱仪 AVIRIS 在 0.4~2.45μm 带宽范围内有 224 个波段，波段间隔近 10nm，可以探测到物质特征波长的微小差异。由此可见，传感器的波段数越多、波段宽度越窄，包含的信息量就越大，地面物体的信息就越容易区分和识别，专题研究的针对性越强。但在实际使用中，并非波段越多，光谱分辨率就越高。在某些情况下，波段太多，各波段数据间的差异性并不大，增加数据的冗余度，往往相邻波段区间内的数据相互交叉、重复，而未必能达到预期的识别效果。同时，波段越多输出数据量越大，也给数据传输、处理和鉴别带来困难。因此，要根据被探测目标的特性选择一些最佳探测波段。所谓最佳探测波段，是指这些波段中探测各种目标之间以及目标与背景之间，有最好的反差或波谱响应特性差别。

表 2-1　一些传感器的光谱分辨能力

卫星	传感器	光谱总宽度 /μm	波段数	各波段波长 /μm	波长间隔 /μm
Landsat	MSS	0.5~1.1	5	MSS4 0.5~0.6	0.1
				MSS5 0.6~0.7	
				MSS6 0.7~0.8	
				MSS7 0.8~1.1	0.30
		10.40~12.60		MSS8 10.4~12.6	2.20
	TM	0.45~2.35	7	TM1 0.45~0.52	平均0.07
				TM2 0.52~0.60	
				TM3 0.63~0.69	
				TM4 0.76~0.90	
				TM5 1.55~1.75	平均0.17
				TM6 2.08~2.35	
		10.40~12.50		TM7 10.40~12.50	2.10
SPOT	HRV	0.50~0.89	3	0.5~0.59	平均0.09
				0.61~0.68	
				0.79~0.89	

2.5　图　像　变　换

为了有效和快速地对图像进行处理，常常需要将原定义在图像空间的图像以某种形式转换到另外一些空间，并利用在这些空间的特有性质方便地进行一定的加工，最后再转换回图像空间以达到所需的效果。这些转换就是图像变换技术。一般将从图像空间向其他空间的变换称为正变换，而将从其他空间向图像空间的变换称为反变换或逆变换。

2.5.1　离散傅里叶变换

离散傅里叶变换（DFT，Discrete Fourier Trainsform）描述了离散信号的时域表示与频域表示的关系，利用离散傅里叶变换的时域与频域分析方法可解决大多数图像处理问题，因而离散傅里叶变换在图像处理领域获得了极为广泛的应用。

2.5.1.1　二维离散傅里叶变换

设 $f(x, y)$ 是空间域上等间隔采样得到的 $M \times N$ 的二维离散信号，x 和 y 是离散实变量，u 和 v 为离散频率变量，则二维离散傅里叶变换对一般地定义为：

$$F(u, v) = \sqrt{\frac{1}{MN}} \sum_{x=0}^{M-1} \sum_{y=0}^{N-1} f(x, y) \exp\left[-j2\pi\left(\frac{xu}{M} + \frac{yu}{N}\right)\right] \tag{2-13}$$

$$f(u, v) = \sqrt{\frac{1}{MN}} \sum_{x=0}^{M-1} \sum_{y=0}^{N-1} F(x, y) \exp\left[j2\pi\left(\frac{xu}{M} + \frac{yu}{N}\right)\right] \tag{2-14}$$

式中，$u = 0, 1, \cdots, M-1$；$v = 0, 1, \cdots, N-1$；$x = 0, 1, \cdots, M-1$；$y = 0, 1, \cdots, N-1$。

在图像处理中，有时为了讨论上的方便，取 $M = N$，这样二维离散傅里叶变换对就定义为：

$$F(u, v) = \frac{1}{N} \sum_{x=0}^{N-1} \sum_{y=0}^{N-1} f(x, y) \exp\left[-\frac{j2\pi(xu + yv)}{N}\right] \tag{2-15}$$

$$f(x, y) = \frac{1}{N} \sum_{u=0}^{N-1} \sum_{v=0}^{N-1} F(u, v) \exp\left[\frac{j2\pi(ux + vy)}{N}\right] \tag{2-16}$$

式中，$u, v = 0, 1, \cdots, N-1$；$x, y = 0, 1, \cdots, N-1$；$\exp\left[-\dfrac{j2\pi(xu + yv)}{N}\right]$ 为正变核；$\exp\left[\dfrac{j2\pi(xu + vy)}{N}\right]$ 为反变换核；$u, v = 0, 1, \cdots, N-1$；$x, y = 0, 1, \cdots, N-1$。

与一维时的情况类似，可将二维离散傅里叶变换的频谱和相位角定义为：

$$|F(u, v)| = \sqrt{R^2(u, v) + I^2(u, v)} \qquad \phi(u, v) = \arctan\left[\frac{I(u, v)}{R(u, v)}\right] \tag{2-17}$$

将二维离散傅里叶变换的频谱的平方定义为 $f(x, y)$ 的功率谱，反映了二维离散信号的能量在空间频率域上的分布情况。功率谱记为：

$$P(u, v) = |F(u, v)|^2 = R^2(u, v) + I^2(u, v) \tag{2-18}$$

2.5.1.2 二维离散傅里叶变换的若干重要性质

二维离散傅里叶变换的性质包括线性、可分离性、平均值性质、周期性、共轭对称性、空间位置和空间频率的平移性、旋转性、尺度变换性和卷积性质等。下面仅介绍几种比较重要性质。

A 可分离性

式（2-17）和式（2-18）的二维离散傅里叶变换对可写成：

$$F(u, v) = \frac{1}{N} \sum_{x=0}^{N-1} \exp\left(\frac{-j2\pi xu}{N}\right) \sum_{y=0}^{N-1} f(x, y) \exp\left(\frac{-j2\pi yv}{N}\right) \tag{2-19}$$

$$f(x, y) = \frac{1}{N} \sum_{u=0}^{N-1} \exp\left(\frac{j2\pi xu}{N}\right) \sum_{v=0}^{N-1} F(u, v) \exp\left(\frac{j2\pi yv}{N}\right) \tag{2-20}$$

式中，$u, v = 0, 1, \cdots, N-1$；$x, y = 0, 1, \cdots, N-1$。

式（2-19）和式（2-20）说明，可以连续运用两次一维 DCT 来实现一个二维 DCT。以式（2-19）为例，可先沿 y 轴方向进行一维的（列）变换，得：

$$F(x, v) = \frac{1}{\sqrt{N}} \sum_{y=0}^{N-1} f(x, y) \exp\left(\frac{-j2\pi vy}{N}\right) \tag{2-21}$$

式中, u, $v = 0$, 1, $\cdots$, $N - 1$。

然后再对 $F(x, v)$ 沿 x 方向进行一维的（行）变换，得：

$$F(u, v) = \frac{1}{\sqrt{N}} \sum_{x=0}^{N-1} F(x, v) \exp\left(\frac{-j2\pi ux}{N}\right) \tag{2-22}$$

式中, $u, v = 0$, 1, $\cdots$, $N-1$。

　　B　平均值

一幅图像的灰度平均值可表示为：

$$\overline{f} = \frac{1}{N^2} \sum_{x=0}^{N-1} \sum_{y=0}^{N-1} f(x, y) \tag{2-23}$$

如果 $u = v = 0$ 代入式（2-15），可得：

$$F(0, 0) = \frac{1}{N} \sum_{x=0}^{N-1} \sum_{y=0}^{N-1} f(x, y) \tag{2-24}$$

所以，一幅图像的灰度平均值可由 DFT 在原点处的值求得，即：

$$\overline{f} = \frac{1}{N} F(0, 0) \tag{2-25}$$

对于 $M \times N$ 的图像 $f(x, y)$ 和二维离散傅里叶变换对的一般定义式（2-13）和式（2-14），图像的灰度平均值公式为：

$$\overline{f} = \frac{1}{\sqrt{MN}} F(0, 0) \tag{2-26}$$

　　C　周期性

对于 $M \times N$ 的图像 $f(x, y)$ 和二维离散傅里叶变换对的一般定义式（2-13）和式（2-14），$F(u, v)$ 的周期性定义为：

$$F(u, v) = F(u + mM, v + nN) \tag{2-27}$$

式中, m, $n = 0$, ± 1, ± 2, $\cdots$。

　　D　共轭对称性

设 $f(x, y)$ 为实函数，则其傅里叶变换 $F(u, v)$ 具有共轭对称性为：

$$F(u, v) = F^*(-u, -v) |F(u, v)| = |F^*(-u, -v)| \tag{2-28}$$

　　E　平移性

对于 $M \times N$ 的图像 $f(x, y)$ 和二维离散傅里叶变换对的一般定义式（2-13）和式（2-14），若用符号"$\Leftrightarrow$"表示函数与其傅里叶变换的对应性，则傅里叶变换的平移性可表示为：

$$f(x, y) \exp\left[j2\pi\left(\frac{u_0 x}{M} + \frac{v_0 y}{N}\right)\right] \Leftrightarrow F(u - u_0, v - v_0) \tag{2-29}$$

$$F(u, v) \exp\left[-j2\pi\left(\frac{x_0 u}{M} + \frac{y_0 v}{N}\right)\right] \Leftrightarrow f(x - x_0, y - y_0) \tag{2-30}$$

式（2-29）说明，给函数 $f(x, y)$ 乘以一个指数项，就相当于把其变换后的傅里叶频谱在频率域进行平移；式（2-30）说明，给傅里叶频率 $F(u, v)$ 乘以一个指数项，就相当于把其反变换后得到的函数在空间域进行平移。

2.5.1.3 图像的傅里叶频谱特性分析

A 图像傅里叶频谱关于$\left(\dfrac{M}{2},\dfrac{N}{2}\right)$的对称性

设 $f(x,y)$ 是一幅大小为 $M\times N$ 的图像，根据离散傅里叶变换的周期性、平移性和共轭对称性综合分析得出图像傅里叶频谱关于 $\left(\dfrac{M}{2},\dfrac{N}{2}\right)$ 的对称性，如图 2-11 所示。频谱图 A 区和 D 区、B 区和 C 区关于坐标 $\left(\dfrac{M}{2},\dfrac{N}{2}\right)$ 对称。

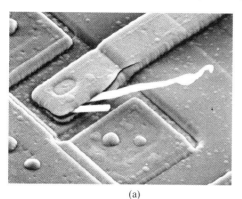 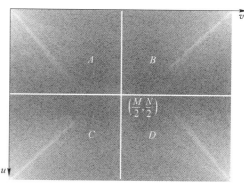

(a)   (b)

图 2-11   图像的傅里叶变换频谱关于 $\left(\dfrac{M}{2},\dfrac{N}{2}\right)$ 对称的示例

(a) 原图像；(b) 原图像的原频谱图

扫码查看图片

B 图像的傅里叶频谱特性及其频谱图

傅里叶频谱的低频主要决定于图像在平坦区域中灰度总体分布，而高频主要决定于图像的边缘和噪声等细节。按照图像空间域和频率域的对应关系，空域中强相关性，即由于图像中存在大量平坦区域，图像中相邻或相近像素一般趋向于取相同的灰度值，反映在频率域中，就是图像的能量主要集中在低频部分。由于图像的傅里叶频谱关于 $\left(\dfrac{M}{2},\dfrac{N}{2}\right)$ 对称，图像的低频特性和能量主要反映在频谱图的 4 个角部分，即频谱图的 4 个角部分的幅值较大（视觉效果较亮）。

图像的低频分量比较集中，在频谱图上所占区域较小，且分散在频谱图的 4 个角，所以不利于实际的图像频谱分析。根据傅里叶频谱的周期性和平移性［见图 2-12(c)］，当把傅里叶频谱图的原点从 $(0,0)$ 平移至 $\left(\dfrac{M}{2},\dfrac{N}{2}\right)$ 时，以 $\left(\dfrac{M}{2},\dfrac{N}{2}\right)$ 为原点截取大小为 $M\times N$ 的区间，就可得到一个低频分量位于中心的图像频谱图，如图 2-12(d) 所示。

按照如上分析，可得到图 2-11 对应的傅里叶频谱图，如图 2-13 所示。

显然，图 2-13 的中心清楚地显示出了图像的低频分量的变化情况，不仅具有可视化特点，而且能简化图像的滤波过程等。

需要指出的是，分析傅里叶变换的平移性质的式(2-30)和图 2-12(d)可知，图 2-12(d)实质上是频谱图 $|F(u-u_0),(v-v_0)|$，即式(2-30)中 $u_0=\dfrac{M}{2}$ 和 $v_0=\dfrac{N}{2}$ 的情况。

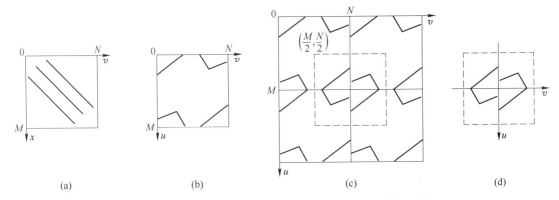

图 2-12　傅里叶频谱的周期性和平移性及其特征分析图例

（a）原图像；（b）原图像频谱；（c）周期性重复频谱；（d）坐标平移$\left(\dfrac{M}{2},\ \dfrac{N}{2}\right)$后频谱

图 2-13　坐标平移频谱图

事实上将 $u_0 = \dfrac{M}{2}$ 和 $v_0 = \dfrac{N}{2}$ 代入式（2-30）时，由于

$$\exp\left[j2\pi\left(\frac{Mx}{2M} + \frac{Ny}{2N}\right)\right] = \exp\left[j\pi(x + y)\right]$$

$$= (e^{j\pi})^{(x+y)} = (\cos\pi + j\sin\pi)^{(x+y)} = (-1)^{(x+y)} \tag{2-31}$$

所以

$$f(x,\ y)\,(-1)^{(x+y)} \Leftrightarrow F\left(u - \frac{M}{2},\ v - \frac{N}{2}\right) \tag{2-32}$$

也就是说，图 2-12（d）实质上是函数 $(-1)^{(x+y)}f(x,\ y)$ 的傅里叶频谱图。

C　傅里叶变换在图像处理中的应用

傅里叶变换在图像处理中应用的基本思路是将图像从空间域变换到频率域，然后在频率域中利用有关低通频率滤波器和高通频率滤波器等对图像进行需要的处理。

如前所述，如果直接对图像进行傅里叶正变换，得到的傅里叶频谱的低频特性和能量主要反映在频谱图的 4 个角部分，即得到的是类似于图 2-11（b）那样特征的频谱图。需要将频谱图的 4 个角"整体"对角平移后，才可得到类似于图 2-13 那样特征的频谱图。显然，对频谱图进行这种 4 个角的"整体"对角平移是比较麻烦的。根据式（2-32）可知，在进行傅里叶正变换之前先用 $(-1)^{(x+y)}$ 乘以图像（函数），即可完成平移。

傅里叶变换在图像处理中典型的应用有去除图像噪声、图像数据压缩、图像识别、图像重构和图像描述等。

2.5.2 离散余弦变换

尽管傅里叶变换在信号和图像处理中获得了巨大成功和广泛应用，但因为数字图像都是实数阵列，所以在利用离散傅里叶变换对其进行变换时，一方面涉及复数域的运算，另一方面其运算结果也是复数。

这不仅使运算复杂费时，而且也给实际应用带来诸多不便。而离散余弦变换（DCT，Discrete Cosine Transform）既克服了这一缺点，又保持了变换域的频率特性，是图像处理中最常用的一种变换。并且，余弦变换在去除图像的相关性，具有与人类视觉系统特性相适应和运算方便等方面的突出优势，已经证明是一种最适用于图像压缩编码的变换，并已得到了广泛的应用。

2.5.2.1 二维离散余弦变换

把一维离散余弦变换推广到二维，就可得到二维离散余弦变换。其基本的思想是，把一个 $N×N$ 的图像数据矩阵延拓成二维平面上的偶对称阵列。

延拓方式有两种：一种围绕图像边缘（但不重叠）将其折叠成对称形式而得到的变换称为偶离散余弦变换；另一种通过重叠图像的第一列像素和第 $N-1$ 行像素将其折叠成对称形式而得到的变换称为奇离散余弦变换。常用的为偶离散余弦变换。

设 $f(x, y)$ 为 $N×N$ 的图像数据阵列，将 $f(x, y)$ 围绕其左边缘和下边缘不重叠地折叠成偶对称图像 $f_s(x, y)$，如图 2-14 所示。

所以 $2N×2N$ 新图像对称中心位于图中细十字虚线的交叉处，即位于 $\left(-\dfrac{1}{2}, -\dfrac{1}{2}\right)$ 处，则：

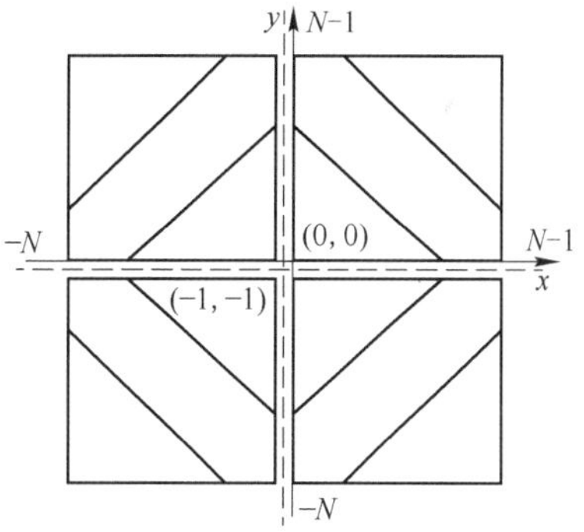

图 2-14　$N×N$ 图像偶对称的 $2N×2N$ 图像

$$f_s(x, y) = \begin{cases} f(x, y) & (x \geqslant 0, y \geqslant 0) \\ f(-x-1, y) & (x < 0, y \geqslant 0) \\ f(x, -y-1) & (x \geqslant 0, y < 0) \\ f(-x-1, -y-1) & (x > 0, y < 0) \end{cases}$$

$$(2-33)$$

对新图像 $f(x, y)$，取二维傅里叶变换可得：

$$F_s(u, v) = \frac{1}{2N} \sum_{x=-N}^{N-1} \sum_{y=-N}^{N-1} f_s(x, y) \exp\left\{ -\frac{j2\pi\left[u\left(x+\frac{1}{2}\right) + v\left(y+\frac{1}{2}\right)\right]}{2N} \right\} \quad (2-34)$$

式中，$u, v = -N, \cdots, -1, 0, 1, \cdots, N-1$。

由于 $f_s(x, y)$ 是实对称函数，对式(2-34)运用欧拉公式后的正弦项为零值，式(2-34)可简化为：

$$F_s(u,\ v) = \frac{1}{2N}\sum_{x=-N}^{N-1}\sum_{y=-N}^{N-1}f_s(x,\ y)\cos\left[\frac{\pi(2x+1)u}{2N}\right]\cos\left[\frac{\pi(2y+1)v}{2N}\right] \quad (2\text{-}35)$$

式中，$u,\ v = -N,\ \cdots,\ -1,\ 0,\ 1,\ \cdots,\ N-1$。

同理，由于 $f_s(x,\ y)$ 是实对称函数，4个象限的变换结果是完全相同的，所以在式 (2-35) 中用 $4f(x,\ y)$ 代替 $f_s(x,\ y)$，并修改相应的求和区间，得：

$$F_s(u,\ v) = \frac{2}{N}\sum_{x=0}^{N-1}\sum_{y=0}^{N-1}f_s(x,\ y)\cos\left[\frac{\pi(2x+1)u}{2N}\right]\cos\left[\frac{\pi(2y+1)v}{2N}\right] \quad (2\text{-}36)$$

式中，$u,\ v = 0,\ 1,\ \cdots,\ N-1$。

与一维 DCT 变换类似，为了把变换矩阵定义成归一正交矩阵形式，给式 (2-36) 乘以 $K(u)$ 和 $K(v)$ 可得 $f_s(x,\ y)$ 的二维离散余弦变换（DCT），即：

$$F_s(u,\ v) = \frac{2}{N}K(u)K(v)\sum_{x=0}^{N-1}\sum_{y=0}^{N-1}f_s(x,\ y)\cos\left[\frac{\pi(2x+1)u}{2N}\right]\cos\left[\frac{\pi(2y+1)v}{2N}\right] \quad (2\text{-}37)$$

式中，$u,\ v = 0,\ 1,\ \cdots,\ N-1$。其中，

$$K(u) = \begin{cases}\dfrac{1}{\sqrt{2}} & (u=0) \\ 1 & (u=1,\ 2,\ \cdots,\ M-1)\end{cases},\quad K(v) = \begin{cases}\dfrac{1}{\sqrt{2}} & (v=0) \\ 1 & (v=1,\ 2,\ \cdots,\ M-1)\end{cases} \quad (2\text{-}38)$$

同理，可将二维离散余弦反变换（DCT）定义为：

$$f(x,\ y) = \frac{2}{N}\sum_{u=0}^{N-1}\sum_{v=0}^{N-1}F(u,\ v)K(u)K(v)\cos\left[\frac{\pi(2x+1)u}{2N}\right]\cos\left[\frac{\pi(2y+1)v}{2N}\right] \quad (2\text{-}39)$$

式中，$u,\ v = 0,\ 1,\ \cdots,\ N-1$。

二维离散余弦变换的正、反变换核是相同的（对称的）和可分离的，即：

$$Q(x,\ y,\ u,\ v) = \sqrt{\frac{2}{N}}K(u)\cos\left[\frac{\pi(2x+1)u}{2N}\right]\sqrt{\frac{2}{N}}K(v)\cos\left[\frac{\pi(2y+1)v}{2N}\right] \quad (2\text{-}40)$$

$$= q_1(x,\ u)q_2(y,\ v) = q_2(y,\ v)q_1(x,\ u)$$

记：

$$q = q_1(x,\ u) = \sqrt{\frac{2}{N}}K(u)\cos\left[\frac{\pi(2x+1)u}{2N}\right] \quad (2\text{-}41)$$

二维离散余弦变换的正、反变换的空间矢量表示形式为：

$$\begin{cases}\boldsymbol{F} = \boldsymbol{q}\boldsymbol{f}\boldsymbol{q}^{\mathrm{T}} \\ \boldsymbol{f} = \boldsymbol{q}^{\mathrm{T}}\boldsymbol{F}\boldsymbol{q}\end{cases} \quad (2\text{-}42)$$

其中，变换矩阵 $\boldsymbol{q}$ 的形式为：

$$\boldsymbol{q}^{\mathrm{T}} = \sqrt{\frac{2}{N}}\begin{pmatrix}\dfrac{1}{\sqrt{2}} & \dfrac{1}{\sqrt{2}} & \cdots & \dfrac{1}{\sqrt{2}} \\ \cos\dfrac{\pi}{2N} & \cos\dfrac{3\pi}{2N} & \cdots & \cos\dfrac{(2N-1)\pi}{2N} \\ \vdots & \vdots & \vdots & \vdots \\ \cos\dfrac{(N-1)\pi}{2N} & \cos\dfrac{3(N-1)\pi}{2N} & \cdots & \cos\dfrac{(2N-1)(N-1)\pi}{2N}\end{pmatrix} \quad (2\text{-}43)$$

例如，图 2-15(a) 的图像，其 DCT 结果如图 2-15(b) 所示。

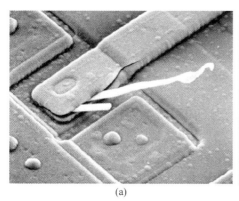 

(a) (b)

图 2-15 图像 DCT 示例

（a）原图像；（b）原图像 DCT 结果

扫码查看图片

2.5.2.2 图像的离散余弦频谱特性分析

值得注意的是，DCT 只是 DFT 的特例，DCT 的本质仍然是 DFT，DCT 结果所表现出来的特征本质上和 DFT 所反映的特征是相同的。

DCT 是先将整体图像分成 $N \times N$ 像素块，然后对 $N \times N$ 像素块逐一进行 DCT 变换。由于大多数图像的高频分量较小，相应于图像高频分量的系数通常为 0，加上人眼对高频成分的失真不太敏感，所以可用更粗的量化。因此，传送变换系数的数码率要大大小于传送图像像素所用的数码率。到达接收端后，通过反离散余弦变换回到样值，虽然会有一定的失真，但人眼是可以接受的。

离散余弦变换的变换核为实数的余弦函数，因此 DCT 的计算速度要比变换核为指数的离散傅里叶变换快得多。而且，通过对图 2-15(b) 和图 2-11(b) 的比较表明，DCT 分量比傅里叶变换更多集中于原点附近，这与 DCT 的能量集中性密切相关。DCT 一直被看作最适用于图像编码，因此编码图像传输的 JPEG 和 MPEG 标准都使用它。

2.5.3 小波变换

小波变换（wavelet transform）是 20 世纪 80 年代中后期逐渐发展起来的一种新的数学工具，已在模式识别、语音识别与合成、地震信号处理、图像纹理分析、图像编码和压缩等信号与图像处理领域得到了非常广泛的应用。

小波变换的基本思想是通过一个母函数在时间上的平移和尺度上的伸缩得到一个函数族，然后利用这族函数去表示或逼近信号或函数，获得一种能自动适应各种频变成分的有效的信号分析手段。小波变换弥补了傅里叶变换不能描述随时间变化的频率特性的不足，特别适合于那些在不同时间窗内，具有不同频率特性，而且其应用目的是得到信号或图像的局部频谱信息而非整体信息的信号或图像的处理问题。

由于小波变换在时域和频域同时具有良好的局部化特征，利用小波的多分辨率分析特性既可高效地描述图像的平坦区域，又可有效地表示图像信号的局部突变（即图像的边缘轮廓部分），相当于一个具有放大和平移功能的"数学显微镜"。再加上小波变换在计算上的低复杂性，因此在图像处理领域具有十分广阔的应用前景。

2.5.3.1 二维离散小波变换原理

在工程中，小波变换一般都是采用 Mallat 算法来实现。对于二维图像信号，二维 Mallat 算法采用可分离的滤波器设计，实质上是利用一维滤波器分别对图像数据行和列进行一维小波变换。二维离散小波变换的 Mallat 实现原理如图 2-16 所示，图中 L 和 H 分别是小波 Mallat 分解中低通滤波器和高通滤波器，而 L' 和 H' 分别是小波 Mallat 重构中低通滤波器和高通滤波器。在图 2-16(a)中，图中标注的说明是以对图像进行第一次 Mallat 分解为例，此时，LL 子带为 $f_{2^{j-1}}^{0}(x, y)$，HL 子带为 $f_{2^{j-1}}^{1}(x, y)$，LH 子带为 $f_{2^{j-1}}^{2}(x, y)$，HH 带为 $f_{2^{j-1}}^{3}(x, y)$，接着进行的分解过程原理相同。在第一层首先用 h 和 g 与图像 $f_{2^{j}}^{0}(x, y)$ 的每行作变换 [对应图 2-17(a)的行滤波]，并丢弃奇数行（设最左一列为第 0 列）；接着，对行变换后的 $\frac{M}{2} \times N$ 阵列的每列再与 h 和 g 相卷积，并丢弃奇数列（设最上一行为第 0 行）；其结果就是该层变换所有求的 4 个 $\frac{M}{2} \times \frac{N}{2}$ 的阵列，重构过程类似，如图 2-16 (b) 所示。

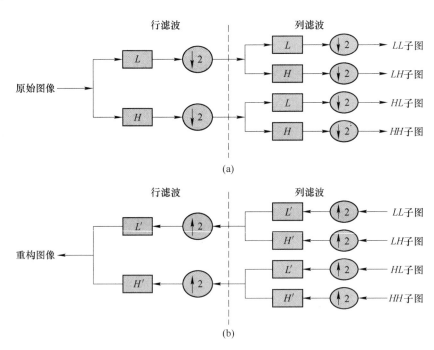

图 2-16　二维离散小波变换的 Mallat 实现
(a) 二维离散小波分解；(b) 二维离散小波重构

2.5.3.2 二维离散小波变换效果

对图像每进行一次二维离散小波变换，就可分解产生一个低频子图（子带）LL 和 3 个高频子图（即水平子带 HL、垂直子带 LH 和对角子带 HH），下一级小波变换在前级产生的低频子带 LL 的基础上进行，依次重复，即可完成图像的 i （$i=1, 2, \cdots, I-1, I$）级小波分解，对图像进行 i 级小波变换后，产生的子带数目为 $3i+1$。对图像每进行一次小波变换就相当于在水平方向和竖直方向进行隔点采样，所以变换后的图像就分解成 4 个大小为前一级图像（或子图）尺寸的 $\frac{1}{4}$ 的频带子图，图像的时域分辨率就下降一半（相应地使尺度加倍），在对图像进行 i 级小波变换后，所得到的 i 级分辨率图像的分辨率是原图像分辨率的 $\frac{1}{2^i}$。

当 $i=1$，即对图像进行一次小波变换后的子带分布如图 2-17(a)所示，每个子带分别包含了各自相应频带的小波系数。图 2-17(b)给出了对图像进行 3 层小波变换（即对图像的 3 尺度的分解）后的系数分布示意图。

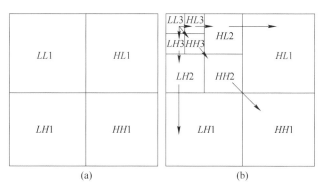

图 2-17　二维离散小波变换示意图
（a）图像 1 层小波变换示意图；（b）图像 3 层小波变换示意图

图像小波分解示意图如图 2-18 所示。

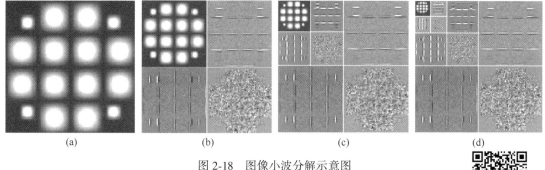

图 2-18　图像小波分解示意图
（a）原始图像；（b）一层小波分解；（c）二层小波分解；（d）三层小波分解

扫码查看图片

2.5.3.3　图像的小波变换频谱特性分析

小波分解后，由于各子带图像所采用的滤波策略不同而具有不同的特点。表 2-2 给出了小波分解后各子带图像的特点。

表 2-2　小波分解后各子带图像的特点

子图像	行滤波	列滤波	保留的频率特性	名称	反映的图像特征
LLk	低通	低通	保留水平、垂直低频特性	细节子（带）图像	平缓变化特性
LHk	低通	高通	保留水平方向高频特性	垂直子（带）图像	垂直边缘特性

子图像	行滤波	列滤波	保留的频率特性	名称	反映的图像特征
HLk	高通	低通	保留垂直方向高频特性	水平子（带）图像	垂直边缘特性
HHk	高通	高通	保留对角方向高频特性	对角子（带）图像	纹理变化特性

除此以外，图像的小波变换系数还有以下分布特点：

（1）空频域的局部性；

（2）能量集聚特性，最高分解级的低频子带汇集了系数的绝大部分能量；

（3）子带间小波系数位置与幅度的相似性；

（4）小波系数的能量与幅度从低频子带到高频子带的衰减特性。

小波和小波变换是在大量图像处理课题中快速崛起的较新的图像工具，它与傅里叶变换具有相似性。成像应用中能够以小波观点来解决的问题包括匹配、配准、分割、降噪、重建、增强、压缩、形态滤波等。

3 图像压缩编码

随着信息化战争对图像情报实时性要求的提高，图像情报技术保障步入了数字化时代。数字图像传感器已经登上现代战场的侦察舞台，毫无疑问已经成为主流趋势。尽管数字图像具有很多优点，但有一潜在的问题，就是要表示它们则需要大量比特数。在数字图像的标准表示中，通常含有大量冗余。

图像压缩编码的核心，就是通过改变图像的描述方式，去除图像数据中的冗余信息。这样就使存贮图像所需的存储器，或者传输图像所需的通道容量大大节省。

3.1 压缩编码基本理论与图像保真度

图像压缩的过程称为编码，图像恢复的过程称为解码。图像压缩的理论基础是信息论和数字通信技术，同时又与图像处理技术本身的特点密切相关。

3.1.1 图像压缩编码的必要性和可能性

数据压缩最初是信息论研究中的一个重要课题，在信息论中数据压缩被称为信源编码。但近年来，数据压缩不再限于编码方法的研究与探讨，已逐步形成较为独立的体系。它主要研究数据表示、传输、变换和编码的方法，目的是减少存储数据所需的空间和传输所用的时间。

3.1.1.1 压缩的必要性

图像文件的一个明显特点是占用空间大，图像文件的存储和传输需要更多的资源。例如，一幅分辨率为 1280×1024 的彩色图像，每个像素用 24 比特存储，则总的数据量约为 1280×1024×24 = 31.5Mb。如果图像传感器以 30 帧/s 的速度将所摄取的图像传回地面，即传输速率为 945Mb/s。如此大的数据量，一张 600Mb 的光盘还不够存放 1s 的数据。因此，研究图像编码与压缩是数字图像处理与图像通信必不可少的内容。近年来，随着计算机与数字通信技术的迅速发展。网络和多媒体技术的兴起，图像编码与压缩作为数据压缩的一个分支，已受到越来越多的关注。

通过研究发现，一般在图像数据表示中存在许多冗余。在信息论中，数据量和信息量关系为 $I = D - du$，其中 I、D、du 分别为信息量、数据量和 D 中数据冗余量。而信息量是传输的主要数据，冗余数据是无用的，没必要传输。通过图像数据压缩去除那些冗余数据，就可以极大地减少原始图像数据。对于非常巨大的数字图像，如果不经过压缩，数字图像高速传输和存贮所需要的巨大容量已成为推广数字图像传输与应用的最大障碍，因此图像的压缩十分必要。

3.1.1.2 压缩的可能性

图像文件之所以能够压缩，其主要原因如下。

（1）大量的图像数据存在很大的冗余度，因此去除图像冗余信息从而实现图像数据信息的压缩是可能的。一般图像数据中都存在空间冗余和时间冗余。图像中存在的最主要的数据冗余就是空间冗余。一幅图像同一景物表面上各采样点的颜色之间，常常存在着很强的空间连贯性。但是利用离散像素采样的方法来采集、表示物体颜色的方式，通常没有利用景物表面颜色的空间连贯性，也就产生了空间冗余现象。可以采取改变物体表面颜色的像素存储方式，减少数据存储量。例如，在图像中有一块表面颜色均匀的区域，在这区域中的所有像素亮度、色调和饱和度都是相同的，这样就没有必要都存储这一区域所有像素的数据。因此，图像数据一般具有很大的空间冗余。时间冗余是动态图像表示中常常包含的冗余。动态图像一般是按照时间序列排序的一组连续图像，其中相邻帧图像中常常含有相同的背景和移动目标，不同的只是移动目标所在的空间位置。由于相邻帧之间有许多相同的区域，所以这种冗余称为时间冗余。

除了空间冗余、时间冗余外，还存在视觉冗余、信息熵冗余、结构冗余、知识冗余等几种冗余。随着进一步深入研究图像模型和人类视觉系统模型，可能会发现其他的冗余性，使得视频数据压缩的可能性越来越大，从而推动视频数据的压缩技术进一步发展。

（2）人眼对此图像细节的不敏感性和特定环境下并不要求完美的图像质量。虽然图像数据的冗余给压缩带来了可能，但到底能压缩多少，除了和图像本身存在的冗余度大小有关外，很大程度上取决于对图像质量的要求和压缩算法的性能。例如，广播电视要考虑艺术欣赏性，对图像质量要求就很高，用目前的编码技术，即使压缩比达到 3∶1 都是很困难的。而对可视电话，因画面活动部分少，对图像质量要求也低，可采用高效编码技术，使压缩比高达 1500∶1 以上。目前，高效图像压缩编码技术已能用硬件实现准实时处理，在广播电视、电视会议、可视电话、传真和因特网、遥感等多方面得到应用。

3.1.2　图像编码压缩技术的分类

图像压缩的目的是在满足一定图像质量条件下，用尽可能少的位数来表示原图像，以减少图像存储容量和提高图像传输效率。在信息论中，把通过减少冗余数据来实现数据压缩的过程称为信源编码。目前，图像编码压缩的方法很多，其分类方法根据出发点不同而有差异。

根据解压重建后的图像和原始图像之间是否具有误差，图像编码压缩分为无损（亦称无失真、无误差、信息保持）和有损（有失真或有误差）编码两大类。无损编码是信息保持编码，仅删除原图像数据中冗余的数据，经解码后能够完全不失真地重建原始的图像数据，没有任何信息的丢失和差别，常用于复制、保存十分珍贵的历史、文物图像等场合；有损编码是指解码重建的图像与原图像相比存在数据丢失和失真，不能精确地复原，但视觉效果上基本相同，往往用于实现高压缩比的图像编码，数字电视、图像传输和多媒体等常采用这类编码方法。图像压缩编码技术分类如图 3-1 所示。

图 3-1　图像压缩编码技术的分类

根据编码的作用域划分，图像编码可分为空间域编码和变换域编码两大类。但是近年来，随着科学技术的灼速发展，许多新理论、新方法的不断涌现，特别是受通信、多媒体技术等需求的刺激，一大批新的图像压缩编码方法应运而生，其中有些是基于新的理论和变换，有些是两种或两种以上方法的组合，有的既在空间域也要在变换域进行处理，本书将这些方法归属于其他方法。

3.1.3　图像保真度准则

由于图像的有损压缩有一定的信息损失，在对压缩图像进行解压后获得的图像可能会与原图像不完全相同，这样就需要有一种对信息损失的程度进行评价，以描述解压所获得的图像相对于原图像的偏离程度。常用的评价标准主要分为主观评价和客观评价两大类。

3.1.3.1　主观保真度准则

对于那些以改善或获得好的视觉效果为目的的图像处理应用来说，用观察者的主观评价来衡量图像的质量通常更显得合乎情理。主观评价的一般方法就是，通过给一组观察者（通常由有图像质量评价经验的专家或最终用户组成）提供原图像和典型的解压缩图像，由每个观察者对解压图像的质量给出一个主观的评价，并将他们的评价结果进行综合平均，从而得出一个统计平均意义下的评价结果。观察者对解压图像质量的评价可以采取打分法，也可以采用其他的评价方法。表 3-1 给出了一种典型主观评价标准的例子。

表 3-1　一种典型主观评价标准

评分	评价标准描述	评价
5 分	丝毫看不出图像质量变坏	非常好
4 分	能看出图像质量变化，但不妨碍观看	好
3 分	能清楚地看出图像质量变坏，对观看稍有妨碍	一般
2 分	对观看有妨碍	差
1 分	非常严重地妨碍观看	非常差

人眼对图像质量的主观评价是一个复杂的多系统交互过程，包括人类视觉系统（HVS）、眼睛和大脑系统等。人类的视觉感知会受到时间保真度和空间保真度的影响，同时还会受到其他因素的影响，因此视频质量的主观评价由于操作要求过于复杂，使得这一评价方法不适用于图像实时传输要求较高的场合；并且主观评价方法存在不确定性，比如观察环境、观察者心情、疲劳程度的影响等，这些都具有很大的随意性，不易进行准确和定量比较。由于主观评价存在很大的局限性，图像质量评价越来越倾向于客观评价。

3.1.3.2　客观保真度准则

假设原始图像 $f(x, y)$ 的像素个数为 $M \times N$，经过压缩后重构的图像 $g(x, y)$，评价重构图像 $g(x, y)$ 的指标常用的有均方根误差 E_{rms}（Root Mean Square Error）、均方误差 MSE（Mean Square Error）、规范均方误差 $NMSE$（Normative Mean Square Error）、信噪比 SNR_{ms}（Signal to Noise Ratio）、对数信噪比 SNR_{dB} 和峰值信噪比 $PSNR_{dB}$（Peak Signal to Noise Ratio）6 类。

$f(x, y)$ 与 $g(x, y)$ 之间的均方根误差 E_{rms} 定义为：

$$E_{rms} = \left\{ \frac{1}{MN} \sum_{x=0}^{M-1} \sum_{y=0}^{N-1} \left[g(x, y) - f(x, y) \right]^2 \right\}^{\frac{1}{2}} \tag{3-1}$$

$f(x, y)$ 与 $g(x, y)$ 之间的均方误差 MSE 定义为：

$$MSE = \frac{1}{MN}\sum_{x=0}^{M-1}\sum_{y=0}^{N-1}\left[g(x, y) - f(x, y)\right]^2 \qquad (3\text{-}2)$$

$f(x, y)$ 与 $g(x, y)$ 之间的规范化均方误差 $NMSE$ 定义为：

$$NMSE = \frac{MSE}{\dfrac{1}{MN}\sum\limits_{x=0}^{M-1}\sum\limits_{y=0}^{N-1}f^2(x, y)} \qquad (3\text{-}3)$$

$f(x, y)$ 与 $g(x, y)$ 之间的均方根信噪比 SNR_{rms} 定义为：

$$SNR_{\text{rms}} = \frac{\sum\limits_{x=0}^{M-1}\sum\limits_{y=0}^{N-1}g(x, y)}{\sum\limits_{x=0}^{M-1}\sum\limits_{y=0}^{N-1}\left[g(x, y) - f(x, y)\right]^2} \qquad (3\text{-}4)$$

$f(x, y)$ 与 $g(x, y)$ 之间的对数信噪比 SNR_{dB} 定义为：

$$SNR_{\text{dB}} = -10\lg(NMSE) \qquad (3\text{-}5)$$

$f(x, y)$ 与 $g(x, y)$ 之间的峰值信噪比 $PSNR_{\text{dB}}$ 定义为：

$$PSNR_{\text{dB}} = 10\lg\frac{(2^n - 1)^2}{MSE} \qquad (3\text{-}6)$$

式中，n 为像素灰度值的位数。其中，dB 表示对数信噪比的单位。在实际中，经常用到的是 $PSNR$，当 $PSNR_{\text{dB}}$>30dB 时，人的视觉很难分辨出原始图像与重构图像的差异。

3.2 无损压缩编码方法

无失真压缩方法用于减少用二进制的自然编码方法对图像灰度级编码时产生的编码冗余。

3.2.1 霍夫曼编码

Huffman 编码是由 Huffman 于 1952 年提出的一种编码方法。这种编码方法根据源数据各信号发生的概率进行编码。在源数据中出现概率越大的信号，分配的码字越短；出现概率越小的信号，其码字越长，从而达到用尽可能少的码表示源数据。具体步骤如下：

（1）统计给定字符的频率，并将给定字符按照其频率从大到小排序，得到一个序列；

（2）把最末的两个具有最小概率的元素的概率相加，再把相加的概率与其余概率按大小顺序进行排列；

（3）重复步骤（2），直到最后只剩下两个概率为止。如果把剩余的两个概率合并作为树根，那么从后向前直至每个信源符号（初始概率）就形成了一棵二叉树；

（4）从最后的二叉树根开始为每个节点的分支逐步向前进行编码，给概率大的分支赋予 0，给概率小的分支赋予 1；

（5）从树根到每个树叶的所有节点上的 0 或 1 串起来，就是对应信源符号的编码。

例如，设有一符号集为 $S = \{s_1, s_2, s_3, s_4, s_5, s_6\}$，其概率分布为 $p = \{0.4, 0.3, 0.1, 0.1, 0.06, 0.04\}$，求霍夫曼编码 $W = \{w_1, w_2, w_3, w_4, w_5, w_6\}$。编码过程如图 3-2 所示。

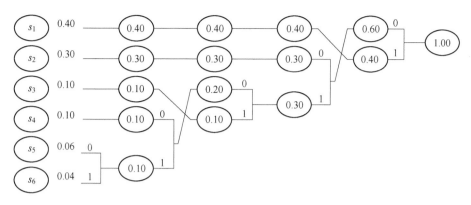

图 3-2 霍夫曼编码二叉树

霍夫曼编码结果见表 3-2。

表 3-2 霍夫曼编码结果表

字符	s_1	s_2	s_3	s_4	s_5	s_6
概率	0.40	0.30	0.10	0.10	0.06	0.04
编码	1	00	011	0100	01010	01011
码长	1	2	3	4	5	5

从图像信息的角度看，如何保持图像信息源的内容不变或者损失不大是编码的重要内容，因为描述图像信源的数据由有用数据和冗余数据两部分组成。一幅图像中到底含有多少不冗余的信息，怎么才能达到编码效率最高，这就需要把信息论的概念引入到图像信息源。图像信息源 X 的重要统计特性为熵值 $H(X)$，即：

$$H(X) = -\sum_i p_i \log_2 p_i \quad (i = 1,\ 2,\ \cdots,\ m) \tag{3-7}$$

式中，p_i 为每一个符号出现的概率。

根据 Shannon 无干扰信息保持编码定理，若对原始图像数据的信息进行信源的无失真图像编码，压缩后平均码率 $\overline{B}$ 存在一个下限，这个下限是信源信息熵 H。理论上最佳信息保持编码的平均码长可以无限接近信源信息熵 H。若原始图像平均码长为 B，则：

$$\overline{B} = \sum_{i=0}^{L-1} \beta_i p_i \tag{3-8}$$

式中，β_i 为灰度级 i 对应的码长；p_i 为灰度级 i 出现的概率。那么，$\overline{B}$ 总是大于或等于图像的熵 H。

因此，可定义冗余度为：

$$r = \frac{\overline{B}}{H} - 1 \tag{3-9}$$

当经过编码压缩后，图像信息的冗余度 r 已接近于 0，平均码长已接近其下限，这类编码方法称为高效编码。

霍夫曼平均码字长度为 2.2bits，信源的信息熵为 2.14bits，二者十分接近。所以说霍夫曼编码是一种高效编码。同时结合例题可以看出，字符 s_3、s_4 概率一样，但编码有差异，这与编码时的顺序有关，那么不同的编码顺序就会得出不同的编码结果。概括来说，霍夫曼编码具有以下特点。

（1）霍夫曼编码构造出来的编码值不是唯一的，原因是在给两个最小概率的图像的灰度值进行编码时，可以是大概率为 0，小概率为 1，但也可相反。而当两个灰度值的概率相等时，0、1 的分配也是人为定义的，这就造成了编码的不唯一性，但不影响解码的正确性。

（2）当图像灰度值分布很不均匀时，霍夫曼编码的效率就高。当信源概率是 2 的负幂次方时，编码效率为 100%。而在图像灰度值的概率分布比较均匀时，霍夫曼编码的效率就很低。

（3）霍夫曼编码必须先计算出图像数据的概率特性，形成编码表后，才能对图像数据编码。因此，霍夫曼编码缺乏构造性，即不能使用某种数学模型建立信源符号与编码之间的对应关系，而必须通过查表方法，建立起它们之间的对应关系。如果信源符号很多，那么码表就会很大，这必将影响到存储、编码与传输。

由此可见，利用霍夫曼编码需要对图像扫描两遍。第一遍扫描要精确地统计出原始数据中每个值出现的频率；第二遍是建立二叉树并进行编码。由于需要建立二叉树并通过遍历二叉树生成编码，数据压缩和还原速度都较慢。但是由于简单有效，得到了广泛的应用。

3.2.2　费诺-香农编码

由于霍夫曼编码法需要多次排序，当元素 x_i 很多时十分不便，为此费诺（Fano）和香农分别单独提出类似的方法，使编码方法更简单。费诺-香农编码采用从上到下的方法，首先按照符号出现的频率从大到小排序，然后使用递归方法分成两个部分，每一部分具有近似相近的次数，从而生成一棵二叉树。具体算法如下：

（1）统计给定字符的频率，并将给定字符按照其频率从大到小排序，得到一个序列；

（2）将序列分成两组，使得这两组中元素的频率和相等或大致相等；

（3）第一组（概率之和较大的）标记为二叉树的左子树，记为 0，第二组（概率之和较小的）标记为二叉树的右子树，记为 1（标记也可以与此相反）；

（4）分别对左右子树重复步骤（2）和步骤（3），直到所有字符都成为二叉树的树叶为止。

例 3-1　练习为字符串 SHANNON-FANO-HUFFMAN（20 个字符长）编码。

解：统计字符串 SHANNON-FANO-HUFFMAN 中的字符，共出现了 9 种字符的信息。9 种字符的出现次数及相应频率见表 3-3。

表 3-3　字符出现次数和频率表

字符	A	F	H	M	N	O	S	U	—
出现次数	3	3	2	1	5	2	1	1	2
概率	0.15	0.15	0.10	0.05	0.25	0.10	0.05	0.05	0.10

（1）按照它们出现的频率从大到小排序得 "NAFHO-MSU"，首先分成两组，"NAF"

和"HO-MSU"，标记"NAF"为0，标记"HO-MSU"为1。

（2）然后将"NAF"分成两组"N"和"AF"，"HO-MSU"分成两组"HO"和"–MSU"，并给予标记。

（3）重复这个过程，最后生成一棵二叉树，如图3-3所示。相对应的编码见表3-4。

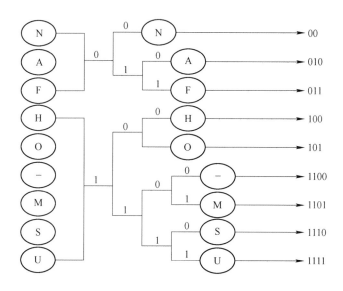

图3-3　费诺编码二叉树

上述的求解过程是采用了一棵二叉树来表示的。有时在求解过程中，也可以采用表的形式，见表3-4。

表 3-4　费诺码编码过程与编码结果表

符号	概率	编码过程			编码结果	码字长度
N	0.25	0	0		00	2
A	0.15	0	1	0	010	3
F	0.15			1	011	3
H	0.10	1	0	0	100	3
O	0.10			1	101	3
-	0.10		0	0	1100	4
M	0.05			1	1101	4
S	0.05		1	0	1110	4
U	0.05			1	1111	4

此时，平均码字长度为：

$$\overline{B} = \sum_{i=1}^{9} \beta_i p_i = 3$$

由式(3-7)求得码字长度下限为：

$$H(X) = - \sum_{k=1}^{9} p_i \log_2 p_i = 2.97$$

故费诺码字与高效编码的码字平均长度十分接近。

3.2.3 算术编码

理论上，用霍夫曼方法对源数据流进行编码可达到最佳编码效果。但由于计算机中存储、处理的最小单位是"位"。因此，在一些情况下，实际压缩比与理论压缩比的极限相差甚远。例如，源数据流由 X 和 Y 两个符号构成，它们出现的概率分别是 $\frac{2}{3}$ 和 $\frac{1}{3}$。理论上，根据字符 X 的熵确定的最优码长为：

$$H(X) = - \log_2 \frac{2}{3} = 0.585 \text{ 位}$$

字符 Y 的熵确定的最优码长为：

$$H(Y) = - \log_2 \frac{1}{3} = 1.58 \text{ 位}$$

若要达到最佳编码效果，相应于字符 X 的码长为 0.585 位；字符 Y 的码长为 1.58 位。计算机中不可能有非整数位出现，硬件的限制使得编码只能按"位"进行。用霍夫曼方法对这两个字符进行编码，得到 X、Y 的代码分别为 0 和 1。显然，对于概率较大的字符 X 不能给予较短的代码。这就是实际编码效果不能达到理论压缩比的原因所在。

算术编码完全抛弃了用特殊字符代替输入字符的思想。在算术编码中，输入字符信息用 0 到 1 之间一个唯一的浮点数进行编码。信息越长，输出浮点数所需的小数点位数也就越长。近年来，由于计算机定点寄存器的出现，算术编码才得到应用，并逐渐有取代霍夫曼编码的趋势。

3.2.3.1 编码过程

设一个有 N 个符号 $s_i (i = 1, 2, \cdots, N)$ 的字符集，字符 s_i 所对应的频率为 $p(s_i) = p_i (\sum_{N_i=1} p_i = 1)$。算术编码过程的数学描述流程如下。

（1）根据字符表集 $\{s_1, \cdots, s_N\}$ 及相应的频率 $\{p_1, \cdots, p_N\}$ 分配一个区间，字符 s_k 的区间为（其中 $p_0 = 0$）：

$$[L_k, H_k) = \left[\sum_{i=1}^{k} p_{i-1}, \sum_{i=1}^{k} p_i \right) \tag{3-10}$$

注意：至于哪个字符分配哪个区间并不重要，只要在编码和解码过程中采用的分配一致就可以了。

（2）读取第 $n=1$ 个字符 x_1，x_1 所对应于字符表集中的 x_l，初始间隔的范围为：

$$I_1 = [L_1, H_1) \quad L_1 = \left(\sum_{i=1}^{l} p_{i-1} \right) \quad H_1 = \left(\sum_{i=1}^{l} p_i \right) \quad R_1 = H_1 - L_1 \tag{3-11}$$

（3）是否全部读完需要编码的字符？如果是，转到步骤(5)，否则继续。

（4）$n = n+1$；读取下一个字符 x_n，x_n 所对应于字符表集中的 s_j，即：

$$L_n = L_{n-1} + R_{n-1}\left(\sum_{i=1}^{j} p_{i-1}\right) \quad H_n = L_{n-1} + R_{n-1}\left(\sum_{i=1}^{j} p_i\right) \quad R_n = H_n - L_n \qquad (3\text{-}12)$$

转到步骤(3)。

（5）在 $[L_n,\ R_n)$ 中任意选取一个数作为编码数 C。

（6）输出字符集 $\{s_1,\ \cdots,\ s_N\}$ 及相应的频率 $\{p_1,\ \cdots,\ p_N\}$、编码长度 n 和编码数 C，结束。

注意：字符编码输出可以是最后一个间隔 L_n 中的任意数，但为了减少编码浮点数的小数点位数，取得的数一般到小数点后第一个不同的数。

例 3-2　设需要编码的信息为"BACAA"，字符串频率与区间分配见表3-5。请采用算术编码方法对这个信息进行编码。

表 3-5　字符串频率与区间分配表

字符（Symbol）	A	B	C
概率 p	0.6	0.2	0.2
区间（Range）	$[0.0,\ 0.6)$	$[0.6,\ 0.8)$	$[0.8,\ 1.0)$

解：具体编码过程如图 3-4 所示。

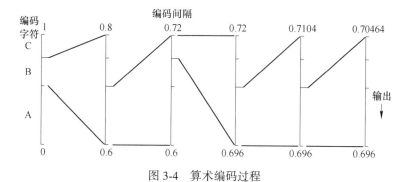

图 3-4　算术编码过程

（1）对第 $n=1$ 个输入字符"B"进行编码，"B"为第二个字符 $l=2$。

$L_1 = \sum_{i=1}^{2} p_{i-1} = p_0 + p_1 = 0.6$

$H_1 = \sum_{i=1}^{2} p_i = p_1 + p_2 = 0.2 + 0.6 = 0.8$

$I_1 = [L_1,\ H_1) = [0.6,\ 0.8)$

$R_1 = H_1 - L_1 = 0.8 - 0.6 = 0.2$

（2）对第 $n=2$ 个输入字符"A"进行编码，"A"为第一个字符 $j=1$。

$L_2 = L_1 + R_1 \sum_{i=1}^{1} p_{i-1} = 0.6 + 0.2 p_0 = 0.6$

$H_2 = L_1 + R_1 \sum_{i=1}^{1} p_i = 0.6 + 0.2 p_1 = 0.6 + 0.12 = 0.72$

$I_2 = [L_2,\ H_2) = [0.6,\ 0.72)$

$R_2 = H_2 - L_2 = 0.72 - 0.6 = 0.12$

（3）对第 $n=3$ 个输入字符"C"进行编码，"C"为第三个字符 $j=3$。

$$L_3 = L_2 + R_2 \sum_{i=1}^{3} p_{i-1} = 0.6 + 0.12(p_0 + p_1 + p_2) = 0.696$$

$$H_3 = L_2 + R_2 \sum_{i=1}^{3} p_i = 0.6 + 0.12(p_1 + p_2 + p_3) = 0.72$$

$$I_3 = [L_3, H_3) = [0.696, 0.72)$$

$$R_3 = H_3 - L_3 = 0.72 - 0.696 = 0.024$$

（4）对第 $n=4$ 个输入字符"A"进行编码，"A"为第一个字符 $j=1$。

$$L_4 = L_3 + R_3 \sum_{i=1}^{1} p_{i-1} = 0.696 + 0.024 p_0 = 0.696$$

$$H_4 = L_3 + R_3 \sum_{i=1}^{1} p_i = 0.696 + 0.024 p_1 = 0.7104$$

$$I_4 = [L_4, H_4) = [0.696, 0.7104)$$

$$R_4 = H_4 - L_4 = 0.7104 - 0.696 = 0.0144$$

（5）对第 $n=5$ 个输入字符"A"进行编码，"A"为第一个字符 $j=1$。

$$L_5 = L_4 + R_4 \sum_{i=1}^{1} p_{i-1} = 0.696 + 0.0144 p_0 = 0.696$$

$$H_5 = L_4 + R_4 \sum_{i=1}^{1} p_i = 0.696 + 0.0144 p_1 = 0.70464$$

$$I_5 = [L_5, H_5) = [0.696, 0.70464)$$

$$R_5 = H_5 - L_5 = 0.70464 - 0.696 = 0.00864$$

因为最后输出区间为 $[0.696, 0.70464)$，故取 0.7 作为最终算术编码输出。

3.2.3.2　解码过程

算术解码是算术编码的逆过程，具体的算术解码算法流程如下。

（1）读取字符长度 n 及解码数 C_1，令 $m=1$。

（2）找到解码数 C_m 所在的区间 $[L_l, H_l)$，输出相应的解码字符 s_l。

（3）$m=m+1$；计算新的解码数 C_m：

$$C_m = \frac{C_{m-1} - L_l}{p_l} \tag{3-13}$$

（4）判断是否 $m>n$：如果是，结束；否则转到步骤（2）。

例 3-3　对例 3-2 得到的编码结果进行解码。

解：例 3-2 算术编码的解码过程如图 3-5 所示。

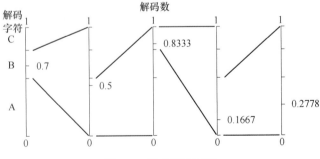

图 3-5　算术解码过程

（1）解码第一个字符。读取解码数 $C_1 = 0.7$，在第 $l=2$ 个符号"B"区间 $[0.6, 0.8)$ 内，故解码输出符号"B"。

（2）解码第二个字符：$C_2 = \dfrac{C_1 - L_2}{p_2} = \dfrac{0.7 - 0.6}{0.2} = 0.5$，在第 $l=1$ 个符号 "A" 区间 $[0.0, 0.6)$ 内，故解码输出符号 "A"。

（3）解码第三个字符：$C_3 = \dfrac{C_2 - L_1}{p_1} = \dfrac{0.5 - 0.0}{0.6} = 0.8333$，在第 $l=3$ 个符号 "C" 区间 $[0.8, 1.0)$ 内，故解码输出符号 "C"。

（4）解码第四个字符：$C_4 = \dfrac{C_3 - L_3}{p_3} = \dfrac{0.8333 - 0.8}{0.2} = 0.1667$，在第 $l=1$ 个符号 "A" 区间 $[0.0, 0.6)$ 内，故解码输出符号 "A"。

（5）解码第五个字符：$C_5 = \dfrac{C_4 - L_1}{p_1} = \dfrac{0.1667 - 0.0}{0.6} = 0.2778$，在第 $l=1$ 个符号 "A" 区间 $[0.0, 0.6)$ 内，故解码输出符号 "A"。

因为解码字符长度为5，因此结束解码。所以解码字符流为 "BACAA"。

注意：（1）算术编码主要是将字符流生成一个浮点数，在实际中，因为计算机的精度不可能无限长，因此在计算中会出现溢出问题，该问题在算法中应该使用一定的技巧，如使用比例缩放方法来解决；

（2）算术编码和霍夫曼编码一样是一种对错误很敏感的编码方法，如果有一位发生错误就会导致整个字符流解码错误。

3.2.4　行程编码

行程编码 RLE（Run Length Encoding）也称游程编码，是最简单和最早开发的数据压缩方法。许多研究表明，图像具有统计学本质，就是说在一幅图像中往往具有大量颜色相同的图像子块。在这些图像子块中，许多行上都具有相同的颜色，或者在一行上许多连续的像素都具有相同的颜色值。这使得这些图像在颜色值数据方面的冗余度很大，因此没有必要对每一个像素的颜色值都进行存储。事实上，仅仅存储一个像素的颜色值及具有相同颜色的像素数目，或者存储一个像素的颜色值及具有相同颜色值的行数就可以。

3.2.4.1　编码原理

为了叙述方便，假定一幅灰度图像，第 n 行的像素值如图3-6所示。如果不对图像进行编码，直接对该行存储，则需要用73个字节。如果将连续重复的字符串用两个字节来代替，第一个字节表示具有相同颜色连续的像素数目，称为行程长度。第二个字节表示像素的颜色值。这样则会减少存储空间，这种方法称为行程编码。

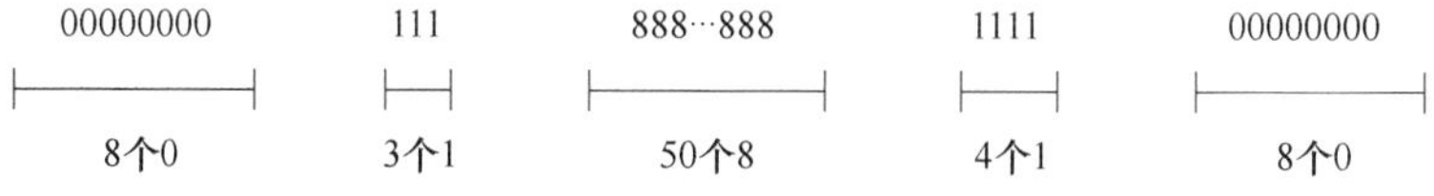

图 3-6　RLE 编码数据

用行程编码方法对上述图像行程编码得到的代码为：

0x08，0x00，0x03，0x01，0x50，0x08，0x04，0x01，0x08，0x00

在编码后，只要用10个字节就可以存储了，其压缩比大约为 7：1。行程编码所能获得的压缩比，主要取决于图像本身的特点。图像中具有相同颜色的图像块越大，图像块数目越少，获得的压缩比就越高；反之，压缩比就越小。

在某些情况下，行程长度和像素的颜色值可以仅用一个字节来表示。例如在二值图像中，用一个字节中的一位来表示像素的颜色值，其他七位用来表示行程长度。这种方法为较短的行程长度（少于 127 位）节省了一个字节。另一方面，它最多只能表示 128 位长的行程。行程解码按照与编码时采用的相同规则进行，还原后得到的数据与压缩前的数据完全相同。

对于办公/商业文档、手写文本、线条图形、工程图等图像，利用行程编码对减少图像文件的存储空间非常有效。然而，行程编码对于颜色变化频繁的图像是不利的。例如，假定灰度图像第 n 行的像素值为 10201000002222201。如果采用上面介绍的方法进行编码，得到的编码为：

0x01，0x01，0x01，0x00，0x01，0x02，0x01，0x00

0x05，0x00，0x05，0x02，0x01，0x00，0x01，0x01

不对图像进行编码直接存储仅仅需要 17 个字节，而编码后却需要 18 个字节。编码后不但没有减少存储所需要的字节数，反而增加了，这种效果称为反压缩或者负压缩。这是由于图像（数据）相邻的像素或者相邻的像素组变化很快，导致了每种颜色值的行程长度较小，从而使得表示行程的代码所需要的位数比行程本身还多。压缩算法必须预防这种效果，在算法中进行校验。一种改进的方法是对行程长度大于 4 的像素，把连续重复的字符串用三个字节来代替，第一个字节为 0xFF，用来校验，表示该像素进行了压缩；第二个字节表示行程长度；第三个字节表示像素的颜色值。因此改进后的编码为：

0x01，0x00，0x02，0x00，0x01，0xFF，0x05，0x00，0xFF，0x05，0x02，0x00，0x01

这样编码后的数据为 13 个字节，显然对原始数据进行了压缩。

3.2.4.2　国际传真标准

国际传真标准 CCITT T.4（G3）采用行程编码对二值图像进行编码的标准。编码方法是采用霍夫曼编码方法对行程进行编码。行程的霍夫曼编码分为形成码和终止码两种。对于 0~63 的行程（也称游长），用单个的码字，即终止码表示；对于大于 63 的行程，用一个形成码和一个终止码的组合来表示，其中形成码表示实际行程 64 的最大倍数值，终止码表示其余小于 64 有差值。

CCITT T.4（G3）标准中对白长和黑长分别建立霍夫曼码表，部分终止码表见表 3-6。

表 3-6　国际传真标准 CCITT T.4(G3) 终止码表

游长	白长码字	黑长码字
0	00110101	0000110111
1	000111	010
2	0111	11
3	1000	10
4	1011	011
5	1100	0011

游长	白长码字	黑长码字
6	1110	0010
…	…	…
63	00110100	000001100111

部分形成码表见表 3-7。

表 3-7 国际传真标准 CCITT T. 4（G3）形成码表

游长	白长码字	黑长和白长共同码字	黑长码字
64	11011		0000001111
128	10010		000011001000
192	010111		000011001001
…	…		…
1728	010011011		0000001100101
1729		00000001000	
1856		00000001100	
…		…	
2560		000000011111	

由表 3-7 可见，当游程大于等于 1729 后，黑长和白长的形成码就相同了，游程大于等于 1729 后的形成码称为扩展码。在 CCITT T. 4（G3）标准中规定，每一行总是以白长开始，且其长度可以是 0；每一行以一个唯一的行尾（EOL）码字 000000000001 结束该行。

3.3　有损压缩编码方法

有损编码会损失图像中不太重要的信息，以提高图像的压缩率。有损编码方法主要有预测编码、变换编码等。

3.3.1　预测编码

预测编码利用图像的空间或时间相关性，用已编码的像素对当前像素进行预测，然后对预测值与实际值的差（预测误差）进行编码。

由于图像中相邻像素之间具有一定相关性，相邻像素之间灰度级发生突变的概率非常小，这就是帧内预测的理论依据。这就意味着相邻像素之间灰度值的差值等于零或者差值小的概率非常大，而相邻像素之间灰度值的差值大的概率比较小。

解码时，只要知道一个像素前面像素的灰度值及它们的差值，就可以得出该像素的灰度值。预测编码主要分成帧内预测和帧间预测，本节主要介绍帧内预测编码。

3.3.1.1　编码过程

图 3-7 是预测编码的原理框图。假设输入数据为一个序列 $\{x_1, x_2, \cdots, x_n\}$，当前

输入数据 x_s 可以通过它前面的 m 个数据 x_{s-1}，…，x_{s-m} 来得到。一般采用线性预测方法，即：

$$x_s' = x'(s) = \sum_{k=1}^{m} a_k x(s-k) \qquad (3\text{-}14)$$

式中，a_k 为预测参数；m 为预测阶数。

预测值 x_s' 和真实值 x_s 之间的差异为：

$$e = x(s) - x_s' \qquad (3\text{-}15)$$

预测误差 e 经过量化后得到量化误差值 e'。为了使量化误差减小，量化误差被反馈回环路。将量化误差值 e' 采用熵编码，就得到了输入数据 x_s 的误差信号编码 e_c。

3.3.1.2 解码过程

传送的预测编码 e_c 经过熵解码，恢复了量化误差值 e'，量化误差与预测值相加后就可以得到重构近似值 x_s'。解码原理框图如图 3-8 所示。

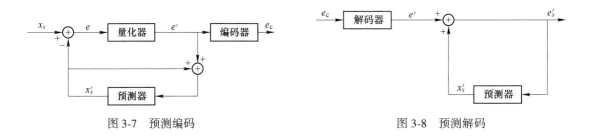

图 3-7   预测编码   图 3-8   预测解码

3.3.2 正交变换编码

变换编码不是直接对空域图像数据进行编码，而是指以某种可逆的正交变换把给定的图像数据变换到另一种数据域（如频域），从而利用新数据域的特点，用一组非相关数据（系数）来表示原图像，并以此来去除或减小图像在空域中的相关性，将尽可能多的信息集中到尽可能少的变换系数上，使多数系数只携带尽可能少的信息，实现用较少数据表示较大的图像数据；然后，对变换系数进行编码，进而达到压缩数据的目的。

变换编码以正交变换的性质为理论基础，基本依据是：正交变换可保证变换前后信息的能量保持不变；图像正交变换具有减少原始信号中各分量的相关性及将信号能量集中到少数系数上的功能。

以前讨论的图像编码方法是直接对像素在图像空间进行操作，所以也称为空域编码方法。变换编码相当于频域编码方法，是有损编码中应用最广泛的一种编码方法。

变换编解码基本原理如图 3-9 所示，都由几大步骤完成，分别是构造子图像、正变换、量化、符号编码→符号解码、解量化、逆变换、重构图像。

3.3.2.1 构造子图像

构造子图像过程中最主要就是子图像尺寸的选择。子图像尺寸会影响到变换编码的误差和变换所需的计算量。在多数情况下，将图像划分成子图像要求满足两个条件：相邻子图像之间的相关性（冗余）减少到某种可接受的程度；为了简化对子图像的变换计算，子图像长和宽相等，且应是 2 的整数次幂。

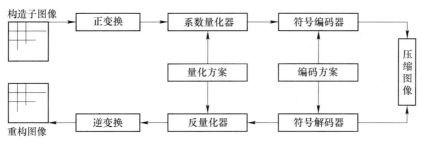

图 3-9 变换编解码过程

一般来说，当子图像的尺寸增加时，所计入的相关像素就越多，总的均方差误差性能改善可能就越多。然而大量的实验表明，当子图像的尺寸大于 16 时，对性能的进一步改善作用不大。例如，将一幅图像划分成 2×2、4×4、8×8、16×16 等各种尺寸，变换后，截去 75％ 的所得系数，再反变换重构图像。则重构误差与子图像尺寸的关系如图 3-10 所示。

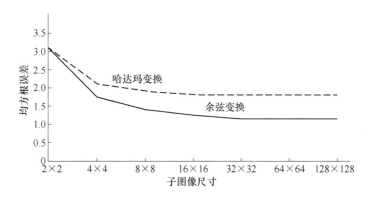

图 3-10 变换编码重建误差与子图像尺寸的关系

从图 3-10 可以看出，当子图像的尺寸大于 16 时，对于余弦变换和哈达玛变换改善作用不明显。所以最常用的子图像尺寸为 8×8 和 16×16。

3.3.2.2 图像变换

图像变换主要考虑采用什么样的正交变换来进行变换编码。许多图像变换都可以用于变换编码。需要注意的是，压缩并不是在图像变换步骤取得的，而是在量化编码变换系数时取得的。这个量化过程可以消除对重构图像影响不大的系数，但也引入了误差。一般来说，一个能够把最多的信息集中到最少的系数上去的变换提供了最好的子图像近似，因此产生的重构误差最小。

变换编码通常采用 DCT（离散余弦变换）、DFT（离散傅里叶变换）、WHT（沃尔什-哈达玛变换）和 KLT（卡-洛变换）等。其中，KLT 是所有变换中信息集中能力最强的变换。但是 KLT 具有图像数据依赖性，所以很少在实际图像压缩中应用。DCT、DFT、WHT 变换都与图像数据无关，具有固定的变换基。但 DCT 比 DFT、WHT 信息集中性能要好，并且已经被设计成单个集成电路芯片，故目前图像压缩算法，大部分采用的 DCT。另外，随着 DWT（离散小波变换）的发展，有些图像压缩算法也采用 DWT。

3.3.2.3 系数量化

量化是在一定图像主观保真度前提下，丢掉那些对视觉效果影响不大的信息。从空间域到频率域变换过程中，图像数据中的缓慢变化部分比快变化部分更容易引起人眼的注意。也就是说人眼具有对低频信号敏感，而常常会忽略掉高频信号的变化的特性。因此，利用人眼这个特性，可对变换系数进行适当的量化，保留低频部分，去掉高频分量，这样既减小了系数的动态范围，又增加了高频零系数的个数，方便后续编码，达到压缩图像的目的，这就是对变换系数量化的根据和目的。

正是由于不同频率对视觉的影响不同，所以可依据不同频率的视觉阈值来选择量化值的大小。量化过程定义为：

$$F_q(u, v) = round\left[\frac{F(u, v)}{Q(u, v)}\right] \qquad (3\text{-}16)$$

式中，$F(u, v)$ 为子图像变换系数；$Q(u, v)$ 为量化值；$round$ 为四舍五入函数。

反量化表达为：

$$F'(u, v) = F_q(u, v)Q(u, v) \qquad (3\text{-}17)$$

量化的过程中，量化值的选择是一个非常重要的步骤。如果把每一个空间频率 (u, v) 的量化值，按照对应位置排列成一张表，则构成量化表 $T(u, v)$。因此，寻找量化值就成了量化表设计的问题。在量化表设计中应该满足以下几点：

（1）量化表要适合变换系数的动态范围；

（2）量化表中量化值分布要与变换系数的分布特性一致；

（3）为了保持重要的信息系数，一般都要遵循重要系数的量化步长要相对小一些，非重要系数的量化步长相对大一些的总体要求；

（4）量化表的值要随着扫描顺序增大；

（5）由于人眼对亮度信号比对色度信号更敏感，量化矩阵通常采用亮度量化矩阵和色度量化矩阵两种。

在采用 DCT 的图像变换压缩过程中，处在 DCT 结果的左上角部分是直流和低频信息，含有图像绝大部分信息，右下角部分主要是高频信息，且包含了图像较少信息。为此，DCT 结果左上角部分量化步长要小，右下角步长要小相对要大。

例如，JPEG 图像标准中，8×8 的变换系数亮度量化表与色度量化表分别如图 3-11 和图 3-12 所示。

16	11	10	16	24	40	51	61
12	12	14	19	26	58	60	55
14	13	16	24	40	57	69	56
14	17	22	29	51	87	80	62
18	22	37	56	68	109	103	77
24	35	55	64	81	104	113	92
49	64	78	87	103	121	120	101
72	92	95	98	112	100	103	99

图 3-11 亮度量化表

17	18	24	47	99	99	99	99
18	21	26	66	99	99	99	99
24	26	56	99	99	99	99	99
47	66	99	99	99	99	99	99
99	99	99	99	99	99	99	99
99	99	99	99	99	99	99	99
99	99	99	99	99	99	99	99
99	99	99	99	99	99	99	99

图 3-12 色度量化表

为了能获取连续的不同品质的图像压缩效果，方便对图像质量进行更细致更灵活地控制，一般设计了一个量化调整系数索引表。采用量化参数 Q_p 来索引每一个量化调整系数 Q_{step}。则实际用于量化的量化值为：

$$Q(u, v) = Q_{step} \times T[u, v] \tag{3-18}$$

量化参数 Q_p 共有 52 个不同的量化因子（即 0~51），用于控制图像数据压缩的质量。等级为 0 时，压缩率最低，图像质量最好；等级为 51 时，压缩率最大，图像质量最差。量化参数（Q_p）与调整系数（Q_{step}）之间关系见表 3-8。

量化因子有这样一个规律：Q_p 每增加 6，对应的 Q_{step} 就增加一倍。这样就相当于每个 Q_{step} 比前一个值增加 12%~25%（$2^{\frac{1}{6}}-1$），这在表 3-8 中也有所反映。

表 3-8　量化因子索引表

Q_p	0	1	2	3	4	5	6	7	8
Q_{step}	0.625	0.6875	0.8125	0.875	1	1.125	1.25	1.375	1.625
Q_p	9	10	11	12	13	14	15	16	17
Q_{step}	1.75	2	2.25	2.5	2.75	3.25	3.5	4	4.5
Q_p	18	19	20	21	22	23	24	25	26
Q_{step}	5	5.5	6.5	7	8	9	10	11	13
Q_p	27	28	29	30	31	32	33	34	35
Q_{step}	14	16	18	20	22	26	28	32	36
Q_p	36	37	38	39	40	41	42	43	44
Q_{step}	40	44	52	56	64	72	80	88	104
Q_p	45	46	47	48	49	50	51		
Q_{step}	112	128	144	160	176	208	224		

3.3.2.4　符号编码

变换系数量化后，构成一个 $n \times n$ 的稀疏矩阵。但是内存里所有数据都是线形存放的，故需要采取扫描算法映射到一个一维空间中，形成一个具有 n^2 个元素的 $1 \times n^2$ 的系数序列。一个较好的扫描算法将非零系数集中在一维空间的前面，而零系数集中在后面，且连续零的个数和出现的次数都大大增加，经过这样处理可极大地提高图像数据的压缩比。

目前，已有许多扫描算法，使用最多的是 zig-zag 扫描。例如，8×8 子图像的量化后系数的扫描顺序如图 3-13 所示。

显然，通过这样扫描使得低频系数放在序列的前面，高频系数放在序列的后面。一般量化后的高频变换系数大多为 0，所以，这样的扫描方式增加了非零量化系数集中到序列前面的概率和零量化系数集中到序列后面的概率；然后，采用符号编码器进行编码。符号编码器的作用是对量化器输出的每一个符号分配一个码字或二进制比特流。码字分配原则是使所有符号的二进制比特流表示的平均长度最小。利用符号编码器实现的编码是无损的。

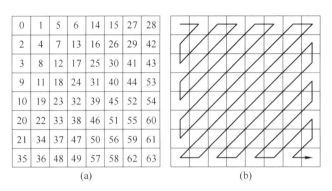

图 3-13　变换系数扫描顺序

（a）量化后系数的扫描序号；（b）量化后系数的扫描顺序

3.4　图像编码标准

自 20 世纪 80 年代末以来，国际电信联盟（ITU, International Telecommunication Union）和国际标准化组织（ISO, International Standardization Organization）先后颁发了系列有关静止和运动图像编码的国际标准建议，对图像与多媒体通信的研究、发展和产业化起到了巨大的推动作用。

3.4.1　静止图像压缩标准简介

静止图像压缩的国际标准涵盖了从二值图像、灰度图像到彩色图像。

二值图像的压缩标准包括 G3、G4 和 JBIG。其中，G3 标准使用 MR 编码算法；G4 是 G3 的改进版；JBIG 由于采用了自适应技术，其编码效率比 G3 和 G4 高得多。JBIG 标准的内容包括编码方式、图像分层操作等，是一个开放式的环境，可以不断地开发分层操作方式，是新一代二值图像和低像素精度图像的无失真压缩编码标准。

灰度图像和彩色图像的压缩编码标准包括 JPEG、JPEG 20000。JPEG 标准描述了关于连续色调节器（即灰度或彩色）静止图像的一系列压缩技术，由于图像中涉及数据量和视觉冗余，JPEG 采用基于变换编码的有损压缩编码。但由于 JPEG 压缩标准在低比特率时压缩性能差、不能在单编码流中提供较好的无损和有损压缩、压缩算法不支持大图像以及在噪声环境中传送能力差等缺点，ISO/IEC JTCI SC29 第一工作组制定了新一代静止图像压缩标准——JPEG 2000。

JPEG 2000 放弃了 JPEG 所采用的以 DCT 算法为主的区块编码方式，改用以离散小波变换算法为主的多解析编码方式。其主要优点包括：可以在 JPEG 基础上将压缩比再提高 10%~30%；预测法作为对图像进行无损压缩编码的成熟方法，被集成到 JPEG 中，可以实现无损压缩；图像数据传输过程中，实现了先传输轮廓数据再传输其他数据，能逐步提高图像质量的渐进传输方式；支持感兴趣区域的压缩质量要求。

3.4.2　运动图像压缩编码标准简介

运动图像标准包括 MPEG1、MPEG2、MPEG4、H.261、H.263、H.264 等。其中，

MPEG 系列标准是由国际标准化组织运动图像专家所提出的标准，而 H.26x 系列标准是由国际电信联盟所提出的标准。几种标准的应用场合、采用的编码技术及效果见表 3-9。

从表 3-9 中可以看出，每个标准都有各自不同的应用范围和使用不同的编码技术。其中，国际电信联盟所提的 H.26x 系列标准适用于流媒体传输中的视频压缩编码。H.261 又称为 $P \times 64 Kb/s$，其中 P 为 1~30 的可变参数，它最初是针对在 ISDN 上实现电信会议应用特别是面对面的可视电话和视频会议而设计的。实际的编码算法类似于 MPEG 算法，但不能与后者兼容。H.261 在实时编码时比 MPEG 所占用的 CPU 运算量少得多，此算法为了优化带宽占用量，引进了在图像质量与运动幅度之间的平衡折中机制。也就是说，剧烈运动的图像比相对静止的图像质量要差。因此，这种方法是属于恒定码流可变质量编码而非恒定质量可变码流编码。H.263 是国际电联 ITU-T 的一个标准草案，是为低码流通信而设计的。但实际上，这个标准可用在很宽的码流范围，而非只用于低码流应用，它在许多应用中可以被认为用于取代 H.261。

表 3-9 运动图像编码标准说明

标准	说明	应用场合	主要编码技术
H.261	$P \times 64Kb/s$ 音视频编解码	ISDN 视频会议	DCT、自适应量化、Zigzag 扫描、运动补偿预测、运动估计、霍夫曼编码、容错编码
H.263	低比特率通信的视频编码	POTS 视频电话、桌面视频电话、移动视频电话	H.261 所有技术、双向运动补偿、半像素/高级运动估计、重叠运动补偿、算术编码
H.264	极低码率视频编码并高于上述标准	POTS 视频电话、桌面视频电话、移动视频电话	H.263、MPEG-2 所有技术、普适变长编码、自适应二进制算术编码
MPEG-1	面向数字存储的运动图像及伴音编码，速率小于 1.5Mb/s	光盘存储、VCD、消费视频和视频监控等	JPEG 的所有技术、自适应量化、运动补偿预测、双向运动补偿、半像素运动估计
MPEG-2	运动图像及伴音通用编码，速率为1.5~3.5Mb/s	数字电视、高品质视频、卫星电视、有线电视、地面广播、视频编辑存储	MPEG-1 的所有技术、基于帧/场的运动补偿、空间可扩展编码、时间可扩展编码、质量可扩展编码、容错编码
MPEG-4	音频、视频通信编码，速率为 8Kb/s~32Mb/s	Internet、移动通信、交互式视频、可视编辑、消费视频、专业视频、2D/3D 计算机图形	MPEG-2 的所有技术、小波变换、高级运动估计、重叠运动补偿、位图形状编码、对象编码、脸部动画和动态网格编码等

在 MPEG 系列标准中，MPEG-1 在 1989 年 7 月开始研究，1992 年被 ISO/IEC 批准为正式标准，MPEG-1 规定了在数字存储介质中实现对活动图像和声音的压缩编码，编码码率最高为 1.5Mb/s。传输速率为 1.5Mb/s，每秒播放 30 帧，具有 CD 音质，质量级别基本与 VHS（广播级录像带）相当。

MPEG-2 在 1991 年 7 月开始研究，是针对标准数字电视和高清晰度电视在各种应用下的压缩方案和系统层的详细规定，1992 年被 ISO/IEC 批准为正式标准。MPEG-2 不是 MPEG-1 的简单升级，MPEG-2 在系统和传送方面做了更加详细的规定和进一步的完善。MPEG-2 能够提供广播级的视像和 CD 级的音质。MPEG-2 的音频编码可提供左右中及两个环绕声道，以及一个加重低音声道和多达 7 个伴音声道。MPEG-2 的另一特点是可提供一个较广范围的可变压缩比，以适应不同的画面质量、存储容量以及带宽的要求。MPEG-2 特别适用于广播级的数字电视的编码和传送，被认定为 SDTV 和 HDTV 的编码标准。MPEG-2 还专门规定了多路节目的复用分接方式。此外，MPEG-2 还兼顾了与 ATM 信元的适配问题。

MPEG-4 在 1995 年 1 月开始研究，1998 年 11 月被 ISO/IEC 批准为正式标准。它不仅针对一定比特率下的视频、音频编码，更加注重多媒体系统的交互性和灵活性。这个标准主要应用于视像电话、视像电子邮件等，对传输速率要求较低，在 4800~6400b/s，分辨率为 176×144。MPEG-4 利用很窄的带宽，通过帧重建技术、数据压缩，以最少的数据获得最佳的图像质量。利用 MPEG-4 的高压缩率和高的图像还原质量可以把 DVD 里面的 MPEG-2 视频文件转换为体积更小的视频文件。经过这样的处理，图像的视频质量下降不大但体积却可缩小几倍，可以很方便地用 CD-ROM 来保存 DVD 上面的节目。另外，MPEG-4 在家庭摄影录像、网络实时影像播放中也大有用武之地。

4 图 像 增 强

图像增强技术是图像处理中一类非常重要的基础技术。由于图像在成像、传输和转换等过程中受到设备条件、传输信道和照明等客观因素的限制，所获得的图像往往存在某种程度上的质量下降，因此对图像做的第一步操作就是图像增强。图像增强的目的可以概括为：改善图像的视觉效果，提高图像的清晰度；将图像转化为更适合人或者机器进行分析处理的形式。

图像增强不是以图像保真度为原则，而是通过处理，有选择地突出某些人们感兴趣的信息（如一些图像的细节或边缘），抑制无用的信息（如噪声），以提高图像的观看和使用价值。也就是说，图像的增强处理并不是一种无损处理，更不能增加原图像的信息，而是通过某种技术手段有选择地突出感兴趣的信息，削弱或抑制一些无用信息。

图像增强的通用理论是不存在的，没有衡量图像增强质量的通用的、客观的标准。增强的方法具有针对性，增强的结果也往往只是靠人的主观感觉加以判断和评价。因此，图像增强方法的选择主要取决于图像希望达到的特定效果。

目前常用的图像增强技术根据其处理的作用域不同，可以分为空间域增强和频率域增强两大类，如图 4-1 所示。空间域增强是直接对图像像素灰度进行操作，频率域增强则是对图像经过傅里叶变换后的频谱成分进行操作，然后进行傅里叶反变换以获得所需结果。

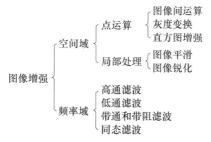

图 4-1　图像增强的主要内容

4.1 点 运 算

基于点运算的操作通常也叫灰度变换，它是一种简单但是又非常重要的空间域处理方法。对于一幅输入的图像，逐点修改它的每一个像素点的灰度值，而图像中各像素的位置并不改变，是一种输入与输出像素间一对一的运算。如果记输入图像的灰度为 $f(x, y)$，输出图像的灰度为 $g(x, y)$，则点运算可以表示为：

$$g(x, y) = T(f(x, y)) \tag{4-1}$$

图像输出与输入灰度之间的映射关系完全是由函数 T 决定的。

4.1.1　直接灰度变换

直接灰度变换可以使图像的动态范围增大，对比度扩展，使得图像变得清晰，特征变得明显，是图像增强的重要手段之一。直接灰度变换方法很多，以下是几种常用的变换。

4.1.1.1　线性变换

令原图像 $f(x, y)$ 的灰度范围为 $[a, b]$，变换后图像 $g(x, y)$ 的灰度范围为 $[a', b']$，那么 $g(x, y)$ 与 $f(x, y)$ 之间的关系为：

$$g(x, y) = a' + \frac{b' - a'}{b - a}[f(x, y) - a] \tag{4-2}$$

图 4-2 给出了上述的变换关系。

在图像获取的时候，由于曝光不足或者过度，图像的灰度可能局限在一个很小的范围，这时人们看到的将是一个模糊不清、灰度层次不明显的图像。采用线性变换对图像每一个像素的灰度值根据给定的参数作线性拉伸，将有效地改善图像的视觉效果。

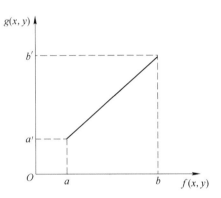

图 4-2　灰度线性变换示意图

4.1.1.2　分段线性变换

对图像进行线性变换，是针对整幅图像每一个像素的灰度值进行线性拉伸，对图像整体效果进行改善。在实际应用中，为了突出图像中感兴趣的研究对象，常常要求局部扩展拉伸某一范围的灰度值，或对不同范围的灰度值进行不同的拉伸处理，即分段线性拉伸。分段线性拉伸是对线性拉伸方法的改进。常用的是三段线性变换如图 4-3 所示，对应的数学表达式为：

$$g(x, y) = \begin{cases} \dfrac{c}{a}f(i, j) & (0 \leqslant f(i, j) \leqslant a) \\[2ex] \dfrac{d - c}{b - a}[f(i, j) - a] + c & (a \leqslant f(i, j) \leqslant b) \\[2ex] \dfrac{M_g - d}{M_f - b}[f(i, j) - b] + d & (b \leqslant f(i, j) \leqslant M_f) \end{cases} \tag{4-3}$$

图 4-3 中对灰度区间 $[a, b]$ 进行了线性拉伸，而灰度区间 $[0, a]$ 和 $[b, M_f]$ 被压缩。通过调整折线拐点的位置及控制分段直线的斜率，可对任一灰度区间进行拉伸或压缩。在实际使用中常采用人机交互的方式，通过增加断点的方法（断点的数目根据需要来定），把线性关系式变成分段线性关系式，并根据当前的分段线性关系式实时增强图像的内容，达到所见即所得的目的，如图 4-4 所示。

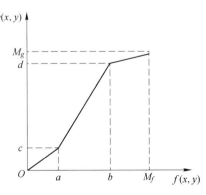

图 4-3　分段线性变换

(a) (b)

图 4-4 分段线性变换实例

(a) 增强前的图像；(b) 增强后的效果

扫码查看图片

4.1.1.3 非线性拉伸法

采用非线性关系式作为输入图像和输出图像像素值之间的对应关系式的图像增强方法称为非线性拉伸。常用的非线性函数有指数函数、对数函数等。

A 对数变换

对数变换的一般表达式为：

$$g(i, j) = c\ln[f(i, j) + 1] \tag{4-4}$$

式中，$[f(i, j) + 1]$ 是为了避免对 0 求对数；c 为尺度比例系数，用于调节动态范围。

对数扩展可以将图像的低亮度（灰度值）区进行大幅拉伸，但是高亮度区却被压缩了，其变换函数曲线如图 4-5 所示。c 是为了调整曲线的位置和形状而引入的参数。当希望对图像的低灰度区进行较大的拉伸而对高灰度区压缩时，可采用这种变换，它能使图像灰度分布均匀，与人的视觉特性相匹配。对数变换实例如图 4-6 所示。

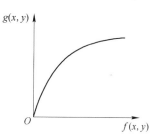

图 4-5 对数变换示意图

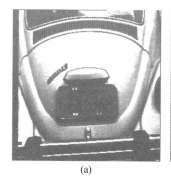

(a) (b)

图 4-6 对数变换实例

(a) 增强前的图像；(b) 增强后的效果

扫码查看图片

B 指数变换

指数变换的一般表达式为：

$$g(i,\ j) = b^{c[f(i,\ j) - a]} - 1 \tag{4-5}$$

式中，参数 a 用来改变曲线的起始位置，参数 c 可以改变曲
线的变化速率，指数扩展可以对图像的高亮度区进行大幅扩
展，其变换函数曲线如图 4-7 所示。指数变换实例如图 4-8
所示。

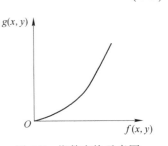

图 4-7　指数变换示意图

　　在实际使用中，一般提供如图 4-9 所示的对话框，采用
人机交互的方式设置若干个断点，并根据断点的位置按样条
函数拟合出非线性关系曲线，根据实际应用要求选择合适的
变换函数对图像进行增强。

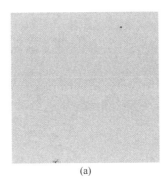 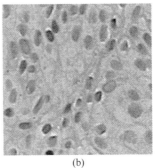

(a)   (b)

图 4-8　指数变换实例

(a) 增强前的图像；(b) 增强后的效果

扫码查看图片

4.1.2　直方图增强法

　　直方图是对图像中每一灰度值出现频率的统计，一幅图
像的直方图基本上可以描述一幅图像的概貌，如图像的明暗
状况和对比度等特征都可以通过直方图反映出来。既然一幅
图像的概貌可以通过直方图反映出来，反之，可以通过修改
直方图的方法来调整图像的灰度分布情况，达到改善图像质
量的目的。因为直方图反映的是一个图像的灰度值的概率统
计特征，所以基于直方图的图像增强技术是以概率统计学理

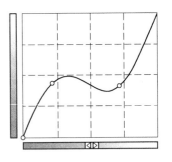

图 4-9　非线性拉伸法

论为基础的，常用的直方图增强法有直方图均衡化、直方图规定化等。

　　4.1.2.1　直方图均衡化

　　A　基本思想

　　直方图均衡的基本思想是把原始图的直方图变换为均匀分布的形式，这样就增加了像
素灰度值的动态范围从而达到增强图像整体对比度的效果。

　　一幅给定的图像的灰度级通过归一化处理可以认为分布在[0,1]区间内，对[0,1]区
间内的任一灰度级 r 进行变换的计算公式为：

$$s = T(r) \tag{4-6}$$

　　通过式(4-6)的变换，原始图像每一个像元的灰度值 r 都对应产生一个 s 值。假定式
(4-6)表示的变换函数满足下面两个条件：在 $0 \leqslant r \leqslant 1$ 区间内，$T(r)$ 是一个单值单调递增

函数；对于 $0 \leqslant r \leqslant 1$，存在 $0 \leqslant T(r) \leqslant 1$。

上述第一个条件保证原始图像各灰度级在变换后仍保持从黑到白（或从白到黑）的排列次序，第二个条件保证变换前后灰度值动态范围的一致性。从 s 到 r 的反变换的计算公式为：

$$r = T^{-1}(s)，0 \leqslant s \leqslant 1 \tag{4-7}$$

显然，若 T 满足上述两个条件，则 $T^{-1}(s)$ 也满足这两个条件。

由概率论知识可知，如果已知随机变量 r 的概率密度为 $P_r(r)$，而随机变量 s 是 r 的函数，则 s 概率密度 $P_s(s)$ 可以由 $P_r(r)$ 求出。首先根据分布函数定义可以求得随机变量 s 分布函数，即：

$$F_s(s) = \int_{-\infty}^{r} P_r(x) \, \mathrm{d}x \tag{4-8}$$

利用密度函数是分布函数的导数的关系，式(4-7)两边对 s 求导，得：

$$P_s(s) = P_r(r) \frac{\mathrm{d}[T^{-1}(s)]}{\mathrm{d}s} = P_r(r) \frac{\mathrm{d}r}{\mathrm{d}s} \tag{4-9}$$

由此可见，通过变换函数 $T(r)$ 可以控制图像灰度级的概率密度函数，从而改善图像的灰度层次，这就是直方图修改技术的基础。

B 直方图均衡化实现

直方图均衡化是以图像灰度值的累积分布函数（CDF，Cumulative Distribution Function）为基础的直方图修正法，直方图均衡化的目的是将原始图像的直方图变为均衡分布的形式，即将一已知灰度概率密度分布的图像，经过某种变换，变成一幅具有均匀灰度概率密度分布的新图像。如果一幅图像的直方图是均衡的，则其概率密度函数为：

$$P_s(s) = \frac{1}{L} \tag{4-10}$$

式中，L 为图像灰度级的取值范围，对于归一化的灰度级来讲，因为 $L = 1$，所以 $P_s(s) = 1$。因此，式(4-9)可改写为：

$$\mathrm{d}s = P_r(r) \, \mathrm{d}r$$

两边取积分，得：

$$s = \int_0^r P_r(r) \, \mathrm{d}r \tag{4-11}$$

如果取变换函数

$$T(r) = \int_0^r P_r(r) \, \mathrm{d}r \tag{4-12}$$

则可以将概率密度函数为 $P_r(r)$ 的图像变为具有均匀概率密度分布的函数 $P_s(s)$ 的图像。由式(4-12)所表示的变换函数是原图像的累积概率密度函数，该函数满足前述变换函数的两个条件。下面将上述结论推广到离散数字图像。

设一幅图像的像元数为 n，共有 L 个灰度级，n_k 代表灰度级为 r_k 的像元的数目，则第 k 个灰度级出现的概率可以表示为：

$$P_r(r_k) = \frac{n_k}{n} \tag{4-13}$$

式(4-13)中，$0 \leqslant r_k \leqslant 1$，$0 \leqslant k \leqslant L-1$，式(4-12)所表示的变换函数 $T(r)$ 可改写为：

$$s_k = T(r_k) = \sum_{j=0}^{k} P_r(r_j) = \sum_{j=0}^{k} \frac{n_j}{n} \tag{4-14}$$

式(4-14)中, $0 \le r_j \le 1$, $0 \le k \le L-1$, 其反变换为:

$$r_k = T^{-1}(s_k) \tag{4-15}$$

下面通过一个具体实例来说明如何对一幅图像进行直方图均衡化处理。

例 4-1　假设有一幅大小为 64×64 的灰度图像, 共有 8 个灰度级, 其灰度级分布见表 4-1。现要求对其进行均衡化处理。原始图像与均衡化处理后图像的直方图如图 4-10(a) 所示, 图中横坐标轴标记 0, 1, …, 7 分别代表 0, $\frac{1}{7}$, …, 1。

解: 处理过程如下。

(1) 根据式(4-14)计算各灰度值的 s_k:

$$s_0 = T(r_0) = \sum_{j=0}^{0} P_r(r_j) = P_r(r_0) = 0.19$$

$$s_1 = T(r_1) = \sum_{j=0}^{1} P_r(r_j) = P_r(r_0) + P_r(r_1) = 0.19 + 0.25 = 0.44$$

依次计算可得: $s_2 = 0.65$, $s_3 = 0.81$, $s_4 = 0.89$, $s_5 = 0.95$, $s_6 = 0.98$, $s_7 = 1$, 图 4-10(b)给出 s_k 和 r_k 之间的阶梯状关系, 即转换函数。

(2) 对 s_k 进行舍入处理, 由于原图像的灰度级只有 8 级, 因此上述各 s_k 需以 $\frac{1}{7}$ 为量化单位进行舍入运算, 得:

$$s_{0舍入} = \frac{1}{7}, \ s_{1舍入} = \frac{3}{7}, \ s_{2舍入} = \frac{5}{7}, \ s_{3舍入} = \frac{6}{7}, \ s_{4舍入} = \frac{6}{7}, \ s_{5舍入} = 1, \ s_{6舍入} = 1, \ s_{7舍入} = 1$$

(3) s_k 的最终确定, 由 s_k 的舍入结果可见, 均衡化后的灰度级仅有 5 个灰度级别, 分别为:

$$s_{0舍入} = \frac{1}{7}, \ s_{1舍入} = \frac{3}{7}, \ s_{2舍入} = \frac{5}{7}, \ s_{3舍入} = \frac{6}{7}, \ s_{4舍入} = \frac{6}{7}$$

(4) 计算对应每个 s_k 的像元数目, 因为 $r_0 = 0$ 映射到 $s_0 = \frac{1}{7}$, 所以有 790 个像元取 s_0 这个灰度值; 同样, r_1 映射到 $s_1 = \frac{3}{7}$, 因此有 1023 个像元取值 $s_1 = \frac{3}{7}$; 同理有 850 个像元取值 $s_2 = \frac{5}{7}$, 又因为 r_3 和 r_4 都映射到 $s_3 = \frac{6}{7}$, 所以有 656+329 = 985 个像元取此灰度值, 同样有 245+122+81 = 448 个像元取 $s_4 = 1$ 的灰度值, 见表 4-1。

均衡化后的直方图如图 4-10(c)所示。可以看出, 在离散情况下, 直方图仅能接近于均匀概率密度函数, 图 4-10(c)的结果虽然并不是理想的均衡化结果, 但与原始直方图相比已有很大改善, 原始图像灰度值偏低, 图像整体上偏暗, 直方图均衡化后, 其亮度得到了较大的提升, 灰度值分布比较均衡。

表 4-1　图像的灰度级分布表

原始直方图数据			均衡化后的直方图数据		
r_k	n_k	$\dfrac{n_k}{n}$	s_k	n_k	$\dfrac{n_k}{n}$
$r_0 = 0$	790	0.19	0	0	0.00
$r_1 = \dfrac{1}{7}$	1023	0.25	$s_0 = \dfrac{1}{7}$	790	0.19
$r_2 = \dfrac{2}{7}$	850	0.21	0	0	0.00
$r_3 = \dfrac{3}{7}$	656	0.16	$s_1 = \dfrac{3}{7}$	1023	0.25
$r_4 = \dfrac{4}{7}$	329	0.08	0	0	0.00
$r_5 = \dfrac{5}{7}$	45	0.06	$s_2 = \dfrac{5}{7}$	850	0.21
$r_6 = \dfrac{6}{7}$	122	0.03	$s_3 = \dfrac{6}{7}$	985	0.24
$r_7 = 1$	81	0.02	$s_4 = 1$	448	0.11

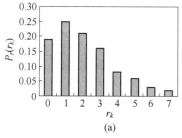
(a)

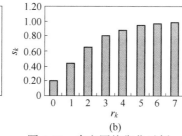
(b)

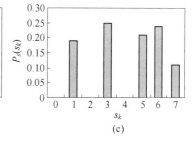
(c)

图 4-10　直方图均衡化示例

（a）原始图；（b）转换函数；（c）均衡化结果

　　直方图均衡化一般会使原始图像的灰度等级减少，这是由于均衡化过程中要进行近似舍入所造成的，在上例中由 8 个灰度级缩减成了 5 个，被舍入合并的灰度级是原始图像上出现频率较低的灰度级。若这些灰度级构成的图像细节比较重要，则可以采用局部自适应的直方图均衡化技术，也可以采用增加像素位数的方法来减少由于灰度级简并所造成的灰度层次的损失。

　　图 4-11 给出直方图均衡化的一个实例。图 4-11(a)和(b)分别为 1 幅 8bits 灰度级的原始图和它的直方图。这里原始图像较暗且动态范围较小，反映在直方图上就是其直方图所占据的灰度值范围比较窄且集中在低灰度值一边。

　　图 4-11(c)和(d)分别为对原始图像进行直方图均衡化得到的结果及其对应的直方图，现在直方图占据了整个图像灰度值允许的范围。直方图均衡似增加了图像灰度值动态范围，所以也增加了图像的对比度，反映在图像上就是图像有较大的反差，许多细节可看得比较清晰了。

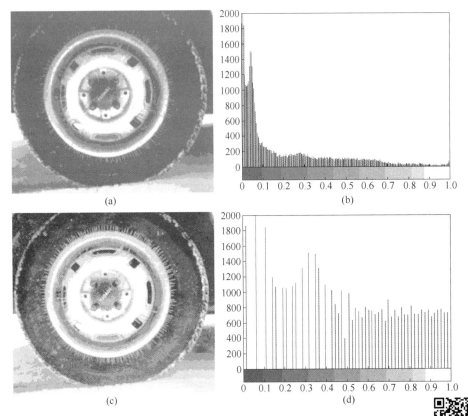

图 4-11　直方图均衡化图像

扫码查看图片

4.1.2.2　直方图的规定化

直方图均衡化的优点是能增强整个图像的对比度，提升图像的亮度，所得到的直方图是在整个灰度级动态范围内近似均匀分布的直方图。在实际应用中，有时并不需要图像具有整体的均匀分布直方图，而是希望能够有目的地增强某个灰度级分布范围内的图像。换句话说，希望可以人为地改变直方图的形状，使之成为某个特定的形状，直方图规定化就是针对上述要求提出来的一种增强技术，它可以按照预先设定的某个形状来调整图像的直方图，下面仍然从概率密度函数出发讨论直方图规定化技术。

假设 $P_r(r)$ 和 $P_z(z)$ 分别表示原始图像和目标图像（即希望得到的图像）的灰度分布概率密度函数，直方图规定化的目的就是调整图像的直方图，使之具有 $P_z(z)$ 所表示的形状。如何建立 $P_r(r)$ 和 $P_z(z)$ 之间的联系是直方图规定化处理的关键。首先对原始图像进行直方图均衡化处理，即求变换函数：

$$s = T(r) = \int_0^r P_r(\omega)\,\mathrm{d}\omega \tag{4-16}$$

目标图像的灰度级也可用同样的变换函数进行均衡化处理，即：

$$v = G(z) = \int_0^z P_z(\omega)\,\mathrm{d}\omega \tag{4-17}$$

式(4-17)的逆变换为：

$$z = G^{-1}(v) \tag{4-18}$$

式(4-17)和式(4-18)表明可由均衡化后的灰度级 v 得到目标图像的灰度级 z。因为对原始图像和目标图像都做了均衡化处理，因而 $P_s(s)$ 和 $P_v(v)$ 具有相同的概率密度，所以可以用原始图像均衡化后的灰度级 s 来代替式(4-18)中的 v，即：

$$z = G^{-1}(v) = G^{-1}(s) \tag{4-19}$$

这就意味着可以由原始图像均衡化后的图像的灰度值来求算目标图像的灰度级 z。根据以上的分析，可以总结出直方图规定化增强处理的步骤如下：

（1）将原始图像按式(4-16)作直方图均衡化处理；

（2）按照目标图像的灰度级概率密度函数 $P_z(z)$，用式(4-17)得到变换函数 $G(z)$；

（3）用步骤(1)中得到的灰度级 s 代替 v，按式(4-19)作逆变换：$z = G^{-1}(s)$。

经过上述处理得到的新图像的灰度级将具有事先规定的概率密度 $P_z(z)$，在上述处理过程中包含了两个变换函数 $T(r)$〔见式(4-16)〕和 $G^{-1}(s)$〔见式(4-19)〕。实际应用中可将这两个函数组合成一个函数关系，利用它可以从原始图像产生所希望的灰度分布，其计算公式为：

$$z = G^{-1}(s) = G^{-1}[T(r)] \tag{4-20}$$

式(4-20)表明，一幅图像不需直方图均衡化就可以实现直方图规定化，即只需求出 $T(r)$ 并与 $G^{-1}(s)$ 组合在一起，再对原始图像施以变换即可。下面仍然通过具体实例来说明直方图规定化的具体过程及实际效果。

例 4-2 采用与例 4-1 相同的 64×64 的灰度图像，共有 8 个灰度级，其灰度级分布见表 4-1。下面对其进行直方图规定化增强处理，规定的直方图数据和规定化增强后结果直方图数据见表 4-2。图 4-12 给出了直方图规定化的变化过程，图中横坐标轴记：0，1，…，7 分别代表：0，$\dfrac{1}{7}$，…，1。

表 4-2　规定直方图数据和结果直方图数据

原始直方图数据		结果直方图数据		
z_k	$P_z(z_k)$	z_k	n_k	$P_z(z_k)$
$z_0 = 0$	0.00	$z_0 = 0$	0	0.00
$z_1 = \dfrac{1}{7}$	0.00	$z_1 = \dfrac{1}{7}$	0	0.00
$z_2 = \dfrac{2}{7}$	0.00	$z_2 = \dfrac{2}{7}$	0	0.00
$z_3 = \dfrac{3}{7}$	0.15	$z_3 = \dfrac{3}{7}$	790	0.19
$z_4 = \dfrac{4}{7}$	0.20	$z_4 = \dfrac{4}{7}$	1023	0.25
$z_5 = \dfrac{5}{7}$	0.30	$z_5 = \dfrac{5}{7}$	850	0.21
$z_6 = \dfrac{6}{7}$	0.20	$z_6 = \dfrac{6}{7}$	985	0.24
$z_7 = 1$	0.15	$z_7 = 1$	448	0.11

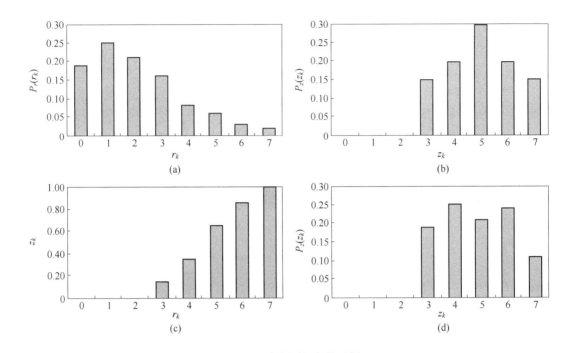

图 4-12   直方图规定化示例

（a）原始图；（b）规定化直方图；（c）转换函数；（d）规定化结果

解： 具体计算步骤如下。

（1）对原始图像进行直方图均衡化处理，处理结果见表 4-1。

（2）利用式（4-14）计算变换函数 $v_k = G(z_k) = \sum\limits_{j=0}^{k} P_z(z_j)$，结果如下：

$v_0 = G(z_0) = 0.00$，$v_1 = G(z_1) = 0.00$，$v_2 = G(z_2) = 0.00$，$v_3 = G(z_3) = 0.15$，

$v_4 = G(z_4) = 0.35$，$v_5 = G(z_5) = 0.65$，$v_6 = G(z_6) = 0.85$，$v_7 = G(z_7) = 1.00$

上述结果记录了 v_k 与 z_k 间正变换关系，同时也记录了两者间逆变换关系 $z_k = G^{-1}(v_k)$，为下一步用步骤（1）中得到的 s_k 代替 v_k 进行逆变换奠定了基础。图 4-10（c）给出了由此确定的变换函数。

（3）用步骤（1）中得到的 s_k 代替 v_k 进行 $z_k = G^{-1}(v_k)$ 的反变换，求得最终的灰度级 z_k。在离散情况下，反变换常常必须进行近似处理。例如，最接近于 $s_0 = \dfrac{1}{7} \approx 0.14$ 的是 $v_3 = 0.15$，因此可用 s_0 代替 v_3 进行反变换 $G^{-1}(s_0) = z_3$，这样得到的结果是 z_3。依次计算，得到下列映射关系：

$$s_0 = \frac{1}{7} \longrightarrow z_3 = \frac{3}{7}, \quad s_1 = \frac{3}{7} \longrightarrow z_4 = \frac{4}{7}, \quad s_2 = \frac{5}{7} \longrightarrow z_5 = \frac{5}{7}, \quad s_3 = \frac{6}{7} \longrightarrow z_6 = \frac{6}{7}, \quad s_4 = 1 \longrightarrow z_7 = 1$$

（4）利用步骤（1）中得到的 r_k 和 s_k 的映射关系得到 r_k 和 z_k 的映射关系式（4-20），根据这些映射重新分配像元的灰度级，得到对原始图像直方图规定化增强的最终结果。图 4-12（d）给出了图像的直方图规定化增强的最终结果。r_k 和 z_k 的映射关系如下：

$$r_0 = 0 \rightarrow z_3 = \frac{3}{7}, \quad r_1 = \frac{3}{7} \rightarrow z_4 = \frac{4}{7}, \quad r_2 = \frac{2}{7} \rightarrow z_5 = \frac{5}{7}, \quad r_3 = \frac{3}{7} \rightarrow z_6 = \frac{6}{7},$$

$$r_4 = \frac{4}{7} \rightarrow z_6 = \frac{6}{7}, \quad r_5 = \frac{5}{7} \rightarrow z_7 = 1, \quad r_6 = \frac{6}{7} \rightarrow z_7 = 1, \quad r_7 = 1 \rightarrow z_7 = 1$$

由图 4-12(d)可见，结果直方图与规定直方图之间仍存在一定的差距，与直方图均衡化的情况一样，这是由于从连续到离散的转换引入了离散误差的原因，而且在灰度级减少时，这种误差有增大趋势。但从实际应用中的情况看，直方图规定化的增强效果还是很明显的。

图 4-13 给出一个直方图规定化示例，利用规定化函数对原始图 4-13(a)进行直方图规定化的变换，得到的结果如图 4-13(b)所示，其直方图如图 4-13(c)所示。由于规定化函数在高灰度区值较大，变换的结果图像比均衡化更亮，对应于均衡化图中较暗区域的一些细节更为清晰，从直方图上看高灰度值一边更为密集。

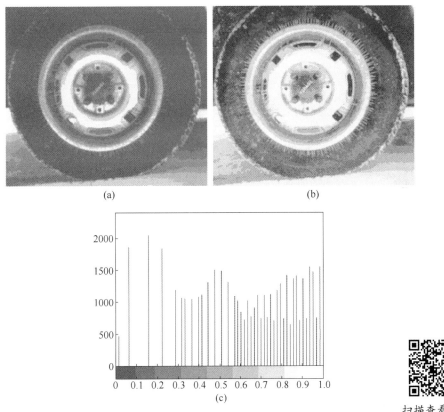

(a) (b)

(c)

图 4-13　直方图规定化示例

扫描查看图片

4.1.3　图像间运算

有些图像增强技术是靠对多幅图像进行图像间的运算而实现的。常用的一种方法是对图像进行相减运算。设有图像 $f(x, y)$ 和 $h(x, y)$，它们的差为：

$$g(x, y) = f(x, y) - h(x, y) \tag{4-21}$$

相减的结果可以把两图的差异显示出来。

　　另一种常用的方法是图像平均，常用于在图像采集中去除噪声。设有一幅混入噪声的图 $g(x, y)$，它是由原始图 $f(x, y)$ 和噪声图 $e(x, y)$ 叠加而成，即：

$$g(x, y) = f(x, y) + e(x, y) \tag{4-22}$$

　　这里假设各像素点的噪声互不相关，而且具有零均值。在这种情况下，可以通过将一系列图像 $g_i(x, y)$ 相加来消除噪声。设将 M 个图像相加求平均得到一幅新图像，即：

$$\overline{g}(x, y) = \frac{1}{M}\sum_{i=1}^{M} g_i(x, y) \tag{4-23}$$

　　那么可以证明它们的期望值为：

$$E[\overline{g}(x, y)] = f(x, y) \tag{4-24}$$

　　如果考虑新图像和噪声图像各自均方差间的关系，则：

$$\sigma_{\overline{g}(x, y)} = \sqrt{\frac{1}{M}}\sigma_{e(x, y)} \tag{4-25}$$

　　由此可见，随着平均图像数量 M 的增加，噪声在每个像素位置 (x, y) 的影响逐渐减小。

4.2　空间域增强

　　空间域图像增强又称空域滤波增强，它仍然是直接以图像的像素为操作对象来完成的。与点运算不同的是，空域增强是在图像空间借助模板操作邻域来完成的。所谓的模板，就是定义一个以 (x, y) 为中心，大小为 $m×n$ 的一个正方形或者矩形子图像，子图像中每个点的值都是根据需要定义的系数值，而非像素值。这些子图像又被称为滤波器、掩模、窗口等。

　　空域滤波的工作原理如图 4-14 所示。这种方法就是在待处理的图像中逐点地移动掩模。在每一点 (x, y) 处，滤波器在该点处的响应通过事先定义的关系来计算，即：

$$g(x, y) = \omega(-1, -1)f(x-1, y-1) + \omega(-1, 0)f(x-1, y) + \cdots + \omega(0, 0)f(0, 0)$$
$$+ \cdots + \omega(1, 0)f(x+1, y) + \omega(1, 1)f(x+1, y+1)$$

$$\tag{4-26}$$

式中，ω 为模板系数，模板系数中的坐标是为了说明模板与图像在空间位置上具有的对应关系）。从式 (4-26) 可以看出，对图像像素 $f(x, y)$ 进行线性滤波就是求模板和模板覆盖图像的卷积输出。

　　空间增强，根据功能主要分成平滑增强和锐化增强。

4.2.1　空间域平滑

　　平滑的目的又可分为两类：一类是模糊，目的是在提取较大的目标前去除太小的细节或将目标内的小间断连接起来；另一类是消除噪声，任何一幅图像在获取和传输等过程中，会受到各种噪声的干扰，使图像质量下降、图像模糊、特征淹没，对图像分析很不利。为了抑制噪声、改善图像质量，就要对图像进行平滑去噪的操作。目前，灰度图像的

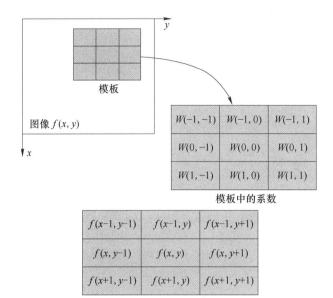

图 4-14　空间滤波原理图

平滑滤波器主要有均值滤波和中值滤波两大类。

4.2.1.1　均值滤波器

假设图像是由许多灰度恒定的小块组成，相邻像素间存在很高的空间相关性，而且噪声是统计独立的。因此，可用像素邻域内的各像素的灰度平均值代替该像素原来的灰度值，实现图像的平滑。

最简单的平滑方法就是将模板覆盖的各个像素灰度平均值作为中心像素的输出值设有一幅大小为 $N \times N$ 的图像 $f(x, y)$，取一个 $m \times n$ 的模板，平滑结果用 $g(x, y)$ 表示，则：

$$g(x, y) = \frac{1}{m \times n} \sum_{i,\, j \in s} f(i, j) \tag{4-27}$$

式中，$x, y = 0, 1, \cdots, N-1$；s 为模板覆盖的各像素的坐标集合。这种方法实际上就是用一个大小为 $m \times n$，系数均为 1 的模板来对图像进行操作，如图 4-15(a)所示。当然，也可以调整模板中的系数，以决定模板里的哪些像素对处理结果影响更大一些，如图 4-15(b)和(c)所示。

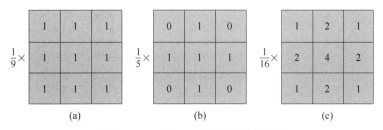

图 4-15　三个 3×3 的均值滤波掩模

图 4-15(c)的这种掩模也称为加权平均，从权值上看，处于掩模中心位置的像素比其

他任何像素的权值都要大。因此，在均值计算中这一像素就显得最为重要，而距离掩模中心越远，其像素就显得越不重要。需要注意的是，模板前面的乘数等于模板的系数值之和，用来计算平均值。

图 4-16 是采用图 4-15(a)模板滤波的结果。

(a)　　　　　　　　　　(b)　　　　　　　　　　(c)

图 4-16　均值滤波处理结果

(a) 原图；(b) 带有 $N(0, 0.01)$ 高斯噪声的图像；(c) 模板分图 (a) 滤波的结果

扫码查看图片

线性均值滤波算法简单，处理速度快，但从处理结果可以看出，它在降低噪声的同时使图像产生模糊，特别是在边缘和细节处。而且邻域越大，在去噪能力增强的同时模糊程度越严重。

4.2.1.2　中值滤波器

均值滤波器在消除噪声的同时会将图像中一些细节模糊掉。如果既要消除噪声又要保持图像的细节可使用中值滤波器（一种非线性平滑滤波器）。其工作步骤如下：

(1) 将模板在图中漫游，并将模板中心与图中某个像素位置重合；

(2) 读取模板下各对应像素的灰度值；

(3) 将这些灰度值从小到大排成 1 列；

(4) 找出这些值里排在中间的 1 个；

(5) 将这个中间值赋给对应模板中心位置的像素。

由以上步骤可以看出，中值滤波器的主要功能就是让与周围像素灰度值的差比较大的像素改取与周围像素值接近的值，从而可以消除孤立的噪声点。由于它不是简单地取均值，所以产生的模糊比较少。

中值滤波器通常选用的窗口有线形、十字形、方形、菱形和圆形等，如图 4-17 所示。

图 4-17　中值滤波器常用窗口

中值滤波器实际上是一类更广泛的滤波器——百分比滤波器的一个特例。百分比滤波器在工作时与前述步骤基本类似，也是先将模板下对应的像素的灰度值进行排序；然后根据某一个确定的百分比选取序列中相应的像素值赋给对应模块中心位置的像素。如百分比取最大就是最大值滤波器，它可用来检测图像中最亮的点；如百分比取最小就是最小值滤

波器，它可用来检测图像中最暗的点；如百分比取 50% 就是前述的中值滤波器。

图 4-18 是利用方形 3×3 模板滤波的结果图。

(a)　　　　　　　　(b)　　　　　　　　(c)

图 4-18　中值滤波处理结果

（a）原图；（b）加入椒盐噪声的图像；（c）方形模板滤波

扫码查看图片

4.2.2　空间域锐化

在图像的判读或识别中常需要突出边缘和轮廓信息。图像锐化的目的就是增强图像的边缘或轮廓。图像平滑通过积分过程使得图像边缘模糊，那么图像锐化则是通过微分而使图像边缘突出、清晰。

4.2.2.1　一阶微分算子

基于一阶微分的图像增强方法包括两个步骤：第一步是利用梯度法检测和突出图像中的边缘；第二步是基于某一门限阈值，通过利用超过门限的梯度值或某一指定的灰度值代替图像中相应的边缘来形成增强的结果图像。

A　梯度锐化

图像处理中最常用的微分方法是利用梯度。对 1 个连续函数 $f(x, y)$，其梯度是 1 个矢量：

$$\boldsymbol{G}[f(x, y)] = \left(\frac{\partial f}{\partial x} \quad \frac{\partial f}{\partial y} \right)^{T} \tag{4-28}$$

梯度矢量在点 (x, y) 处的梯度幅度和方向角分别为：

$$G(x, y) = \sqrt{\left(\frac{\partial f}{\partial x}\right)^{2} + \left(\frac{\partial f}{\partial y}\right)^{2}} \tag{4-29}$$

$$\phi(x, y) = \arctan\left[\left(\frac{\partial f}{\partial x}\right) \Big/ \left(\frac{\partial f}{\partial y}\right)\right] \tag{4-30}$$

在数字图像 $f(i, j)$ 中，用差分近似代替导数，则在 (i, j) 处沿 x 方向和 y 方向的一阶差分可表示为：

$$\Delta_{x}(i, j) = f(i + 1, j) - f(i, j)$$

$$\Delta_{y}(i, j) = f(i, j + 1) - f(i, j)$$

此时就可以将式 (4-29) 表示为：

$$G(i, j) = \sqrt{[f(i + 1, j) - f(i, j)]^{2} + [f(i, j + 1) - f(i, j)]^{2}} \tag{4-31}$$

注意：梯度是一个矢量，而梯度幅值是一个正的标量。采用差分表示的梯度运算中，把梯度幅度简称为梯度。

为减少运算量和便于在计算机上实现，通常进一步将式(4-24)简化为绝对差形式，也即将梯度定义为：

$$G(i, j) = \left| f(i + 1, j) - f(i, j) \right| + \left| f(i, j + 1) - f(i, j) \right| \tag{4-32}$$

式(4-32)的求梯度方法也称为水平垂直差分。对应梯度锐化算子可以写为：

$$\boldsymbol{H}_x = \begin{pmatrix} 1 \\ -1 \end{pmatrix}, \boldsymbol{H}_y = (-1 \quad 1)$$

另一种求梯度的方法是交叉差分法，其简化的绝对差形式可表示为：

$$G(i, j) = \left| f(i + 1, j + 1) - f(i, j) \right| + \left| f(i + 1, j) - f(i, j + 1) \right| \tag{4-33}$$

式(4-33)也称为罗伯特（Roberts）差分法，对应梯度锐化算子可以写为：

$$\boldsymbol{H}_x = \begin{pmatrix} 1 & 0 \\ 0 & -1 \end{pmatrix}, \boldsymbol{H}_y = \begin{pmatrix} 0 & 1 \\ -1 & 0 \end{pmatrix}$$

由于 Roberts 边缘检测算子是利用图像的两个对角线方向的相邻像素之差进行梯度幅值的检测，所以检测水平和垂直方向边缘的性能好于斜线方向的边缘，检测精度比较高，但对噪声比较敏感。

对于一幅图像中突出的边缘区，其梯度值较大；对于平滑区，梯度值较小；对于灰度级为常数的区域，梯度为 0。因此，经过梯度运算后，灰度急剧变化的边缘就进一步凸显出来了。图 4-19 显示了一幅灰度图像在二值处理后，分别利用水平差分算子图 4-19(b)和 Roberts 算子检测图 4-19(c)的梯度图像。

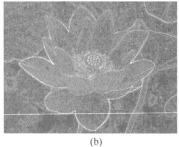

(a)　　　　　　　　　　　　　(b)　　　　　　　　　　　　(c)

图 4-19　锐化增强

（a）原图；（b）水平差分算子锐化结果图；（c）Roberts 算子锐化结果图

扫码查看图片

Roberts 算子的一个主要问题是计算方向差分时对噪声敏感，为了在锐化边缘的同时减少噪声的影响，Prewitt 从加大边缘增强算子的模板出发，由 2×2 扩大到 3×3，是一种类似计算偏微分估计值的方法，对应的卷积算子为：

$$\boldsymbol{H}_x = \begin{pmatrix} -1 & 0 & 1 \\ -1 & 0 & 1 \\ -1 & 0 & 1 \end{pmatrix}, \boldsymbol{H}_y = \begin{pmatrix} -1 & -1 & -1 \\ 0 & 0 & 0 \\ 1 & 1 & 1 \end{pmatrix}$$

当采用 Prewitt 算子检测边缘时，如果取绝对值幅度作为输出值，就会使它们对边缘的走向有些敏感。如果取它们的平方和的开方，可以获得性能更一致的全方位的响应，这与真实的梯度值更接近。

Sobel 提出一种将方向差分运算与局部平均相结合的方法，即 Sobel 算子。是在 Prewitt 算子的基础上，采用加权的方法计算差分。该算子是在以 $f(x, y)$ 为中心的 3×3 的邻域上计算 x 和 y 方向的偏导数。它的卷积算子为：

$$\boldsymbol{H}_x = \begin{pmatrix} -1 & 0 & 1 \\ -2 & 0 & 2 \\ -1 & 0 & 1 \end{pmatrix}, \boldsymbol{H}_y = \begin{pmatrix} -1 & -2 & -1 \\ 0 & 0 & 0 \\ 1 & 2 & 1 \end{pmatrix}$$

Sobel 算子利用像素点上下、左右相邻点的灰度加权算法，根据在边缘点处达到极值这一现象进行边缘检测。它很容易在空间上实现，对噪声具有平滑作用，能够提供较为精确的边缘方向信息。但是，正是由于局部平均的影响，它增加了计算量，同时也会检测出许多的伪边缘，且边缘定位精度不够高。

梯度计算出来以后，就可根据不同的需要来生成不同的增强图像，最简单的增强方法就是使处理后的图像中各点 (x, y) 的灰度值 $g(x, y)$ 等于梯度，即：

$$g(x, y) = \text{grad}(x, y) \tag{4-34}$$

这种方法的主要缺点是 $f(x, y)$ 中所有的平滑区域在 $g(x, y)$ 中都将变成黑色，这是由于这些区域中梯度值较小的缘故。图 4-20 显示了一幅灰度图像利用 Sobel 算子检测的梯度图像。

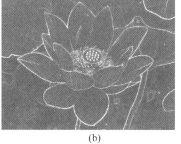

(a)　　　　　　　(b)

图 4-20　利用 Sobel 算子增强

（a）原图；（b）锐化结果图

扫码查看图片

分析图 4-20 可知，由于在灰度变化比较平缓的区域梯度值比较小，在灰度值相同的区域梯度值为 0。因此，锐化结果图像除了有剧烈变化的边缘轮廓部分外，其余部分都比较暗或者一片黑，失掉了图像中除边缘以外的背景信息，这显然不是增强和突出图像中边缘轮廓的图像锐化所需要的结果。

B　设定门限阈值

在利用各梯度算子检测和突出图像的边缘后，需要进一步补充除保留的高于规定门限 T 的边缘以外的图像背景，最终形成增强后的结果图像。主要有以下方法。

（1）第一种方法是给边缘规定一个门限，即：

$$g(x, y) = \begin{cases} \text{grad}(x, y) & (\text{grad}(x, y) \geq T) \\ f(x, y) & (\text{其他}) \end{cases} \tag{4-35}$$

式中，T 为一个非负的阈值。适当地选择 T 值，可在不破坏平滑背景特征的前提下，突出轮廓边缘。

（2）第二种方法是给边缘规定一个特定的灰度值，即：

$$g(x, y) = \begin{cases} L_G & (\mathrm{grad}(x, y) \geq T) \\ f(x, y) & (其他) \end{cases} \tag{4-36}$$

式中，L_G 为根据需要指定的一个灰度级，它将边缘用一个固定的灰度级 L_G 来表现。

如果希望研究边缘灰度级的变化，但要求不受背景的影响，可以用式（4-37）梯度图像形式来实现：

$$g(x, y) = \begin{cases} \mathrm{grad}(x, y) & (\mathrm{grad}(x, y) \geq T) \\ L_B & (其他) \end{cases} \tag{4-37}$$

式中，L_B 为对背景规定的灰度级。

最后，如果只对边缘位置感兴趣，则可用式（4-38）完成锐化处理：

$$g(x, y) = \begin{cases} L_G & (\mathrm{grad}(x, y) \geq T) \\ L_B & (其他) \end{cases} \tag{4-38}$$

这种方法将边缘和背景分别用灰度级 L_G 和 L_B 来表示，生成二值图像。

4.2.2.2　二阶微分算子

二阶微分算子最常用的就是拉普拉斯锐化算子，它是一种无方向性的二阶导数算子，其在点 (x, y) 处的拉普拉斯值定义为：

$$\nabla^2 f = \frac{\partial^2 f}{\partial x^2} + \frac{\partial^2 f}{\partial y^2} \tag{4-39}$$

利用差分方程对 x 和 y 方向上的二阶偏导数近似为：

$$\frac{\partial^2 f}{\partial x^2} = \frac{\partial \left[f(i+1, j) - f(i, j) \right]}{\partial x^2} = f(i+2, j) - 2f(i+1, j) + f(i, j) \tag{4-40}$$

式（4-40）是以点 $(i+1, j)$ 为中心，用 i 代替 $i+1$ 的，就可以得到以点 (i, j) 为中心的二阶偏导数近似式：

$$\frac{\partial^2 f}{\partial x^2} = f(i+1, j) - 2f(i, j) + f(i-1, j) \tag{4-41}$$

同理，得：

$$\frac{\partial^2 f}{\partial y^2} = f(i, j+1) - 2f(i, j) + f(i, j-1) \tag{4-42}$$

合并式（4-41）和式（4-42）可以得到拉普拉斯算子 H_1。拉普拉斯算子是一种空间滤波形式的高通滤波算子。显然只要适当地选择算子中的权值，就可以得到不同性能的高通滤波器，从而得到增强性能各异的锐化图像。常用拉普拉斯算子有：

$$H_1 = \begin{pmatrix} 0 & 1 & 0 \\ 1 & -4 & 1 \\ 0 & 1 & 0 \end{pmatrix}, H_2 = \begin{pmatrix} 1 & 1 & 1 \\ 1 & -8 & 1 \\ 1 & 1 & 1 \end{pmatrix}, H_3 = \begin{pmatrix} 1 & -2 & 1 \\ -2 & 4 & -2 \\ 1 & -2 & 1 \end{pmatrix}$$

拉普拉斯运算由于只需要一个模板，所以计算量比较小。但是，对图像中的噪声比较敏感。拉普拉斯二阶边缘检测算子具有各向同性和旋转不变性，是一个标量算子。

直接采用锐化算子进行锐化，则得到边缘信息，消除了图像背景信息。为了体现锐化效果，采用 $f(i, j) - \nabla^2 f(i, j)$ 形式进行锐化，可以得到既保留背景（低频）信息又突出边缘（高频）信息。此时，得到锐化算子为 H_4；同理，也可以得到 H_5。H_4 和 H_5 称为合成拉普拉斯算子。

$$H_4 = \begin{pmatrix} 0 & -1 & 0 \\ -1 & 5 & -1 \\ 0 & -1 & 0 \end{pmatrix}, H_5 = \begin{pmatrix} -1 & -1 & -1 \\ -1 & 9 & -1 \\ -1 & -1 & -1 \end{pmatrix}$$

总之，对图像增强来说，二阶微分算子的效果更好一些，因为形成增强细节的能力好一些。事实上，在实际应用中，常常把一阶微分和二阶微分结合起来应用以达到更好的增强效果。

4.3 频 域 增 强

在频域空间，图像的信息表现为不同频率分量的组合。如果能让某个范围内的分量或某些频率的分量受到抑制而让其他分量不受影响，就可以改变输出图的频率分布，达到不同的增强目的。

频域空间的增强方法有两个关键：第一个是将图像从图像空间转换到频域空间所需的变换（设用 T 表示），以及再将图像从频域空间转换回图像空间所需的变换（设用 T^{-1} 表示）；第二个是在频域空间对图像进行增强加工的操作（设仍用 E_H 表示）。

频域空间的增强方法有以下 3 个步骤：

（1）将图像从图像空间转换到频域空间；

（2）在频域空间对图像进行增强；

（3）将增强后的图像再从频域空间转换到图像空间。

根据上面的步骤，可将整个增强过程表示为：

$$g(x, y) = T^{-1}\{E_H[T(f(x, y))]\}$$

卷积理论是频域技术的基础。设函数 $f(x, y)$ 与线性位不变算子 $h(x, y)$ 的卷积结果是 $g(x, y)$，即 $g(x, y) = h(x, y)f(x, y)$，那么根据卷积定理在频域有：

$$G(u, v) = H(u, v)F(u, v) \tag{4-43}$$

式中，$G(u, v)$、$H(u, v)$、$F(u, v)$ 分别为 $g(x, y)$、$h(x, y)$、$f(x, y)$ 的傅里叶变换。

用线性系统理论来说，$H(u, v)$ 是转移函数。在图像增强中，图像函数 $f(x, y)$ 是已知的（即待增强函数），因此 $F(u, v)$ 可由图像傅里叶变换得到。实际应用中，首先需要确定的是 $H(u, v)$，然后就可以求得 $G(u, v)$，对 $G(u, v)$ 求傅里叶反变换后即可得到增强的图像 $g(x, y)$。$g(x, y)$ 可以突出 $f(x, y)$ 的某一方面的特征，如利用传递函数 $H(u, v)$ 突出 $F(u, v)$ 的高频分量，以增强图像的边缘信息，即高通滤波；反之，突出 $F(u, v)$ 的低频分量，就可以使图像显得平滑，即低通滤波。

在介绍具体的滤波器之前，先根据以上的描述给出频域滤波的主要步骤：

（1）计算需增强图的傅里叶变换；

（2）将其与 1 个（根据需要设计的）转移函数相乘；

（3）再将结果傅里叶反变换以得到增强的图。

常用频域增强方法有低通滤波、高通滤波、带通和带阻滤波、同态滤波四种。

4.3.1　低通滤波

低通滤波是要保留图像中的低频分量而除去高频分量。图像中的边缘和噪声都对应图像傅里叶变换中的高频部分。因此，如果要在频域中削弱其影响，那么就要设法减弱这部分频率的分量。这里需要选择 1 个合适的 $H(u, v)$ 以得到削弱 $F(u, v)$ 高频分量的 $G(u, v)$。在以下讨论中考虑对 $F(u, v)$ 的实部和虚部影响完全相同的滤波转移函数。具有这种特性的滤波器称为零相移滤波器。

4.3.1.1　理想低通滤波器

1 个 2-D 理想低通滤波器的转移函数满足：

$$H(u, v) = \begin{cases} 1 & (D(u, v) \leqslant D_0) \\ 0 & (D(u, v) \geqslant D_0) \end{cases} \tag{4-44}$$

式中，D_0 为一个非负整数；$D(u, v)$ 为从点 (u, v) 到频率平面原点的距离，$D(u, v) = (u^2 + v^2)^{\frac{1}{2}}$。

图 4-21(a) 给出 H 的 1 个剖面图（设 D 对原点对称），图 4-21(b) 给出 H 的 1 个透视图。这里理想是指小于 D_0 的频率可以完全不受影响地通过滤波器，而大于 D_0 的频率则完全通不过，因此 D_0 也称为截断频率。尽管理想低通滤波器在数学上定义得很清楚，在计算机模拟中也可实现，但在截断频率处直上直下的理想低通滤波器是不能用实际的电子器件实现的。

如果使用这些"非物理"的理想滤波器，其输出图像会变得模糊和有"振铃现象"出现。可借助卷积定理解释如下。

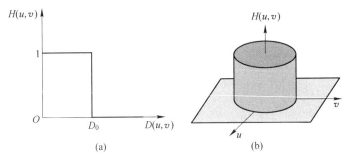

图 4-21　理想低通滤波器

(a) 转移函数；(b) 透视图

为简便，考虑 1-D 的情况。对 1 个理想低通滤波器，其 $h(x)$ 的一般形式可由傅里叶反变换得到，其曲线如图 4-22(a) 所示。现设 $f(x)$ 是 1 幅只有 1 个亮像素的简单图像，如图 4-22(b) 所示，这个亮点可看作 1 个脉冲的近似。在这种情况下，$f(x)$ 和 $h(x)$ 的卷积实际上是把 $h(x)$ 复制到 $f(x)$ 中亮点的位置。比较图 4-22(b) 和 (c) 可明显看出卷积使原来清晰的点被模糊函数模糊了。对更为复杂的原始图，认为其中每个灰度值不为零的点，都可看作是一个其值正比于该点灰度值的一个亮点，则上述结论仍可成立。

由图 4-22 还可以看出，$h(x, y)$ 在 2-D 图像平面上将显示出一系列同心圆环。如果对 1 个理想低通滤波器的 $H(u, v)$ 求反变换，那么可知道 $h(x, y)$ 中同心圆环的半径是反比

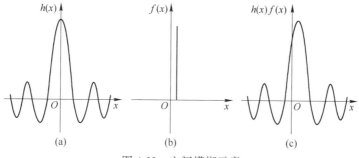

图 4-22　空间模糊示意

于 D_0 的值的。所以如果 D_0 较小，就会使 $h(x, y)$ 产生数量较少但较宽的同心圆环，并使 $g(x, y)$ 模糊得比较厉害。当增加 D_0 时，就会使 $h(x, y)$ 产生数量较多但较窄的同心圆环，并使 $g(x, y)$ 模糊得比较少。如果 D_0 超出 $F(u, v)$ 的定义域，那么 $h(x, y)$ 在其对应的空间区域为 1，$h(x, y)$ 与 $f(x, y)$ 卷积仍是 $f(x, y)$，这相当于没有滤波。

例题：频域低通滤波所产生的模糊。

图像中的大部分能量是集中在低频分量里的。图 4-23(a)为 1 幅包含不同细节的原始图像，图 4-23(b)为它的傅里叶频谱，其上所叠加圆周的半径分别为 10、20、40 和 80。这些圆周内分别包含了原始图像中 90%、95%、99% 和 99.5% 的能量。如用 R 表示圆周半径，B 表示图像能量百分比，则：

$$B = 100 \times \left[\frac{\sum\limits_{u \in R}\sum\limits_{v \in R} P(u, v)}{\sum\limits_{u=0}^{N-1}\sum\limits_{v=0}^{N-1} P(u, v)} \right] \qquad (4\text{-}45)$$

图 4-23(c)～(f)分别为用截断频率由以上各圆周的半径确定的理想低通滤波器进行处理得到的结果。由图 4-23(c)可见，尽管只有 10% 的（高频）能量被滤除，但图像中绝大多数细节信息都丢失了，事实上这幅图已无多少实际用途；由图 4-23(d)可见，当仅 5% 的（高频）能量被滤除后，图像中仍有明显的振铃效应；由图 4-23(e)可见，如果只滤除 1% 的（高频）能量，图像虽有一定程度的模糊但视觉效果尚可；最后由图 4-23(f)可见，滤除 0.5% 的（高频）能量后所得到的滤波结果与原图像几乎无差别。

4.3.1.2　巴特沃斯低通滤波器

物理上可以实现的一种低通滤波器是巴特沃斯（Butterworth）低通滤波器。一个阶为 n，截断频率为 D_0 的巴特沃斯低通滤波器的转移函数为：

$$H(u, v) = \frac{1}{1 + \left[\dfrac{D(u, v)}{D_0} \right]^{2n}} \qquad (4\text{-}46)$$

阶为 1 的巴特沃斯低通滤波器剖面示意图如图 4-24 所示。由图 4-24 可见，巴特沃斯低通滤波器在高低频率间的过渡比较光滑，所以用巴特沃斯滤波器得到的输出图其振铃效应不明显。

一般情况下，常取使 H 最大值降到某个百分比的频率为截断频率。在式(4-46)中，当 $D(u, v) = D_0$ 时，$H(u, v) = 0.5$，即降到 50%。另一个常用的截断频率值是使 H 降到最大值的 $\dfrac{1}{2^{0.5}}$ 时的频率。滤波效果如图 4-25 所示。

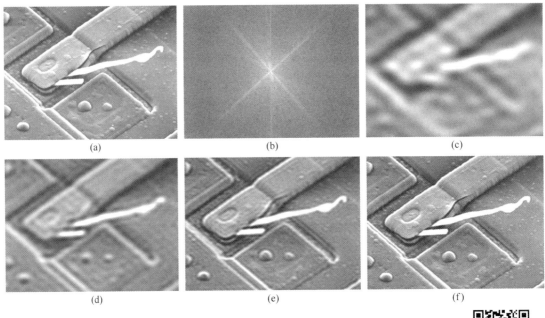

扫码查看图片

图 4-23 频域低通滤波所产生的模糊

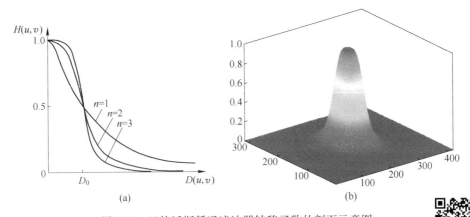

图 4-24 巴特沃斯低通滤波器转移函数的剖面示意图
（a）转移函数；（b）透视图

扫码查看图片

4.3.2 高通滤波

高通滤波是指保留高频分量，减弱或抑制低频分量的过程。图像频率域的高频分量表征了图像的边缘及其他灰度变化较快的区域，因此高通滤波可以增强图像的边缘，起到锐化图像的作用。

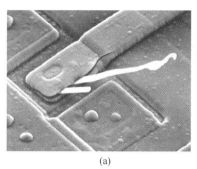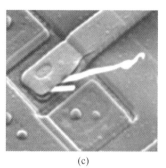

(a)　　　　　　　　　　(b)　　　　　　　　　　(c)

图 4-25　巴特沃斯低通滤波器滤波效果图

（a）原图；（b）频谱；（c）$D_0 = 20$，$n = 2$　振铃效果不明显

扫码查看图片

4.3.2.1　理想高通滤波器

1 个 2-D 理想高通滤波器的转移函数满足：

$$H(u,v) = \begin{cases} 0 & (D(u,v) \leqslant D_0) \\ 1 & (D(u,v) \geqslant D_0) \end{cases} \tag{4-47}$$

图 4-26（a）给出的 1 个剖面示意图（设 D 对原点对称），图 4-26（b）给出 H 的 1 个透视图。这种理想高通滤波器也是不能用实际的电子器件实现的。

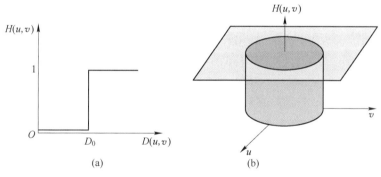

图 4-26　理想高通滤波器

（a）转移函数；（b）透视图

4.3.2.2　巴特沃斯高通滤波器

一个阶为 n，截断频率为 D_0 的巴特沃斯高通滤波器的转移函数为：

$$H(u,v) = \frac{1}{1 + \left[\dfrac{D_0}{D(u,v)}\right]^{2n}} \tag{4-48}$$

阶为 1 的巴特沃斯高通滤波器的剖面图如图 4-27 所示。与巴特沃斯低通滤波器类似，高通的巴特沃斯滤波器在通过和滤掉的频率之间也没有不连续的分界。巴特沃斯滤波器在高低频率间的过渡比较光滑，所以用它得到的输出图的振铃效应不明显。

一般情况下，如同对巴特沃斯低通滤波器一样，也常取使 $H(u,v)$ 最大值降到某个百分比的频率为巴特沃斯高通滤波器的截断频率。

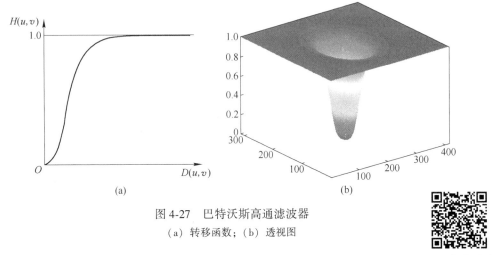

图 4-27 巴特沃斯高通滤波器

(a) 转移函数；(b) 透视图

扫码查看图片

4.3.2.3 高频增强滤波器

一般图像中的大部分能量集中在低频分量里，高通滤波会将很多低频分量（特别是直流分量）滤除，导致增强图中边缘得到加强但光滑区域灰度减弱变暗甚至接近黑色。为解决这个问题，可对频域里的高通滤波器的转移函数加一个常数以将一些低频分量加回去，获得既保持光滑区域灰度又改善边缘区域对比度的效果。这样得到的滤波器称为高频增强滤波器。下面来分析一下它的效果。

设原始模糊图的傅里叶变换为 $F(u, v)$，高通滤波所用转移函数为 $H(u, v)$，得到输出图的傅里叶变换为 $G(u, v) = H(u, v) F(u, v)$。现对转移函数加一个常数 c 得到高频增强转移函数：

$$H_e(u, v) = H(u, v) + c \tag{4-49}$$

其中，c 为 $[0, 1]$ 间常数。这样高频增强输出图的傅里叶变换为：

$$G_e(u, v) = G(u, v) + cF(u, v) \tag{4-50}$$

即在高通的基础上又保留了一定的低频分量 $cF(u, v)$。如果将高频增强输出图的傅里叶变换再反变换回去，可得：

$$g_e(x, y) = g(x, y) + cf(x, y) \tag{4-51}$$

由此可见，增强图中既包含了高通滤波的结果，也包含了一部分原始的图像。或者说，在原始图的基础上叠加了一些高频成分，因而增强图中高频分量更多了。

实际中，还可以给高频增强滤波所用转移函数乘以一个常数 k（k 为大于 1 的常数）以进一步加强高频成分，此时式(4-49)为：

$$H_e(u, v) = kH(u, v) + c \tag{4-52}$$

式(4-50)为：

$$G_e(u, v) = kG(u, v) + cF(u, v) \tag{4-53}$$

例如，图 4-28 给出一个在频域进行高通滤波增强的示例。图 4-28(a)为一幅比较模糊的图像，图 4-28(b)给出用阶数为 1 的巴特沃斯高通滤波器进行处理所得到的结果。因为高通处理后低频分量大部分被滤除，所以虽然图中各区域的边界得到了较明显的增强，但图中原来比较平滑区域内部的灰度动态范围被压缩，整幅图比较昏暗。图 4-28(c)给出高通滤波增强的结果（所加常数为 0.5），不仅边缘得到了增强，整个图像层次也比较丰富。

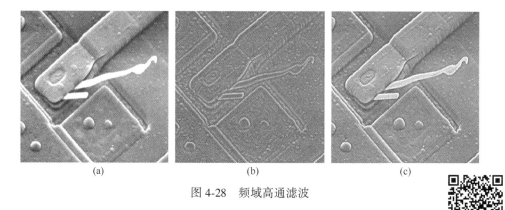

(a)   (b)   (c)

图 4-28 频域高通滤波

4.3.3 带通和带阻滤波

带通滤波器允许一定频率范围内的信号通过而阻止其他频率范围内的信号通过。与此相对应，带阻滤波器阻止一定频率范围内的信号通过而允许其他频率范围内的信号通过。一个用于消除以 (u_0, v_0) 为中心，D_0 为半径的区域内所有频率的理想带阻滤波器的转移函数为：

$$H(u, v) = \begin{cases} 0 & (D(u, v) \leqslant D_0) \\ 1 & (D(u, v) > D_0) \end{cases} \tag{4-54}$$

式中，$D(u, v)$ 为从点 (u, v) 到频率平面 (u_0, v_0) 的距离，$D(u, v) = [(u - u_0)^2 + (v - v_0)^2]^{\frac{1}{2}}$。

考虑到傅里叶变换的对称性，为了消除不是以原点为中心的给定区域内频率，带阻滤波器必须两两对称地工作，即：

$$H(u, v) = \begin{cases} 0 & (D_1(u, v) \leqslant D_0 \text{ 或 } D_2(u, v) \leqslant D_0) \\ 1 & (\text{其他}) \end{cases} \tag{4-55}$$

式中，$D_1(u, v) = [(u - u_0)^2 + (v - v_0)^2]^{\frac{1}{2}}$，$D_2(u, v) = [(u + u_0)^2 + (v + v_0)^2]^{\frac{1}{2}}$。

带阻滤波器也可设计成能除去以原点为中心的频率。这样一个放射对称的理想带阻滤波器的转移函数为：

$$H(u, v) = \begin{cases} 0 & (D(u, v) < D_0 - \dfrac{W}{2}) \\ 0 & (D_0 - \dfrac{W}{2} \leqslant D(u, v) \leqslant D_0 + \dfrac{W}{2}) \\ 1 & (D(u, v) > D_0 + \dfrac{W}{2}) \end{cases} \tag{4-56}$$

式中，W 为阻带带宽；D_0 为阻带中心半径。

类似的 n 阶放射对称的巴特沃斯带阻滤波器的转移函数为（W、D_0 同上）：

$$H(u, v) = \cfrac{1}{1 + \left[\cfrac{D(u, v)W}{D^2(u, v) - D_0^2}\right]^{2n}} \qquad (4\text{-}57)$$

带通滤波器和带阻滤波器是互补的。所以假设 $H_R(u, v)$ 为带阻滤波器的转移函数，则对应的带通滤波器 $H_P(u, v)$ 只需将 $H_R(u, v)$ 翻转，即：

$$H_P(u, v) = -[H_R(u, v) - 1] = 1 - H_R(u, v) \qquad (4\text{-}58)$$

理想的带阻滤波器和带通滤波器的透视示意图如图 4-29 所示。

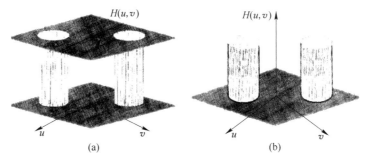

扫码查看图片

图 4-29　理想带阻和带通滤波器示意图

(a) 带阻滤波器；(b) 带通滤波器

4.3.4　同态滤波

前面介绍的线性滤波器对消除加性高斯噪声很有效，但噪声和图像也常以非线性的方式结合。一个典型的例子就是用发光源照明成像时的情况，其中目标的反射以相乘的形式对成像做出贡献，此时可采用同态（homomorphic）滤波器。同态滤波增强是一种在频域中同时将图像亮度范围进行压缩和将图像对比度进行增强的方法。在同态滤波消噪中，先利用非线性的对数变换将乘性的噪声转化为加性的噪声。用线性滤波器消除噪声后再进行非线性的指数反变换以获得原始的"无噪声"图像。

一幅图像 $f(x, y)$ 可以用照射分量和反射分量来模拟，即：

$$f(x, y) = i(x, y)r(x, y) \qquad (4\text{-}59)$$

式中，$i(x, y)$ 为照射分量；$r(x, y)$ 为反射分量。

图像的照射分量是光照条件、阴影等的函数，空间上变化缓慢。反射分量是目标物体的函数，常常引起突变，特别是在不同地物的连接处。这些特性使得可以将频率域的低频成分与照射分量相联系，将高频成分与反射分量相联系。虽然这种联系仅仅是近似，但对于图像的增强是很有帮助的。

同态滤波的基本操作步骤如图 4-30 所示。

$$f(x, y) \longrightarrow \boxed{\text{取对数}} \longrightarrow \boxed{\text{傅里叶变换}} \longrightarrow \boxed{\text{滤波处理}} \longrightarrow \boxed{\text{傅里叶逆变换}} \longrightarrow \boxed{\text{指数变换}} \xrightarrow{g(x, y)}$$

图 4-30　同态滤波流程图

（1）取对数：

$$\ln f(x, y) = \ln i(x, y) + \ln r(x, y) \qquad (4\text{-}60)$$

这使图像运算从乘法变为加法，将照射分量和反射分量改为相加运算，然后可以在频率域进行图像的处理。

（2）对步骤（1）的结果进行傅里叶变换：

$$F(u, v) = I(u, v)R(u, v) \tag{4-61}$$

（3）选取滤波器函数 $H(u, v)$ 对 $F(u, v)$ 进行滤波处理：

$$G(u, v) = H(u, v)F(u, v) = H(u, v)I(u, v) + H(u, v)R(u, v) \tag{4-62}$$

式中，$H(u, v)$ 为同态滤波函数，它可以分别作用于照射分量和反射分量上。同态滤波函数的类型和参数的选择对滤波的结果影响很大。

（4）应用傅里叶逆变换将图像转换到空间域：

$$h_f(x, y) = h_i(x, y) + h_r(x, y) \tag{4-63}$$

（5）对式（4-63）进行指数变换：

$$g(x, y) = \exp|h_f(x, y)| = \exp|h_i(x, y)| \exp|h_r(x, y)| \tag{4-64}$$

不同空间分辨率的侦察图像，使用同态滤波的效果不同。如果图像中的光照可以认为是均匀的，那么进行同态滤波产生的效果不大。但是，如果光照明显是不均匀的，那么同态滤波有助于表现出图像中暗处的细节。

4.4　形态学增强

形态学（morphology）是生物学中研究动物和植物结构的一个学科分支，数学形态学（mathematical morphology）是以形态为基础对图像进行分析的数学工具，并在图像分析、计算机视觉、模式识别和信号处理等方面得到了较为广泛的应用。

数学形态学以集合论为数学工具，具有完备的数学理论基础，是一种有效的非线性图像处理和分析理论，可用于二值图像和灰度图像的处理和分析，并可以这些基本运算为基础推导和组合出许多实用的形态学处理算法。

4.4.1　二值形态学的基本运算

二值形态学运算是数学形态学的基础，是一种针对图像集合的处理过程。

在二值形态学中，被考察或被处理的二值图像称为目标图像（为了简化有时也称为图像），一般用集合 A 来表示；用于收集信息的"探针"称为结构元素，一般用集合 B 来表示。为了清晰地表示出图像中物体与背景的区别，本书并约定用"1"和灰色表示二值图像中的前景（物体）像素，用"0"和白色表示背景像素；且为了表述上的方便，一般将不影响理解的"0"标识略去。

二值形态学运算中结构元素的尺寸通常明显小于图像的尺寸，是比较小的图像像素的集合。二值形态学运算的过程就是在图像中移动结构元素，将结构元素与其下面重叠部分的图像进行交、并等集合运算。为了确定运算中的参照位置，一般把进行形态学运算时结构元素的参考点称为原点，且原点可以选择在结构元素之中，也可以选择在结构元素之外。

比如在图 4-31 中，图 4-31（a）表示的是一幅目标图像，其中的背景"0"标识已经被略去；图 4-31（b）表示的是一个结构元素，明显小于目标图像，其中的"△"标注的位置

（左上角的像素值为 1 的位置）为结构元素的原点。

二值形态学运算有腐蚀、膨胀、开运算和闭运算 4 种基本运算。并且在这些基本运算的基础上可以推导和组合出一系列实用的二值形态学处理算法。

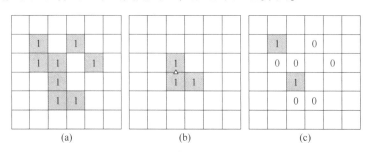

图 4-31　腐蚀运算实例

（a）目标图像 A；（b）结构元素 B；（c）腐蚀运算结果 C

4.4.1.1　腐蚀

腐蚀（erosion）是一种最基本的数学形态学运算，所有其他形态学运算均可在这运算的基础上导出。

A　腐蚀运算的概念

设 A 为目标图像，B 为结构元素，则目标图像 A 被结构元素 B 腐蚀可定义为：

$$A \ominus B = \{x \mid (B)_y \subseteq A\} \tag{4-65}$$

式中，y 为一个表示集合平移的位移量；$\ominus$ 为腐蚀运算的运算符。

式（4-65）表示的腐蚀运算的含义是：每当在目标图像 A 中找到个与结构元素 B 相同的子图像时，就把该子图像中与 B 的原点位置对应的那个像素位置标注为 1，图像 A 上标注出的所有这样的像素组成的集合，即为腐蚀运算的结果。同时也要注意，当结构元素中原点位置的值不为 1（即原点不属于结构元素时），也要把它看作是 1（即把不属于结构元素的原点看作是结构元素的成分）。也就是说，当在目标图像中找与结构元素 B 相同的子图像时，也要求子图像中与结构元素 B 的原点对应的那个位置的像素的值是 1。简而言之，腐蚀运算的实质就是在目标图像中标出那些与结构元素相同的子图像的原点位置的像素。

注意：腐蚀运算要求结构元素必须完全包括在被腐蚀图像内部，换句话说，当结构元素在目标图像上平移时，结构元素中的任何元素不能超出目标图像范围。

腐蚀运算的基本过程是：把结构元素 B 看作为一个卷积模板，每当结构元素的原点及像素值为 1 的位置平移到与目标图像 A 中那些像素值为 "1" 的位置重合时，认为结构元素覆盖得了图像的值与结构元素相应位置的像素值相同，就将结果图像中的那个与原点位置对应的像素位置的值置为 "1"，否则置为 "0"。

图 4-31 给出了一个腐蚀运算的例子。图 4-31（c）标识出的 "0" 表示前景物体的像素中被结构元素腐蚀掉的部分，其他空白像素位置的 "0" 略去没有标识。可以看出，散落在目标图像中的比结构元素小的成分被消除了，腐蚀后得到的结果图像相对于原图像也明显缩小了。

B　结构元素形状对腐蚀运算结果的影响

在腐蚀运算中，结构元素可以是矩形、圆形和菱形等各种形状，结构元素的形状不同，腐蚀的结果也就不同，所以应根据图像中目标的形状结构和腐蚀运算要达到的目的来选取结构元素。此外，腐蚀运算的结果还与其原点位置的选取有关，随着原点位置选取不同时，腐蚀的结果往往也不相同。图4-32 给出了与图4-31 的目标图像相同但结构元素不同时，腐蚀运算结果不同的例子。

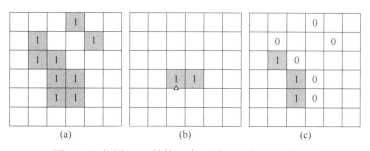

图4-32　与图4-31 结构元素不同时的腐蚀运算结果

（a）目标图像 A；（b）结构元素 B；（c）腐蚀运算结果 C

图4-33 给出了与图4-31 的目标图像和结构元素形状完全相同，但因结构元素的原点位置改变时，腐蚀运算结果不同的例子。

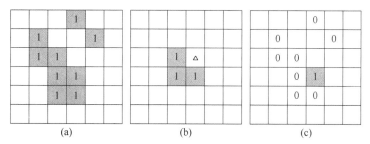

图4-33　与图4-31 结构元素的原点不同时的腐蚀运算实例

（a）目标图像 A；（b）结构元素 B；（c）腐蚀运算结果 C

综上可见，腐蚀运算结果不仅与结构元素形状选取有关，而且还与原点位置的选取有关。

4.4.1.2　膨胀

A　膨胀运算的概念

设 A 为目标图像，B 为结构元素，则目标图像 A 被结构元素 B 膨胀（dilation）可定义为：

$$A \oplus B = \{x \mid ((B')_y \cap A) \neq \phi\} \tag{4-66}$$

式中，y 为集合平移的位移量；$\oplus$ 为膨胀运算的运算符。

式（4-66）表示的目标图像 A 被结构元素 B 膨胀的含义是：先对结构元素 B 做关于其原点的反射得到反射集合 B'［见图4-34（b）和（c）］，然后在目标图像 A 上将 B' 平移 y，则那些 B'（平移后与目标图像 A 至少有 1 个非零公共元素相交时，对应的 B 的原点位置所组成的集合就是膨胀运算的结果）。显然，A 与平移后的 B' 的交集不为空，可以理解为膨胀运算的另一种定义：

$$A \oplus B = \{x \mid ((B')_y \cap A) \subseteq A\} \tag{4-67}$$

膨胀运算的基本过程是：求结构元素 B 关于其原点反射集合 B'；每当结构元素 B' 在目标图像 A 上平移后，结构元素 B' 与其覆盖子图像中至少有一个元素相交时，即将目标图像中与结构元素 B' 原点对应那个位置像素值置为"1"，否则置为"0"。与腐蚀运算不同，在膨胀运算中，当结构元素中原点位置的值不是为 1 而是为 0 时，应该把它看作是 0，而不是看作 1。

注意：为了醒目起见，当膨胀运算结果与目标图像 A 上的像素值相同时，仍标注为原来的值 1 或 0，当膨胀运算结果与目标图像 A 上的像素值不同时，将 0 变 1 的位置为 2，实际运算结果值应为 1，这样做只是为了说明膨胀过程而已。

图 4-34 给出了一个膨胀运算的例子。图 4-34(c) 为结构元素 B 关于原点的反射集合 $\hat{B}$。结果图像中的"1"表示原图像中像素值为"1"的部分，"2"表示膨胀结果图像中与原图像相比增加的部分（像素值 2 是为了强调被膨胀的部分，其实际的像素值应为 1）。从图 4-34(d) 可以看出，膨胀运算可以填充图像中相对于结构元素较小的小孔，连接相邻的物体，同时它对图像具有扩大的作用。

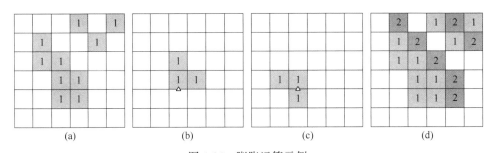

图 4-34　膨胀运算示例

(a) 目标图像 A；(b) 结构元素 B；(c) 结构元素 B'；(d) 膨胀运算结果 C

B　结构元素形状对膨胀运算结果的影响

与腐蚀运算类似，当目标图像不变，但所给的结构元素的形状改变时；或结构元素的形状不变，而其原点位置改变时，膨胀运算的结果会发生改变。图 4-35 给出了与图 4-34 的目标图像相同但结构元素不同时，膨胀运算结果不同的例子。

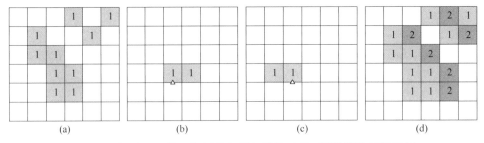

图 4-35　与图 4-34 的目标图像相同但结构元素不同的膨胀运算示例

(a) 目标图像 A；(b) 结构元素 B；(c) 结构元素 B'；(d) 膨胀运算结果 C

图 4-36 给出与图 4-34 目标图像和结构元素均相同，仅结构元素的原点位置不同时，膨胀运算结果不同的例子。

注意：膨胀运算只要求结构元素的原点在目标图像的内部平移，换句话说，当结构元

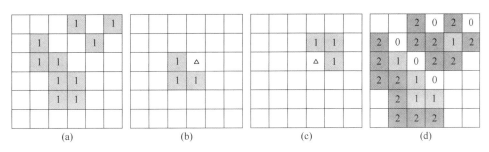

图 4-36 与图 4-34 的目标图像相同仅结构元素的原点不同的膨胀运算示例

（a）目标图像 A；（b）结构元素 B；（c）结构元素 B'；（d）膨胀运算结果 C

素在目标图像上平移时，允许结构元素中的非原点像素超出目标图像范围。

4.4.1.3 二值开闭运算

在形态学图像处理中，除了腐蚀和膨胀这两种基本运算外，还有开运算（opening）和闭运算（closing）这两种非常重要的形态学运算。

A 开运算

使用同一个结构元素对目标图像先进行腐蚀运算，然后再进行膨胀运算称为开运算。设 A 为目标图像，B 为结构元素，则结构元素 B 对目标图像 A 的开运算可定义为：

$$A \circ B = (A \ominus B) \oplus B \tag{4-68}$$

式中，$\circ$ 为开运算的运算符。目标图像 A 和结构元素 B 的开运算除可用 $A \circ B$ 表示外，还可表示成 $O(A, B)$、$OPEN(A, B)$、A_B 等。

图 4-37 给出开运算的一个例子。图 4-37（c）中的"0"表示被结构元素腐蚀掉的部分；图 4-37（d）中的"0"表示开运算的结果图像与图 4-37（a）的目标图像相比减少的部分。从图 4-37（d）可以看出，散落在目标图像中的比结构元素小的成分被消除掉了。开运算与腐蚀运算均能消除图像中比结构元素小的成分；但与腐蚀运算相比，开运算较好地保持了图像中目标物体的大小，这是开运算与腐蚀运算相比的优越之处。

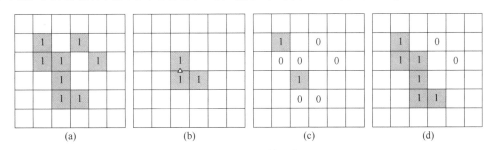

图 4-37 开运算示例

（a）目标图像 A；（b）结构元素 B；（c）B 对 A 的腐蚀结果；（d）B 对分图（c）膨胀结果

图 4-38 给出了对含噪声的印制电路板图像进行开运算的示例。图 4-38（a）为含有颗粒噪声和短路点的印制电路板二值图像，短路点为图中黑圈内连接两电路线的白点，图 4-38（b）为对图 4-38（a）进行开运算的处理结果。从图 4-38（b）中可以看到，开运算有效地平滑了电路的边界，较好地消除了图像中的颗粒噪声，并在短路点将物体进行了分离。在实际工作中通常利用该算法结合形态滤波算法检测电路板中的短路点。

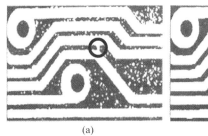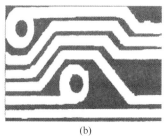

图 4-38　对含噪声的印制电路板图像进行开运算示例

（a）印制电路板二值图像；（b）对分图(a)进行开运算的结果图像

B　闭运算

使用同一个结构元素对目标图像先进行膨胀运算，再进行腐蚀运算称为闭运算。设 A 为目标图像，B 为结构元素，则结构元素 B 对目标图像 A 的闭运算可定义为：

$$A \bullet B = (A \oplus B) \ominus B \tag{4-69}$$

式中，$\bullet$ 为闭运算的运算符。目标图像 A 和结构元素 B 的闭运算除可用 $A \bullet B$ 表示外，还可表示成 $C(A, B)$、$\text{CLOSE}(A, B)$、A^B 等。

图 4-39 给出闭运算的一个例子。图 4-39(c) 中的"2"表示目标图像被结构元素膨胀后多出的部分；图 4-39(d) 中的"0"表示图 4-39(c) 被结构元素腐蚀掉的部分。从图 4-39(d) 中可以看出，目标图像中相对结构元素较小的小孔经闭运算后被填充。比较图 4-39(d) 与图 4-36(d) 可以看出，闭运算与膨胀运算均能填充图像中比结构元素小的小孔，但与膨胀运算相比，闭运算较好地保持了图像中目标物体的大小，这是闭运算与膨胀运算相比的优越之处。

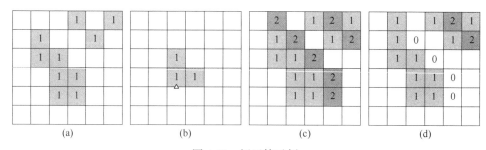

图 4-39　闭运算示例

（a）目标图像 A；（b）结构元素 B；（c）B 对 A 的腐蚀结果；（d）B 对分图（c）膨胀结果

在实际应用中，闭运算通常用来连接狭窄的间断，填充小的孔洞，并填补轮廓线中的断裂。图 4-40 给出了对电路板二值图像进行闭运算的一个示例。从图 4-40(a) 的电路板二值图像可以看出，电路中存在小孔洞和狭窄的间断。图 4-40(b) 为对图 4-40(a) 进行闭运算的处理结果，从中可以看出线路中小的孔洞和狭窄的间断得到了有效的处理。

4.4.2　二值图像的形态学处理

在前述 4 种二值形态学基本运算的基础上，可以组合得到一系列实用的形态学算法，比如形态滤波、区域填充、骨架提取等。本小节主要对这些算法作简要介绍。

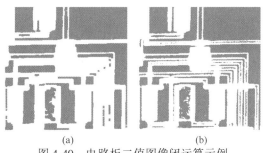

(a)   (b)

扫码查看图片

图 4-40   电路板二值图像闭运算示例

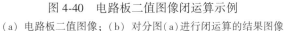

(a) 电路板二值图像；(b) 对分图(a)进行闭运算的结果图像

4.4.2.1 形态滤波

通常在图像预处理中，对图像中的噪声进行滤除是不可缺少的操作。对于二值图像，噪声表现为背景噪声（目标周围的噪声）和前景噪声（目标内部的噪声）。由前面的内容可知，开运算可以消除图像中比结构元素小的颗粒噪声，闭运算可以填充比结构元素小的孔洞。

因此，将开运算和闭运算串起来构建的形态滤波器，可以有效地消除目标图像中的前景噪声和背景噪声。形态滤波器的定义可表示为：

$$(A \circ B) \bullet B = \left\{ \left[(A \ominus B) \oplus B \right] \oplus B \right\} \ominus B \tag{4-70}$$

图 4-41 为用圆形结构元素对含有前景噪声和背景噪声的二值图像进行形态学滤波的示例，图 4-41(a) 为含噪声的原图像，噪声表现为目标内部的白色噪声和目标周围的黑色噪声；图 4-41(b) 为用圆形结构元素对噪声图像进行开运算的结果，可以看到目标内部的噪声被消除；图 4-41(c) 为进一步用圆形结构元素进行闭运算的结果，可以看到目标外部的噪声也被消除，即通过形态滤波，原图像中存在的前景和背景噪声均被有效地消除了。

在形态学滤波中。结构元素的选取十分重要。由式(4-70)可知，为了有效地消除图像中存在的前景噪声和背景噪声，所选取的结构元素的大小应比这两种噪声的形状都要大。

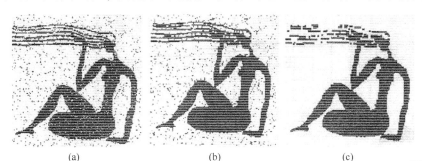

(a)   (b)   (c)

图 4-41   利用圆形结构元素进行形态学滤波示例

(a) 原图像；(b) 对分图(a)进行开运算的结果；(c) 形态滤波结果

4.4.2.2 边界提取

在图像处理中，边缘提供了物体形状的重要信息，因此，边缘检测是

许多图像处理应用必不可少的一步。对于二值图像，边缘检测是对一个图像集合 A 进行边界提取。利用形态学进行边界提取的基本思想是：用一定的结构元素对目标图像进行形态学运算，再将得到的结果与原图像相减。依据所用形态学运算的不同，可以得到二值图像的内边界、外边界和形态学梯度 3 种边界。

在这 3 种边界中，内边界可用原图像减去腐蚀结果图像得到，外边界可用图像膨胀结果减去原图像得到，形态学梯度可用图像的膨胀结果减去图像的腐蚀结果得到。内边界、外边界和形态学梯度 3 种边界分别用 $\beta_1(A)$、$\beta_2(A)$ 和 $\beta_3(A)$ 表示，并可分别表示为：

$$\beta_1(A) = A - (A \ominus B) \tag{4-71}$$

$$\beta_2(A) = (A \oplus B) - A \tag{4-72}$$

$$\beta_3(A) = (A \oplus B) - (A \ominus B) \tag{4-73}$$

图 4-42 给出了利用式(4-71)~式(4-73)分别对一幅简单的二值图像进行形态学运算求出的内边界、外边界以及形态学梯度的示例。

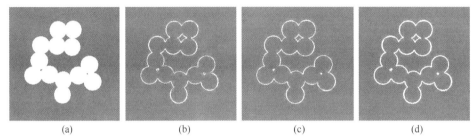

图 4-42　二值图像边界提取示例

（a）原图像；（b）原图像的内边界；（c）原图像的外边界；（d）原图像的形态学梯度

扫码查看图片

4.4.3　灰度形态学基本运算

灰度形态学是二值形态学向灰度空间自然扩展。在灰度形态学中，分别用图像函数 $f(x, y)$ 和 $b(x, y)$ 表示二值形态学中目标图像 A 和结构元素 B，并把 $f(x, y)$ 称为输入图像 $b(x, y)$ 称为结构元素，函数中的 (x, y) 表示图像中像素点的坐标。二值形态学中用到的交和并运算在灰度形态学中分别用最大极值和最小极值运算代替。

4.4.3.1　灰度腐蚀

在灰度图像中，用结构元素 $b(x, y)$ 对输入图像 $f(x, y)$ 进行灰度腐蚀运算可表示为：

$$(f \ominus b)(s, t) = \min\{f(s + x, t + y) - b(x, y) \mid (s + x), (t + y) \in D_f; (x, y) \in D_b\} \tag{4-74}$$

式中，D_f 和 D_b 分别为 $f(x, y)$ 和 $b(x, y)$ 的定义域，要求 x 和 y 在结构元素 $b(x, y)$ 的定义域之内，而平移参数 $s + x$ 和 $t + y$ 必须在 $f(x, y)$ 的定义域之内，这与二值形态学腐蚀运算定义中要求结构元素必须完全包括在被腐蚀图像中情况类似。

但需要注意的是，式(4-74)与二值图像的腐蚀运算的不同之处是，被移动的是输入图像函数 f，而不是结构元素 b。灰度腐蚀运算也可以看成是一种二维卷积运算，只不过是用求最小值运算代替相关运算，用减法运算代替相关运算的乘积，结构元素可以看成卷积运算中的"滤波窗口"。

由式(4-74)可知，灰度腐蚀运算的计算是逐点进行的，其某点的腐蚀运算结果就是计算该点局部范围内各点与结构元素中对应点的灰度值之差，并选取其中的最小值作为该点的腐蚀结果。经腐蚀运算后，图像边缘部分具有较大灰度值的点的灰度会降低，因此边缘会向灰度值高的区域内部收缩。

图 4-43 给出了个计算灰度腐蚀运算的例子。图 4-43(a)为 5×5 的灰度图像矩阵 A，图 4-43(b)为 3×3 的结构元素矩阵 B，其原点在中心位置处。下面以计算图像 A 的中心元素的腐蚀结果为例，说明灰度腐蚀运算过程：

(1) 将 B 的原点重叠在 A 的中心元素上，如图 4-43(c)所示；

(2) 依次用 A 的中心元素减去 B 的各个元素并将结果放在对应的位置上，如图 4-43(d)所示；

(3) 将 B 的原点移动到与 A 的中心元素相邻的 8 个元素上进行相同的操作，可得到 8 个平移相减的结果，图 4-43(e)为把 B 的原点移动到 A 中心元素的右侧位置上，图 4-43(f)为此时计算的结果；

(4) 取得到的 9 个位置结果的最小值，即为 A 中心元素腐蚀的结果，如图 4-43(g)所示；

(5) 依据该方法计算 A 中的其他元素，就可得到图像灰度矩阵 A 的腐蚀结果，如图 4-43(h)所示。

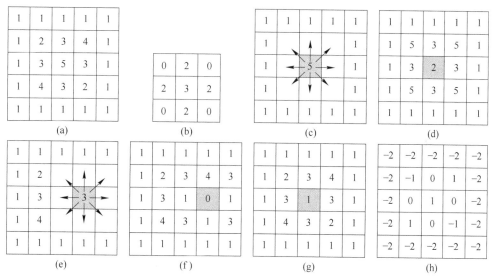

图 4-43　灰度腐蚀运算示例

为了便于分析和理解灰度腐蚀运算的原理和效果，可将式(4-74)进一步简化，仅列出一维函数的形式，即：

$$(f \ominus b)(s) = \min\{f(s+x) - b(x) \mid (s+x) \in D_f; \; x \in D_b\} \qquad (4-75)$$

在式(4-75)中，目标图像和结构元素简化为 x 的函数，要求 x 和平移参数 $(s+x)$ 分别在定义域 D_b 和 D_f 之内是为了保证结构元素 $b(x)$ 在目标图像 $f(x)$ 的范围内进行处理，在目标图像范围外的处理显然是没有意义的。

腐蚀运算过程示意图如图 4-44 所示。

利用结构元素 $b(x)$ 对目标图像 $f(x)$ 的腐蚀过程是：在目标图像的下方"滑动"结构元素，结构元素所能达到的最大值所对应的原点位置的集合即为腐蚀的结果，如图 4-44(c)所示。这与二值腐蚀运算为结构元素"填充"到输入图像中对应的结构元素的原点的

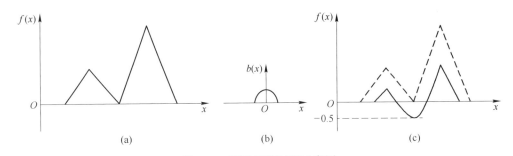

图 4-44　腐蚀运算过程示意图

（a）目标图像 $f(x)$；（b）一维圆形结构元素 $b(x)$；（c）腐蚀运算结果

集合是相似的。从图 4-44（c）中还可以看到，结构元素 $b(x)$ 必须在目标图像 $f(x)$ 的下方，所以空间平移结构元素的定义域必为输入图像函数的定义域的子集。否则腐蚀运算在该点没有意义。

由于腐蚀操作是以在结构元素形状定义的区间内选取 $(f-b)$ 最小值为基础的，灰度腐蚀运算的效果是对于所有元素都为正的结构元素，输出图像趋向于比输入图像暗；当输入图像中的亮细节面积小于结构元素时，亮的效果将被削弱，削弱的程度取决于亮细节周围的灰度值和结构元素自身的形状与幅值。

图 4-45 给出了用半径为 3 的球形结构元素对一幅灰度图像进行腐蚀运算的示例，从图中可以清楚地看到上述的效果。

图 4-45　利用球形结构元素对图像进行腐蚀运算的示例图

（a）原灰度图像；（b）腐蚀运算的结果图像

扫码查看图片

4.4.3.2　灰度膨胀

灰度膨胀是灰度腐蚀运算的对偶运算，结构元素 $b(x,y)$ 对目标图像 $f(x,y)$ 进行灰度膨胀可表示为：

$$(f \oplus b)(s,t) = \max\{f(s-x,t-y) \mid b(x,y) \mid (s-t),\ (t-y) \in D_f;\ (x,y) \in D_b\}$$

$$(4\text{-}76)$$

式中，D_f 和 D_b 分别为 $f(x,y)$ 和 $b(x,y)$ 的定义域，这里限制 $(s-t)$，$(t-y) \in D_f$，$(x,y) \in D_b$，类似于二值膨胀运算中要求目标图像集合和结构元素集合相交至少有一个元素。与灰度腐蚀运算类似，灰度膨胀运算也可以看成是一种相关运算，它用求最大值运算代替了相关运算，用加法运算代替相关运算的乘积。灰度膨胀运算的计算是逐点进行的，求某点的膨胀运算结果，也就是计算该点局部范围内各点与结构元素中对应的灰度值之和，并选取其中的最大值作为该点的膨胀结果。经膨胀运算后，边缘得到了延伸。

图 4-46 给出了一个计算灰度膨胀运算的示例。图 4-46(a)为 5×5 的灰度图像矩阵 A，图 4-46(b)为 3×3 的结构元素矩阵 B，其原点在中心位置处。下面以计算图像 A 的中心元素的膨胀结果为例，说明灰度膨胀运算过程：

（1）将 B 的原点重叠在 A 的中心元素上，如图 4-46(c)所示；

（2）依次用 A 的中心元素加上 B 的各个元素并将结果放在对应的位置上，如图 4-46(d)所示；

（3）将 B 的原点移动到与 A 的中心元素相邻的 8 个元素上进行相同的操作，可得到 8 个平移相加的结果，图 4-46(e)为把 B 的原点移动到 A 中心元素的右侧位置上，图 4-46(f)为此时的计算结果；

（4）取得到的 9 个位置结果的最大值作为 A 中心元素的膨胀结果，如图 4-46(g)所示；

（5）依据该方法计算 A 中的其他元素，就得到图像灰度矩阵 A 的膨胀结果，如图 4-46(h)所示。

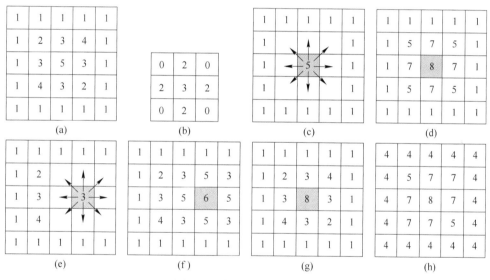

图 4-46　灰度膨胀运算示例

为了便于分析和理解，可将式(4-76)进一步简化，仅列出一维函数的形式，即：

$$(f \oplus b)(s) = \max\{f(s-x) + b(x) \mid (s-t) \in D_f,\ (x) \in D_b\} \tag{4-77}$$

其中，输入图像和结构元素简化为 x 的函数，分别要求 x 和平移参数 $(s-x)$ 在定义域 D_b 和 D_f 之内。

图 4-47 给出了当输入图像和结构元素均为一维函数时的膨胀运算的过程示意图。

采用结构元素 $b(x)$ 对输入图像 $f(x)$ 进行膨胀的过程是：将结构元素的原点平移到输入图像曲线上，使原点沿着输入图像曲线"滑动"，膨胀结果为输入图像曲线与结构元素之和的最大值。这与二值膨胀运算中，结构元素平移通过二值图像中每一点，并求结构元素与二值图像的并是相似的。

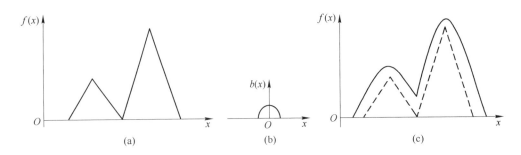

图 4-47　膨胀运算过程示意图

（a）目标图像 $f(x)$；（b）一维圆形结构元素 $b(x)$；（c）膨胀运算结果

因膨胀操作是以在结构元素形状定义区间内选取 $(f+b)$ 最大值为基础，故灰度膨胀运算效果是：对于所有元素都为正的结构元素，输出图像趋向于比输入图像亮；当输入图像中暗细节面积小于结构元素时，暗的效果将被削弱，削弱程度取决于膨胀所用结构元素形状与幅值。

图 4-48 给出了用半径为 3 的球形结构元素对一幅灰度图像进行膨胀运算的示例，从图中可以清楚地看到上述的效果。

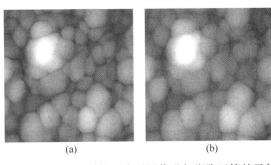

图 4-48　利用球形结构元素对图像进行膨胀运算的示例图

（a）原灰度图像；（b）膨胀运算的结果图像

扫码查看图片

灰度腐蚀和灰度膨胀之间的对偶关系，也可以用式（4-78）和式（4-79）来表示：

$$(f \oplus b)^c = f^c \ominus b' \tag{4-78}$$

$$(f \ominus b)^c = f^c \oplus b' \tag{4-79}$$

此时，函数 $f(x, y)$ 的补 $f^c(x, y)$ 定义为 $f^c(x, y) = -f(x, y)$，函数 $b(x, y)$ 的反射 $b'(x, y)$ 定义为 $b'(x, y) = b(-x, -y)$。

4.4.3.3　灰度开闭运算

与二值形态学类似，在定义了灰度腐蚀和灰度膨胀运算的基础上，可以进一步定义灰度开运算和灰度闭运算。

A　灰度开运算

灰度开运算与二值图像的开闭运算具有相同的形式，用结构元素 b 对灰度目标图像，进行开运算可表示为：

$$f \circ b = (f \ominus b) \oplus b \tag{4-80}$$

开运算可以通过将求出的所有结构元素的形态学平移都填入目标图像 f 下方的极大点来计算。这种填充方式可以从几何角度直观地用图 4-49 来描述。图 4-49(a) 为目标图像函数 f 当 y 为某一常数时对应的一个截面，图 4-49(b) 为球形结构元素 b 在该截面上的投影。采用该结构元素对目标图像进行开运算的过程是：在目标图像下方滑动结构元素，如图 4-49(c) 所示；在每一点记录结构元素上的最高点，则由这 x 最高点构成的集合即为开运算的结果，如图 4-49(d) 所示。在该运算中，原点相对于结构元素的位置不会对运算结果产生影响。

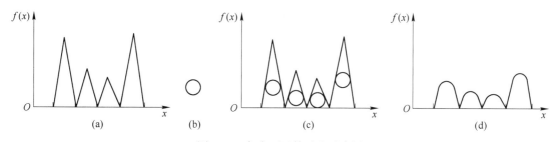

图 4-49　灰度开运算过程示意图

（a）目标图像截面；（b）结构元素 b；（c）结构元素在目标图像下方滑动；（d）开运算的结果

由图 4-49 的开运算过程示意图可以看出，在开运算中所有比球体直径窄的波峰在幅度和尖锐度上都减小了，因此开运算可以去除相对于结构元素较小的明亮细节，保持整体的灰度级和较大的明亮区域不变。

B　灰度闭运算

用结构元素 b 对目标灰度图像 f 进行闭运算可表示为：

$$f \cdot b = (f \oplus b) \ominus b \tag{4-81}$$

闭运算可以通过求出所有结构元素的形态学平移与目标图像上方的极小值点来计算，这种平移方式可以从几何角度直观地用图 4-50 来描述。图 4-50(a) 为目标图像函数 f 当 y 为某一常数时对应的一个截面，图 4-50(b) 为球形结构元素 b 在该截面上的投影。采用该结构元素对目标图像进行闭运算的过程是：在目标图像上方滑动结构元素，如图 4-50(c) 所示；在每一点记求结构元素上的最低点，则由这些最低点构成的集合即为开运算的结果，如图 4-50(d) 所示。在该运算中，原点相对于结构元素的位置不会对运算结果产生影响。

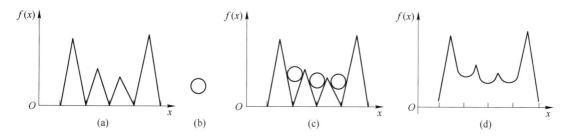

图 4-50　灰度闭运算过程示意图

（a）y 为某常数时的图像截面；（b）结构元素 b；（c）结构元素在目标图像上方滑动；（d）闭运算的结果

由图4-50的闭运算过程示意图可以看出，在开运算中所有比球体直径窄的波谷在幅度和尖锐度上都增加了，因此，闭运算可以除去图像中暗细节部分，相对保持明亮部分不受影响。

图4-51为灰度开运算与灰度闭运算对lena图像进行处理的结果。比较图4-51中的（b）和（a）的lean图像的帽子饰物可以看出：开运算消除了图像中的亮细节，相对地保持了较暗部分不受影响；比较图4-51中的（c）和（a）的lena图像的帽子饰物可以看出：闭运算消除了图像中的暗细节，相对地保持了明亮部分不受影响。

　　　　　　　（a）　　　　　　　　　　　　（b）　　　　　　　　　　　　（c）

图4-51　灰度开运算和闭运算对lena图像进行处理的结果

（a）原图像；（b）灰度开运算结果图像；（c）灰度闭运算结果图像

扫码查看图片

4.4.4　灰度形态学处理算法

在前述4种灰度形态学基本运算的基础上，通过组合可以得到一系列实用的灰度形态学处理算法。

4.4.4.1　形态学平滑

在图像预处理中对图像中的噪声进行滤除是不可缺少的操作，对于灰度图像，滤除噪声就是进行形态学平滑。又因灰度开运算是从图像的下方磨光输入图像灰度表面向上凸出的波峰，可以去除相对于结构元素较小的明亮细节；而灰度闭运算是从图像的上方磨光输入图像灰度表面向下凹入的波谷，可以除去图像中的暗细节。这样，如果把这两种运算组合起来，即先对图像进行灰度开运算，然后再对图像进行灰度闭运算，就会有效地去除图像中的亮和暗的噪声，起到对图像进行平滑处理的作用。设形态学平滑结果图像用 g 表示，则该算法可以用式（4-82）表示为：

$$g = (f \circ b) \cdot b \tag{4-82}$$

图4-52展示了一个通过对添加了椒盐噪声的leana图像进行形态学滤波来验证该算法有效性的例子。图4-52（a）为含椒盐噪声的lena图像，图4-52（b）为对（a）进行开运算的结果。可以看出，图4-52（a）中的亮噪声点已被消除，但暗的噪声点依然存在。图4-52（c）为形态学平滑结果图像，比较图4-52（a）和（c）可以看出，椒盐噪声被有效地消除掉了。

4.4.4.2　形态学梯度

对于二值图像，边缘检测就是对该图像进行边界提取，而对于灰度图像中边缘附近的灰度分布具有较大的梯度，因而可以利用求图像形态学梯度方法来检测图像边缘。与二值图像形态学梯度的定义类似，将灰度膨胀和灰度腐蚀运算相结合可以用于计算灰度图像的形态学梯度。设灰度图像的形态学梯度用 g 表示，则形态学梯度可表示为：

$$g = (f \oplus b) - (f \ominus b) \tag{4-83}$$

图 4-52　对添加椒盐噪声的 lena 图像的形态学平滑

（a）含椒盐噪声的图像；（b）对分图（a）开运算结果；（c）对分图（a）形态学平滑结果

扫码查看图片

图像处理中梯度算子有多种，一般空间梯度算子（如 Sobel、Prewitt、Roberts 等）是利用计算局部差分近似代替微分来求取图像梯度值。但这些算法均对噪声敏感，并且在处理过程中会加强图像中噪声。形态学梯度与之相比虽然也对噪声较敏感，但并不会加强或放大噪声，使用对称的结构元素来求图像的形态学梯度，还可以使求得的边缘受方向的影响减小。

图 4-53 给出了使用 Sobel、Prewitt 和 Roberts 空间梯度算子和形态学梯度算子对 lena 图像进行处理的结果。

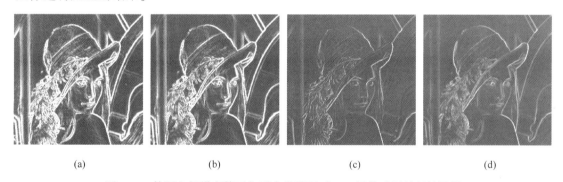

图 4-53　使用空间梯度算子与形态学算子对 lena 图像进行处理的结果

（a）Sobel 边缘提取；（b）Prewitt 边缘提取；（c）Roberts 边缘提取；（d）形态学边缘提取

扫码查看图片

图 4-53（a）为利用 Sobel 算子提取的边缘结果，图 4-53（b）为利用 Prewitt 算子提取的边缘结果，图 4-53（c）为利用 Roberts 算子提取的边缘结果，图 4-53（d）为利用形态算子提取的边缘结果。比较可知，利用形态学算子提取的图像边缘更具实用性。

4.4.4.3　top-hat 变换

高帽（top-hat）变换是一种有效的形态学变换，因其使用类似高帽形状的结构元素进行形态学图像处理而得名。设高帽变换结果用 h 表示，则 top-hat 变换可表示为：

$$h = f - (f \circ b) \tag{4-84}$$

由于开运算具有非扩展性在处理过程中结构元素始终处于图像的下方，top-hat 变换的结果 h 是非负的，它可以检测出图像中较尖锐的波峰。在实际应用中可以利用这一特点，从较暗（亮）的且变换平缓的背景中提取较亮（暗）的细节，比如增强图像中阴影部分细节特征，对灰度图像进行物体分割，检测灰度图像中波峰和波谷及细长图像结构等。

图 4-54 给出了一个利用 top-hat 变换对星云图像进行处理的示例。比较图 4-54 可知，利用 top-hat 变换可以削弱星云对星体的影响。

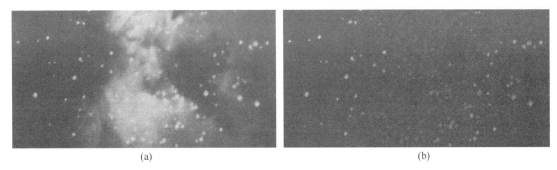

(a)   (b)

图 4-54   top-hat 变换对星云图像进行处理的示例

（a）星云图像；（b）top-hat 变换处理结果

扫码查看图片

5 图 像 定 位

随着精确制导武器的大量应用，侦察图像的目标定位成为军事领域一项关键技术。同时，利用侦察图像确定军事目标的位置也是保障战场态势，跟踪敏感目标的重要手段。利用侦察图像确定地面目标点位置的方法可以分为两大类：一类是利用单幅侦察图像进行地面目标点的定位，称为单像定位；另一类是利用两幅具有一定重叠关系的侦察图像进行地面目标点的定位，称为双像定位。在摄影测量中，两幅具有一定重叠度的侦察图像又称为立体影像或立体像对，因此双像定位又称为立体定位。

5.1 基 础 理 论

无论是单像定位还是双像定位，首先需要了解定位图像的坐标系、方位元素、坐标转换等内容。

5.1.1 特殊点、线、面

对于地面为水平的拍摄图像，像平面与地平面是透视对应关系，存在特殊的点、线、面，如图 5-1(a)所示。

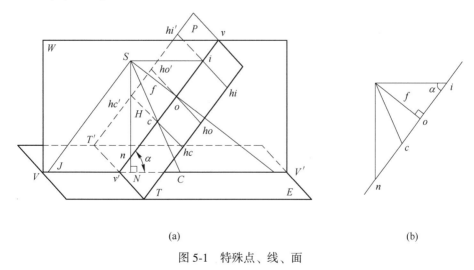

(a)   (b)

图 5-1 特殊点、线、面

E 为地平面，P 为倾斜像平面，像平面与地平面交线 TT' 为透视轴，两平面的夹角 α 为图像倾角，S 为投影中心。

过投影中心 S 作地平面 E 的垂线称为铅垂光线，与像平面 P 的交点 n 称为像底点，与地平面交点称为地底点。S 到 N 的距离即为航高 H。过投影中心 S 作像平面的垂线，称为主光轴，其交点 o 作为像主点，垂距 f 称为主距。过投影中心 S 作 $\angle oSn$ 的平分线与像平面 P 交点 c 称为等角点，与地平面 E 交点 C 称为等角点的共轭点。

过铅垂线 Sn 与主光轴 So 的平面称为主垂面 W，与地平面 E 交线 VV' 称为摄影方向线，与像平面 P 的交线 vv' 称为像片主纵线，表示像平面最大的倾斜方向线。

在主垂面 W 内，过投影中心 S 点作摄影方向线 VV' 的平行线，交像片主纵线 vv' 于 i 点，称为主合点，它是地平面 E 上一组平行于像片主纵线 vv' 的平行线束在像平面 P 上构像的会聚点。过投影中心 S 点作平行线交摄影方向线 VV' 于 J 点，称为主遁点，它是像平面 P 上一组平行于主纵线 vv' 的平行线束在 E 面上构像的会聚点。而像底点 n 是一组垂直于地平面 E 的平行线束在像平面 P 上构像的会聚点。

过像平面 P 上的 i、o、c 点作透视轴 TT' 的平行线，得到 $hihi'$、$hoho'$、$hchc'$，分别称为地平线或真水平线、主横线和等比线。

为方便计算特殊点线之间的关系，将图 5-1(a)中部分点、线分离出来，如图 5-1(b)所示。则可以求得特殊点线之间的关系为：

$$d_{on} = f\tan\alpha \quad d_{oc} = f\frac{\tan\alpha}{2} \quad d_{oi} = f\cot\alpha \quad d_{si} = \frac{f}{\sin\alpha}$$

5.1.2　常用坐标系

判读计算的任务是根据图像上像点的位置确定相应的地面点的空间位置，进而计算相应的形状、大小、位置特征。为此，首先必须选择适当的坐标系定量地描述像点和地面点然后才能实现坐标系的变换，从像方量测值求出相应点在物方的坐标。判读计算中常用的坐标系有两大类：一类是用于描述像点的位置，称为像方空间坐标系；另一类是用于描述地面点的位置，称为物方空间坐标系。

5.1.2.1　像方空间坐标系

像方空间坐标系主要包括像平面坐标系、像空间坐标系和像空间辅助坐标系三大类。以下分别进行介绍。

A　像平面坐标系

像平面坐标系用以表示像点在像平面上的位置，通常采用右手坐标系，x、y 轴的选择按需要而定，如果根据框标来确定像平面坐标系，称为像框标坐标系。如图 5-2(a)所示，以像片上对边框标的连线作为 x、y 轴，其交点 P 作为坐标原点，与航线方向相近的连线为 x 轴。在坐标量测中，像点坐标值常用此坐标系表示。若框标位于像片的四个角上，则以对角框标连线夹角的平分线确定 x、y 轴，交点为坐标原点，如图 5-2(b)所示。

在判读计算中，像点的坐标应采用以像主点为原点的像平面坐标系中的坐标。为此，当像主点与框标连线交点不重合时，须将像框标坐标系平移至像主点，如图 5-3 所示。当像主点在像框标坐标系中的坐标为 (x_0, y_0) 时，则量测出的像点坐标 (x, y) 化算到以像主点为原点的像平面坐标系中的坐标为 $(x-x_0, y-y_0)$。

B　像空间坐标系

为了便于空间坐标变换，需要建立起描述像点在像空间位置的坐标系，即像空间坐标系。以摄影中心 S 为坐标原点，直角坐标系中的 x、y 轴与像平面坐标系的 x、y 轴平行，z 轴与主光轴重合，形成像空间右手直角坐标系 $S\text{-}xyz$，如图 5-4 所示。在这个坐标系中，

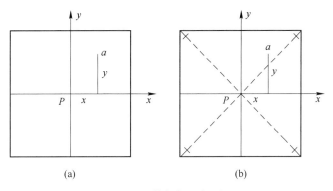

图 5-2　像框标坐标系

每个像点的 z 坐标都等于 $-f$，而 x、y 坐标也就是像点的像平面坐标 x、y。因此，像点的像空间坐标表示为 $(x, y, -f)$。像空间坐标系是随着像片的空间位置而定，所以每张像片的像空间坐标系是各自独立的。

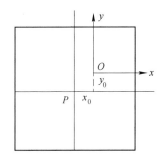
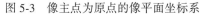

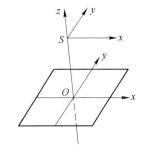

图 5-3　像主点为原点的像平面坐标系　　　图 5-4　像空间坐标系

C　像空间辅助坐标系

像点的像空间坐标可直接以像平面坐标求得，但这种坐标的特点是每张像片的像空间坐标系不统一，这给计算带来困难。为此，需要建立一种相对统一的坐标系（称为像空间辅助坐标系），用 $S\text{-}XYZ$ 表示。像空间辅助坐标系主要有以下三种形式：

（1）取铅垂方向为 Z 轴，航向为 X 轴，构成右手直角坐标系，如图 5-5(a)所示；

（2）以每条航线内第一张像片的像空间坐标系作为像空间辅助坐标系，如图 5-5(b)所示；

（3）以每个像片对的左片摄影中心为坐标原点，摄影基线方向为 X 轴，以摄影基线及左片主光轴构成的面作为 XZ 平面，构成右手直角坐标系，如图 5-5(c)所示。

5.1.2.2　物方空间坐标系

物方空间坐标系用于描述地面点在物方空间的位置，主要有三种坐标系。

A　摄影测量坐标系

将像空间辅助坐标系 $S\text{-}XYZ$ 沿着 Z 轴反方向平移至地面点 P，得到的坐标系 $P\text{-}X_pY_pZ_p$ 称为摄影测量坐标系，如图 5-5 所示。由于它与像空间辅助坐标系平行，因此很容易由像点的像空间辅助坐标系求得相应的地面点的摄影测量坐标。

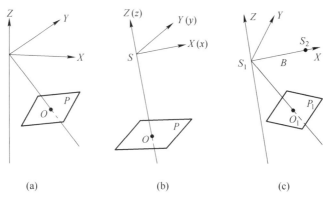

图 5-5　像空间辅助坐标系

（B 为两个摄影中心的距离）

B　地面测量坐标系

地面测量坐标系通常指地图投影坐标系，也就是国家测图所采用的高斯-克吕格 3°带或 6°带投影的平面直角坐标系和高程系，两者组成的空间直角坐标系是左手系，用 T-$X_tY_tZ_t$ 表示，如图 5-6(a)所示。

C　地面摄影测量坐标系

由于摄影测量坐标系采用的是右手系，而地面测量坐标系采用的是左手系，这给由摄影测量坐标到地面测量坐标的转换带来了困难。为此，在摄影测量坐标系与地面测量坐标系之间建立一种过渡性的坐标系，称为地面摄影测量坐标系，用 D-$X_{tp}Y_{tp}Z_{tp}$ 表示，其坐标原点在测区内的某一地面点上，轴 X_{tp} 轴与 X_p 轴方向大致一致，但为水平，Z_{tp} 轴铅垂，构成右手直角坐标系，如图 5-6(b)所示。摄影测量中，首先将摄影测量坐标转换成地面摄影测量坐标，最后再转换成地面测量坐标，如图 5-6(c)所示。

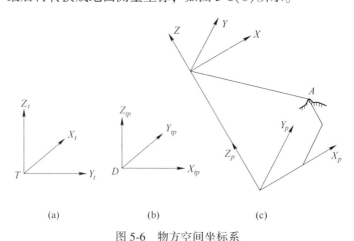

图 5-6　物方空间坐标系

5.1.3　像平面像点坐标

像方空间坐标系一旦确定后，就可以确定坐标中任何一点的坐标。但是数字图像是以离散点构成，相同的数字图像在不同的显示平台上或相同显示平台不同显示设置情况，显示的图像大小不同，故在显示的数字图像上确定像点坐标与传统光化底片或图像上确定像点坐标有较大差别。

数字图像是由数字传感器直接获取的，数字传感器是由感光单元点排列组成，感光单元点距为 d。例如面阵 CCD 示意图如图 5-7 所示。很明显，图中像点 a 的坐标 $(x_1，y_1) = (3d，2d)$。因此，在图像中确定像点 a 的坐标，只需要确定像点 a 距原点的点距倍数，则像点 a 坐标可以表示为：

$$\begin{cases} x = (n - N_0)d \\ y = (M_0 - m)d \end{cases}, \quad \begin{cases} N_0 = \dfrac{N + 1}{2} \\ M_0 = \dfrac{M + 1}{2} \end{cases} \tag{5-1}$$

式中，m、n 为像点在数字图像中的行列数；M_0、N_0 为数字图像的行列中心数；M、N 为数字图像的总行列数。

当然也可以像传统光化图像测量方式一样，在显示器上进行直接测量确定。如图 5-8 所示，在屏幕显示中有一个像点 a，距图像显示中心实际距离分别为 L_x、L_y，则像点 a 坐标可以表示为：

$$(x，y) = \left(L_x \frac{d}{d_x}，L_y \frac{d}{d_y} \right) \tag{5-2}$$

式中，d_x、d_y 分别为屏幕显示时设置的横向和纵向显示分辨率点距。

例如，液晶显示器物理分辨率为 $N \times 900$，显示点距为 d_0，而显示时设置的显示分辨率为 1024×768，则：

$$d_x = \frac{1440d_0}{1024}，\quad d_y = \frac{900d_0}{768} \tag{5-3}$$

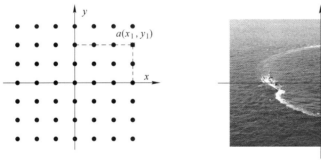

图 5-7　面阵 CCD 示意图

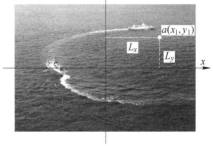

图 5-8　显示器直接测量

如果是数字化图像，其像点坐标确定也是按式(5-1)进行，只是式中 d（cm）需要按式(5-4)进行计算：

$$d = \frac{2.54}{pk} \tag{5-4}$$

式中，p 为扫描分辨率，像素/英寸；k 为图像放大倍率。

5.1.4　方位元素

用摄影测量方法，研究被摄物体的几何信息和物理信息时，必须建立该物体与像片之间的数学关系。为此，首先要确定航空摄影瞬间摄影中心与像片在地面设定的空间坐标系中的位置与姿态，描述这些位置和姿态的参数称为像片的方位元素。其中，表示摄影中心与像片之间相关位置的参数称为内方位元素，表示摄影中心和像片在地面坐标系中的位置和姿态的参数称为外方位元素。

5.1.4.1 内方位元素

内方位元素是描述摄影中心 S 与像片之间相互位置的参数，包括三个参数：摄影中心 S，S 到像片的垂距 f（也就是主距），以及像主点 O 在像框标坐标系中的坐标$(x_0，y_0)$，如图 5-9 所示。

内方位元素值一般视为已知，它由制造厂家通过摄影机鉴定设备检验得到，检验的数据写在仪器说明书上。在制造相机时，一般应将像主点置于框标连线交点上，但安装中有误差，所以内方位元素中的 x_0、y_0 是一个微小值。内方位元素值的正确与否，直接影响测图的精度，因此对相机须作定期的鉴定。

5.1.4.2 外方位元素

确定摄影光束在摄影瞬间的空间位置和姿态的参数，称为外方位元素。一张图像的外方位元素包括 6 个参数，其中有 3 个是直线元素，用于描述摄影中心的空间坐标值；另外 3 个为角元素，用于表达像片面的空间姿态。

A 三个直线元素

三个直线元素是反映摄影瞬间，摄影中心 S 在选定的地面空间坐标系中的坐标值，用 $(X_S，Y_S，Z_S)$ 表示。通常选用地面摄影测量坐标系，其中 X_{tp} 轴取与 Y_t 轴重合，Y_{tp} 轴取与 X_t 重合，构成右手直角坐标系，如图 5-10 所示。

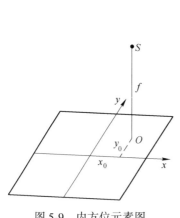
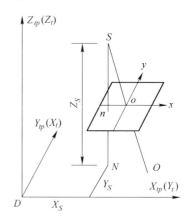

图 5-9 内方位元素图   图 5-10 外方位直线元素

B 三个角元素

外方位三个角元素可看作是相机光轴从起始的铅垂方向绕空间坐标轴按某种次序连续三次旋转形成的。先绕第一轴旋转一个角度，再绕变动后的第二轴旋转一个角度，两次旋转的结果达到恢复相机主光轴的空间方位；最后绕过两次变动后的第三轴（即主光轴）旋转一个角度，亦即像片在其自身平面内绕像主点旋转一个角度。所谓第一轴，是指绕它旋转第一个角度的轴，也称为主轴，第二轴也称为副轴。根据不同仪器的设计需要，角元素有如下三种表达形式。

（1）以 Y 轴为主轴的 φ-ω-κ 系统。以摄影中心 S 为原点，建立像空间辅助坐标系 $S-XYZ$，与地面摄影测量坐标系 $D-X_{tp}Y_{tp}Z_{tp}$ 轴系相互平行，如图 5-11（a）所示。坐标旋转为 Y–X–Z 的顺序，依次转动 φ、ω 和 κ。其中，φ 表示航向倾角，它是指主光轴 So 在 XZ 平面的投影与 Z 轴的夹角；ω 表示旁向倾角，它是指主光轴 So 与其在 XZ 平面上的投影之间的夹角；κ 表示像片旋角，它是指 YSo 平面在像片上的交线与像平面坐标系的 y 轴之间的夹角。

X 轴为航向，所以习惯称 φ 为俯仰角、ω 为翻滚角、κ 为偏航角。转角的正负号，国际上规定绕轴逆时针方向旋转（从旋转轴的正向的一端面对着坐标原点看）为正，反之为负。我国习惯上规定 φ 顺时针方向旋转为正，ω、κ 以逆时针方向为正，即上仰、右侧滚、左偏航为正。

（2）以 X 轴为主轴的 ω'-φ'-κ' 系统。以 X 轴为主轴的旋转方式如图 5-11（b）所示，坐标旋转为 X-Y-Z 的顺序，依次转动 ω'、φ' 和 κ' 角度。其中，ω' 表示旁向倾角，它是指主光轴 So 在 YZ 平面上的投影与 Z 轴的夹角；φ' 表示航向倾角，它是指主光轴 So 与其在 YZ 平面的投影之间的夹角；κ' 表示像片旋角，它指像片面上 x 轴与 XSo 平面在像片面上的交线之间的夹角。

由于 X 轴为航向，所以将 ω'、φ' 和 κ' 也称为翻滚角、俯仰角和偏航角。转角 φ'、ω'、κ' 的正负号定义与 φ、ω、κ 相似，ω'、κ' 以逆时针方向为正，φ' 顺时针方向旋转为正。

（3）以 Z 轴为主轴的 A-α-κ_v 系统。以 Z 轴为主轴的旋转方式如图 5-11（c）所示，坐标旋转为 Z-X-Y 的顺序，依次转动 A、α 和 κ_v。其中，A 表示像片主垂面方向角，亦即摄影方向线与 Y_{tp} 轴之间的夹角；α 表示像片倾角，它是指主光轴 So 与铅垂线 SN 之间的夹角；κ_v 表示像片旋角，它是指像片上主纵线与像片 y 轴之间的夹角。转角 A、α、κ_v 的正负号定义为：α、κ_v 以逆时针方向为正，A 顺时针方向旋转为正。

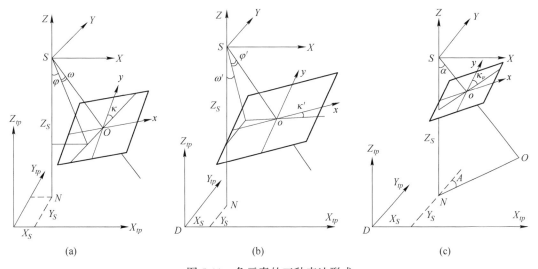

图 5-11　角元素的三种表达形式

（a）φ-ω-κ 系统；（b）ω'-φ'-κ' 系统；（c）A-α-κ_v 系统

综上所述，当求得像片的内外方位元素后，就能恢复出摄影光束的形式和空间位置，重建被摄物体的立体模型，用以获取地面地物目标的几何信息。

5.1.5　空间直角坐标变换

在判读计算中，为利用像点坐标计算相应地面点坐标，需要建立像点在不同空间直角坐标系之间的坐标变换关系，形成像点坐标与地面摄影测量坐标系中的坐标关系。

5.1.5.1　φ-ω-κ 系统

从图 5-11(a)可以看出，首先绕主轴 Y 旋转 φ，使 XYZ 坐标系变成 $X_\varphi Y_\varphi Z_\varphi$ 坐标系；然后绕旋转后 X_φ 轴（副轴）旋转 ω，使 $X_\varphi Y_\varphi Z_\varphi$ 坐标系变到 $X_{\varphi\omega} Y_{\varphi\omega} Z_{\varphi\omega}$ 坐标系，达到 $Z_{\varphi\omega}$ 与主光轴 S_0 重合；最后绕经过 φ、ω 旋转后的 $Z_{\varphi\omega}$（第三轴）旋转 κ，到与像空间坐标系 S-xyz 重合为止。

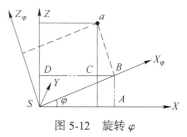

图 5-12　旋转 φ

（1）当坐标系 S-XYZ 绕 Y 旋转 φ 角后得到 S-$X_\varphi Y_\varphi Z_\varphi$ 时，由于像点 a 不变，则像点 a 在两种坐标系中的坐标变换如图 5-12 所示。由于图中 Y 坐标不变，则 $(X_\varphi, Y_\varphi, Z_\varphi)$ 到 (X, Y, Z) 之间转换的表达式为：

$$\begin{cases} X = X_\varphi\cos\varphi - Z_\varphi\sin\varphi \\ Y = Y_\varphi \\ Z = X_\varphi\sin\varphi + Z_\varphi\cos\varphi \end{cases}$$

写成矩阵形式为：

$$\begin{pmatrix} X \\ Y \\ Z \end{pmatrix} = \begin{pmatrix} \cos\varphi & 0 & -\sin\varphi \\ 0 & 1 & 0 \\ \sin\varphi & 0 & \cos\varphi \end{pmatrix}\begin{pmatrix} X_\varphi \\ Y_\varphi \\ Z_\varphi \end{pmatrix} = \boldsymbol{R}_\varphi \begin{pmatrix} X_\varphi \\ Y_\varphi \\ Z_\varphi \end{pmatrix} \quad (5\text{-}5)$$

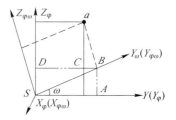

图 5-13　旋转 ω

（2）坐标系 S-$X_\varphi Y_\varphi Z_\varphi$ 绕 X_φ 旋转 ω 角后，得到坐标系 S-$X_{\varphi\omega} Y_{\varphi\omega} Z_{\varphi\omega}$，此时像点在两种坐标系中的坐标关系如图 5-13 所示。由于图中 X_φ 坐标不变，则 $(X_{\varphi\omega}, Y_{\varphi\omega}, Z_{\varphi\omega})$ 到 $(X_\varphi, Y_\varphi, Z_\varphi)$ 之间转换的表达式为：

$$\begin{cases} X_\varphi = X_{\varphi\omega} \\ Y_\varphi = Y_{\varphi\omega}\cos\omega - Z_{\varphi\omega}\sin\omega \\ Z_\varphi = Y_{\varphi\omega}\sin\omega + Z_{\varphi\omega}\cos\omega \end{cases}$$

写成矩阵形式为：

$$\begin{pmatrix} X_\varphi \\ Y_\varphi \\ Z_\varphi \end{pmatrix} = \begin{pmatrix} 1 & 0 & 0 \\ 0 & \cos\varphi & -\sin\varphi \\ 0 & \sin\varphi & \cos\varphi \end{pmatrix}\begin{pmatrix} X_{\varphi\omega} \\ Y_{\varphi\omega} \\ Z_{\varphi\omega} \end{pmatrix} = R_\omega \begin{pmatrix} X_{\varphi\omega} \\ Y_{\varphi\omega} \\ Z_{\varphi\omega} \end{pmatrix}$$

$$(5\text{-}6)$$

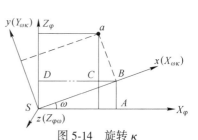

图 5-14　旋转 κ

（3）坐标系 S-$X_{\varphi\omega} Y_{\varphi\omega} Z_{\varphi\omega}$ 绕 $Z_{\varphi\omega}$ 轴旋转后，得到坐标系 S-xyz，此时像点 a 在两种坐标系中的坐标关系如图 5-14 所示。由于图中 $Z_{\varphi\omega}$ 即 z 坐标不变，(x, y, z) 到 $(X_{\varphi\omega}, Y_{\varphi\omega}, Z_{\varphi\omega})$ 之间转换的表达式为：

$$\begin{cases} X_{\varphi\omega} = x\cos\kappa - y\sin\kappa \\ Y_{\varphi\omega} = x\sin\kappa + y\cos\kappa \\ Z_{\varphi\omega} = z = -f \end{cases}$$

写成矩阵形式为:

$$\begin{pmatrix} X_{\varphi\omega} \\ Y_{\varphi\omega} \\ Z_{\varphi\omega} \end{pmatrix} = \begin{pmatrix} \cos\kappa & -\sin\kappa & 0 \\ \sin\kappa & \cos\kappa & 0 \\ 0 & 0 & 1 \end{pmatrix} \begin{pmatrix} x \\ y \\ -f \end{pmatrix} = \boldsymbol{R}_\kappa \begin{pmatrix} x \\ y \\ -f \end{pmatrix} \tag{5-7}$$

将式(5-7)代入式(5-6)后,再代入式(5-5),得:

$$\begin{pmatrix} X \\ Y \\ Z \end{pmatrix} = \begin{pmatrix} \cos\varphi & 0 & -\sin\varphi \\ 0 & 1 & 0 \\ \sin\varphi & 0 & \cos\varphi \end{pmatrix} \begin{pmatrix} 1 & 0 & 0 \\ 0 & \cos\omega & -\sin\omega \\ 0 & \sin\omega & \cos\omega \end{pmatrix} \begin{pmatrix} \cos\kappa & -\sin\kappa & 0 \\ \sin\kappa & \cos\kappa & 0 \\ 0 & 0 & 1 \end{pmatrix} \begin{pmatrix} x \\ y \\ -f \end{pmatrix}$$

即:

$$\begin{pmatrix} X \\ Y \\ Z \end{pmatrix} = \boldsymbol{R}_\varphi \boldsymbol{R}_\omega \boldsymbol{R}_\kappa \begin{pmatrix} x \\ y \\ -f \end{pmatrix} = \boldsymbol{R} \begin{pmatrix} x \\ y \\ -f \end{pmatrix} \quad \text{或} \quad \begin{pmatrix} X \\ Y \\ Z \end{pmatrix} = \begin{pmatrix} a_1 & a_2 & a_3 \\ b_1 & b_2 & b_3 \\ c_1 & c_2 & c_3 \end{pmatrix} \begin{pmatrix} x \\ y \\ -f \end{pmatrix} \tag{5-8}$$

式中,$\boldsymbol{R}$ 为坐标旋转矩阵,或坐标转换矩阵。

$$\begin{cases} a_1 = \cos\varphi\cos\kappa - \sin\varphi\sin\omega\sin\kappa \\ a_2 = -\cos\varphi\sin\kappa - \sin\varphi\sin\omega\cos\kappa \\ a_3 = -\sin\varphi\cos\omega \\ b_1 = \cos\omega\sin\kappa \\ b_2 = \cos\omega\cos\kappa \\ b_3 = -\sin\omega \\ c_1 = \sin\varphi\cos\kappa + \cos\varphi\sin\omega\sin\kappa \\ c_2 = -\sin\varphi\sin\kappa + \cos\varphi\sin\omega\cos\kappa \\ c_3 = \cos\varphi\cos\omega \end{cases} \tag{5-9}$$

注意:式(5-7)和式(5-8)中,图像坐标系采用坐标原点平移到像主点的像平面坐标系,即像点坐标 (x, y) 的坐标原点为像主点。

5.1.5.2　φ'-ω'-κ' 系统

φ'-ω'-κ' 系统首先将坐标系 S-XYZ 绕主轴旋转 ω',变为坐标系 S-$X_{\omega'}Y_{\omega'}Z_{\omega'}$;然后绕旋转 ω' 后的副轴 $Y_{\omega'}$ 旋转 φ',得到坐标系 S-$X_{\omega'\varphi'}Y_{\omega'\varphi'}Z_{\omega'\varphi'}$,这时 $Z_{\omega'\varphi'}$ 与主光轴 So 重合;最后绕 $Z_{\omega'\varphi'}$(即 Z 轴)旋转 κ',得到 S-xyz。

用上述类似的方法,可得到 $\boldsymbol{R}_{\omega'}$、$\boldsymbol{R}_{\varphi'}$ 和 $\boldsymbol{R}_{\kappa'}$ 三个矩阵,将这三个矩阵进行联乘,可得:

$$\begin{pmatrix} X \\ Y \\ Z \end{pmatrix} = \begin{pmatrix} 1 & 0 & 0 \\ 0 & \cos\omega' & -\sin\omega' \\ 0 & \sin\omega' & \cos\omega' \end{pmatrix} \begin{pmatrix} \cos\varphi' & 0 & -\sin\varphi' \\ 0 & 1 & 0 \\ \sin\varphi' & 0 & \cos\varphi' \end{pmatrix} \begin{pmatrix} \cos\kappa' & -\sin\kappa' & 0 \\ \sin\kappa' & \cos\kappa' & 0 \\ 0 & 0 & 1 \end{pmatrix} \begin{pmatrix} x \\ y \\ -f \end{pmatrix}$$

即:

$$\begin{pmatrix} X \\ Y \\ Z \end{pmatrix} = \boldsymbol{R}_{\varphi'}\boldsymbol{R}_{\omega'}\boldsymbol{R}_{\kappa'}\begin{pmatrix} x \\ y \\ -f \end{pmatrix} = \boldsymbol{R}\begin{pmatrix} x \\ y \\ -f \end{pmatrix} \quad 或 \quad \begin{pmatrix} X \\ Y \\ Z \end{pmatrix} = \begin{pmatrix} a_1 & a_2 & a_3 \\ b_1 & b_2 & b_3 \\ c_1 & c_2 & c_3 \end{pmatrix}\begin{pmatrix} x \\ y \\ -f \end{pmatrix} \qquad (5\text{-}10)$$

式中，

$$\begin{cases} a_1 = \cos\varphi'\cos\kappa' \\ a_2 = -\sin\varphi'\sin\kappa' \\ a_3 = -\sin\varphi' \\ b_1 = \cos\omega'\sin\kappa' - \sin\omega'\sin\varphi'\cos\kappa' \\ b_2 = \cos\omega'\cos\kappa' + \sin\omega'\sin\varphi'\cos\kappa' \\ b_3 = -\sin\omega'\cos\varphi' \\ c_1 = \sin\varphi'\sin\kappa' + \cos\omega'\sin\varphi'\cos\kappa' \\ c_2 = \sin\omega'\cos\kappa' - \cos\omega'\sin\varphi'\sin\kappa' \\ c_3 = \cos\omega'\cos\varphi' \end{cases} \qquad (5\text{-}11)$$

5.1.5.3　A-α-κ_ν 系统

类似上述方法，但要注意角 A 的值以顺时针方向为正，可以得到类似的关系为：

$$\begin{pmatrix} X \\ Y \\ Z \end{pmatrix} = \begin{pmatrix} \cos A & \sin A & 0 \\ -\sin A & \cos A & 0 \\ 0 & 0 & 1 \end{pmatrix}\begin{pmatrix} 1 & 0 & 0 \\ 0 & \cos\alpha & -\sin\alpha \\ 0 & \sin\alpha & \cos\alpha \end{pmatrix}\begin{pmatrix} \cos\kappa_\nu & -\sin\kappa_\nu & 0 \\ \sin\kappa_\nu & \cos\kappa_\nu & 0 \\ 0 & 0 & 1 \end{pmatrix}\begin{pmatrix} x \\ y \\ -f \end{pmatrix}$$

即：

$$\begin{pmatrix} X \\ Y \\ Z \end{pmatrix} = \boldsymbol{R}_A\boldsymbol{R}_\alpha\boldsymbol{R}_{\kappa_\nu}\begin{pmatrix} x \\ y \\ -f \end{pmatrix} = \boldsymbol{R}\begin{pmatrix} x \\ y \\ -f \end{pmatrix} \quad 或 \quad \begin{pmatrix} X \\ Y \\ Z \end{pmatrix} = \begin{pmatrix} a_1 & a_2 & a_3 \\ b_1 & b_2 & b_3 \\ c_1 & c_2 & c_3 \end{pmatrix}\begin{pmatrix} x \\ y \\ -f \end{pmatrix} \qquad (5\text{-}12)$$

式中，

$$\begin{cases} a_1 = \cos A\cos\kappa_\nu + \sin A\cos\alpha\sin\kappa_\nu \\ a_2 = -\cos A\sin\kappa_\nu + \sin A\cos\alpha\cos\kappa_\nu \\ a_3 = -\sin A\sin\alpha \\ b_1 = -\sin A\cos\kappa_\nu + \cos A\cos\alpha\sin\kappa_\nu \\ b_2 = \sin A\sin\kappa_\nu + \cos A\cos\alpha\cos\kappa_\nu \\ b_3 = -\cos A\sin\alpha \\ c_1 = \sin\alpha\sin\kappa_\nu \\ c_2 = \sin\alpha\cos\kappa_\nu \\ c_3 = \cos\alpha \end{cases} \qquad (5\text{-}13)$$

5.1.5.4　旋转矩阵性质

在式(5-8)、式(5-10)和式(5-12)中都有一个 $\boldsymbol{R}$，但值得注意的是，对于同一张像片在同一坐标系中，当取不同旋角系统，最终坐标转换矩阵是相同的，即由不同旋角系统的角度计算的旋转矩阵式是唯一的。若已经求得旋转矩阵中9个元素值，可分别根据式

（5-8）、式（5-10）和式（5-12）求出相应的角元素，即：

$$\begin{cases} \tan\varphi = -\dfrac{a_3}{c_3} \\ \sin\omega = -b_3 \\ \tan\kappa = \dfrac{b_1}{b_2} \end{cases} \quad \begin{cases} \tan\omega' = -\dfrac{b_3}{c_3} \\ \sin\varphi' = -a_3 \\ \tan\kappa' = -\dfrac{a_2}{a_1} \end{cases} \quad \begin{cases} \tan A = \dfrac{a_3}{b_3} \\ \cos\alpha = c_3 \\ \tan\kappa_\nu = \dfrac{c_1}{c_2} \end{cases} \tag{5-14}$$

旋转矩阵 $\boldsymbol{R}$ 中 9 个元素只有 3 个是独立的，且不能在同一行或同一列，其他 6 个元素可以由这 3 个独立元素确定。所以，旋转矩阵 $\boldsymbol{R}$ 可以由 3 个角元素构成，也可以由 3 个独立元素构成。例如，$\varphi\text{-}\omega\text{-}\kappa$ 系统中，可以选 a_2、a_3、b_3 或 b_1、b_3、c_1 作为独立元素。

旋转矩阵 $\boldsymbol{R}$ 是一个归一化正交矩阵，所以

$$\begin{pmatrix} x \\ y \\ -f \end{pmatrix} = \begin{pmatrix} a_1 & b_1 & c_1 \\ a_2 & b_2 & c_2 \\ a_3 & b_3 & c_3 \end{pmatrix} \begin{pmatrix} X \\ Y \\ Z \end{pmatrix} \tag{5-15}$$

5.1.6 中心投影构像方程

在判读计算中，为利用像点计算物点的特征，则需要建立起中心投影的构像模型，即中心投影构像方程。

选取地面摄影测量坐标系 $D\text{-}X_{tp}Y_{tp}Z_{tp}$ 及像空间辅助坐标系 $S\text{-}XYZ$，并使两种坐标系的坐标轴彼此平行，如图 5-15 所示。

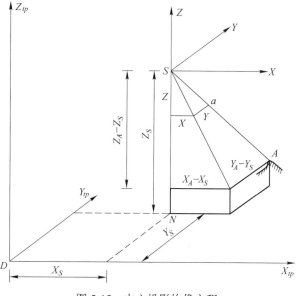

图 5-15　中心投影构像方程

设投影中心 S 与地面点 A 在地面摄影测量坐标系 $D\text{-}X_{tp}Y_{tp}Z_{tp}$ 中的坐标分别为 $(X_S,$ $Y_S,Z_S)$（即图像外方位直线元素）和 (X_A,Y_A,Z_A)，则地面点 A 在像空间辅助坐标系中的坐标为 $(X_A-X_S,Y_A-Y_S,Z_A-Z_S)$，而相应像点 a 在像空间辅助坐标系中的坐标为

(X, Y, Z)。

由于 S、a、A 三点共线，因此，从相似三角形关系得：

$$\frac{X}{X_A - X_S} = \frac{Y}{Y_A - Y_S} = \frac{Z}{Z_A - Z_S} = \frac{1}{\lambda} \tag{5-16}$$

式中，λ 为比例因子。

式(5-16)可以写成矩阵形式为：

$$\begin{pmatrix} X \\ Y \\ Z \end{pmatrix} = \frac{1}{\lambda} \begin{pmatrix} X_A - X_S \\ Y_A - Y_S \\ Z_A - Z_S \end{pmatrix} \tag{5-17}$$

将式(5-15)式代入式(5-17)中，得：

$$\begin{pmatrix} x \\ y \\ -f \end{pmatrix} = \frac{1}{\lambda} \begin{pmatrix} a_1 & b_1 & c_1 \\ a_2 & b_2 & c_2 \\ a_3 & b_3 & c_3 \end{pmatrix} \begin{pmatrix} X_A - X_S \\ Y_A - Y_S \\ Z_A - Z_S \end{pmatrix}$$

即：

$$\begin{cases} x = \frac{1}{\lambda} \left[a_1(X_A - X_S) + b_1(Y_A - Y_S) + c_1(Z_A - Z_S) \right] \\ y = \frac{1}{\lambda} \left[a_2(X_A - X_S) + b_2(Y_A - Y_S) + c_2(Z_A - Z_S) \right] \\ -f = \frac{1}{\lambda} \left[a_3(X_A - X_S) + b_3(Y_A - Y_S) + c_3(Z_A - Z_S) \right] \end{cases}$$

用第三式除以第一、第二式，得：

$$\begin{cases} x = -f \dfrac{a_1(X_A - X_S) + b_1(Y_A - Y_S) + c_1(Z_A - Z_S)}{a_3(X_A - X_S) + b_3(Y_A - Y_S) + c_3(Z_A - Z_S)} \\ y = -f \dfrac{a_2(X_A - X_S) + b_2(Y_A - Y_S) + c_2(Z_A - Z_S)}{a_3(X_A - X_S) + b_3(Y_A - Y_S) + c_3(Z_A - Z_S)} \end{cases} \tag{5-18}$$

式(5-18)就是中心投影构像的基本公式，即共线方程，它是摄影测量中最基本、最重要的公式，其逆算式为：

$$\begin{cases} X_A - X_S = (Z_A - Z_S) \dfrac{a_1 x + a_2 y - a_3 f}{c_1 x + c_2 y - c_3 f} \\ Y_A - Y_S = (Z_A - Z_S) \dfrac{b_1 x + b_2 y - b_3 f}{c_1 x + c_2 y - c_3 f} \end{cases} \tag{5-19}$$

5.2 单像定位方法

随着精确制导武器的大量应用，基于侦察图像的目标定位技术是一项关键性的实用技术。另外，利用侦察图像确定被探测目标位置也是侦察的重要使命之一。利用侦察图像确定地面目标点的位置的方法可以分为两大类：一类是利用单幅侦察图像进行地面目标点的定位，称为单像定位，基于单幅图像的目标点定位需要数字地面模型 DTM 的支持才能完成；另一类是利用两幅具有一定重叠关系的侦察图像进行地面目标点的定位，称为双像定位。在摄影测量中，两幅具有一定重叠度的侦察图像又称为立体图像或立体像对，因此双像定位又称为立体定位。

5.2.1 基本原理

单像定位的基本原理：利用空间直线（成像时的投影光线）与空间曲面（地球表面）相交来确定地面点的空间位置，如图 5-16 所示。只要确定了空间上点 S 坐标$(X_S，Y_S，Z_S)$和点 a 坐标$(X，Y，Z)$，就能确定空间中一条直线 Sa，其延长线必然交地面于点 A。并且可以根据直线 Sa 和地面高程模型计算出点 A 的坐标$(X_A，Y_A，Z_A)$。

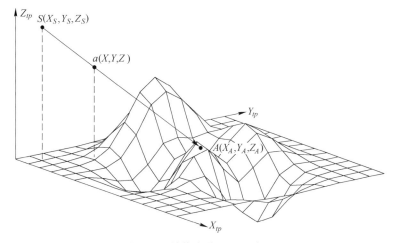

图 5-16　单像定位原理示意图

例如，对于画幅式侦察图像，根据式(5-19)表示的共线方程，可以将镜头中心 S〔地面摄影坐标系中坐标为$(X_S，Y_S，Z_S)$〕、地面物点 A〔地面摄影坐标系中坐标为$(X_S，Y_S，Z_S)$〕和像点 a〔像平面坐标系中坐标为$(x，y)$〕的关系写成：

$$\begin{cases} X_A = X_S + (Z_A - Z_S)\,\dfrac{a_1 x + a_2 y - a_3 f}{c_1 x + c_2 y - c_3 f} \\[4mm] Y_A = Y_S + (Z_A - Z_S)\,\dfrac{b_1 x + b_2 y - b_3 f}{c_1 x + c_2 y - c_3 f} \end{cases} \tag{5-20}$$

从式(5-20)可以看出，只要镜头中心 S〔坐标为$(X_S，Y_S，Z_S)$〕、像点 a〔坐标为$(x，y)$〕和目标点的地面高程 Z_A，就可以得到目标点在地面摄影坐标系中的坐标$(X_A，Y_A，Z_A)$。

5.2.2 解算过程

在实际解算的过程中，像点的像平面坐标$(x，y)$可以从图像上测量出来，对应的目标点的 Z_A 值可以从数字地面模型 DTM 中去查找。由于数字地面模型中只存储了一些规则网格上的高程，若对应目标点的$(X_A，Y_A)$坐标与 DTM 网格点的平面坐标不一致时，可以用内插的方法求出目标点的 Z_A 值。从 DTM 中查找目标点 Z_A 值是根据目标点$(X_A，Y_A)$

坐标进行的，而计算目标点$(X_A，Y_A)$坐标又需要知道目标点的Z_A值，因此，单像定位解算过程需要用逐次趋近法完成，具体的计算过程如下：

（1）获取图像的外方位元素$(X_S、Y_S、Z_S、\varphi、\omega、\kappa)$、测量出目标点在像平面坐标系中坐标为$(x，y)$，设定目标点的近似高程$Z'_A$值；

（2）按照式$(5\text{-}20)$计算出目标点在地面摄影坐标系中坐标$(X_A，Y_A)$；

（3）按照目标点坐标$(X_A，Y_A)$，从数字地面模型中查找或内插出对应点的高程值Z''_A；

（4）比较前后两次的目标点高程或平面坐标，比较差值是否小于限差。如果小于限差，转到步骤（5），否则用新的高程值作为目标点的近似高程值，转至步骤（2）；

（5）输出目标点的位置坐标$(X_A，Y_A，Z_A)$。

5.3　双像定位方法

基于单幅图像的目标点定位需要数字地面模型 DTM 的支持，而获取目标区域的 DTM 又不是一件简单的工作。双像定位则不需要数字地面模型 DTM 的支持。

5.3.1　基本原理

双像定位的基本原理：依据空间直线（投影光线）交会的原理确定地面目标点的空间位置，如图 5-17 所示。确定了空间上点$S_1[$坐标为$(X_{S_1}，Y_{S_1}，Z_{S_1})]$和点$a_1[$坐标为$(X_1，Y_1，Z_1)]$，就能确定空间中一条直线$S_1a_1$；确定了空间上点$S_2[$坐标为$(X_{S_2}，Y_{S_2}，Z_{S_2})]$和点$a_2[$坐标为$(X_2，Y_2，Z_2)]$，就能确定空间中一条直线$S_2a_2$。如果点$a_1$和点$a_2$是同名像点（相同地物形成的像点），则$S_1a_1$和$S_2a_2$延长线必然交地面于点$A$。并且可以根据直线$S_1a_1$和$S_2a_2$在空间交点计算出点$A$的坐标$(X_A，Y_A，Z_A)$。

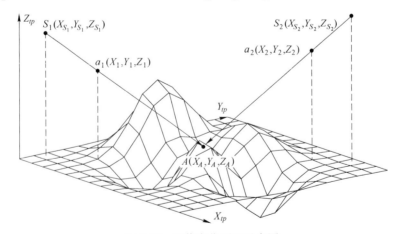

图 5-17　双像定位原理示意图

5.3.2　解算过程

双像定位的解算方法较多，例如直接求解空间两条直线的交点。但是常用的是采用立体像对的前方交会法进行解算。利用立体像对中两张图像的内、外方位元素和同名像点坐标计算对应地面目标点坐标的方法，称为前方交会法。

设在空中 S_1 和 S_2 两个摄站点对地面摄影，获得一个立体像对，如图 5-18 所示。任一地面点 A 在该像对的左右像片内构像为 a_1 和 a_2。现已知两张图像的内外方位元素，设想将图像按内外方位元素值置于摄影时的位置，显然同名射线 S_1a_1 与 S_2a_2 必然交于地面点 A。

为了确定像点与其对应地面点的数学关系，按外方位元素的定义，在地面建立地面摄影测量坐标系 $D\text{-}X_{tp}Y_{tp}Z_{tp}$，$X_{tp}$ 轴与航向基本一致，且 $X_{tp}Y_{tp}$ 面水平。过左摄站点 S_1 作一个像空间坐标系 $S_1\text{-}X_1Y_1Z_1$，其轴分别与 $D\text{-}X_{tp}Y_{tp}Z_{tp}$ 轴平行；过右摄站点 S_2 也作一个像空间坐标系 $S_2\text{-}X_2Y_2Z_2$，其轴也分别与 $D\text{-}X_{tp}Y_{tp}Z_{tp}$ 轴平行。

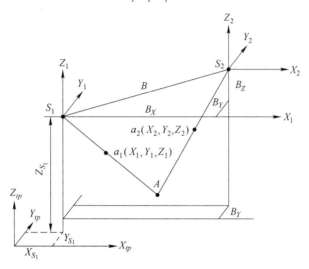

图 5-18　立体像对空间前方交会

设地面点 A 在 $D\text{-}X_{tp}Y_{tp}Z_{tp}$ 中的坐标为 $(X_A，Y_A，Z_A)$，相应的像点 a_1、a_2 的像空间坐标为 $(x_1，y_1，-f)$ 和 $(x_2，y_2，-f)$，像空间辅助坐标为 $(X_1，Y_1，Z_1)$ 和 $(X_2，Y_2，Z_2)$，则：

$$\begin{pmatrix} X_1 \\ Y_1 \\ Z_1 \end{pmatrix} = \boldsymbol{R}_1 \begin{pmatrix} x_1 \\ y_1 \\ -f \end{pmatrix} \qquad \begin{pmatrix} X_2 \\ Y_2 \\ Z_2 \end{pmatrix} = \boldsymbol{R}_2 \begin{pmatrix} x_2 \\ y_2 \\ -f \end{pmatrix} \tag{5-21}$$

式中，$\boldsymbol{R}_1$、$\boldsymbol{R}_2$ 为由已知的外方位元素角元素计算的左、右图像旋转矩阵。

右摄站点 S_2 在 $S_1\text{-}X_1Y_1Z_1$ 中的坐标，即摄影基线 B 的三个坐标分量 B_X、B_Y、B_Z 可由外方位元素中线元素计算，得：

$$\begin{cases} B_X = X_{S_2} - X_{S_1} \\ B_Y = Y_{S_2} - Y_{S_1} \\ B_Z = Z_{S_2} - Z_{S_1} \end{cases} \tag{5-22}$$

因左、右像空间辅助坐标系及 $D\text{-}X_{tp}Y_{tp}Z_{tp}$ 相互平行，且摄站点、像点、地面点三点共线，则：

$$\begin{cases} \dfrac{S_1A}{S_1a_1} = \dfrac{X_A - X_{S_1}}{X_1} = \dfrac{Y_A - Y_{S_1}}{Y_1} = \dfrac{Z_A - Z_{S_1}}{Z_1} = N_1 \\[4mm] \dfrac{S_2A}{S_2a_2} = \dfrac{X_A - X_{S_2}}{X_2} = \dfrac{Y_A - Y_{S_2}}{Y_2} = \dfrac{Z_A - Z_{S_2}}{Z_2} = N_2 \end{cases} \qquad (5\text{-}23)$$

式中，N_1 和 N_2 分别是左投影系数和右投影系数。

由式(5-23)可得出前方交会计算地面点坐标的公式：

$$\begin{cases} X_A = X_{S_1} + N_1X_1 = X_{S_2} + N_2X_2 \\ Y_A = Y_{S_1} + N_1Y_1 = Y_{S_2} + N_2Y_2 \\ Z_A = Z_{S_1} + N_1Z_1 = Z_{S_2} + N_2Z_2 \end{cases} \qquad (5\text{-}24)$$

可变为：

$$\begin{cases} X_{S_2} - X_{S_1} = N_1X_1 - N_2X_2 = B_X \\ Y_{S_2} - Y_{S_1} = N_1Y_1 - N_2Y_2 = B_Y \\ Z_{S_2} - Z_{S_1} = N_1Z_1 - N_2Z_2 = B_Z \end{cases} \qquad (5\text{-}25)$$

式(5-25)中第一、三式联立求解，得：

$$\begin{cases} N_1 = \dfrac{B_XZ_2 - B_ZX_2}{X_1Z_2 - X_2Z_1} \\[4mm] N_2 = \dfrac{B_XZ_1 - B_ZX_1}{X_1Z_2 - X_2Z_1} \end{cases} \qquad (5\text{-}26)$$

式(5-24)和式(5-26)称为立体像对空间前方交会公式。综上所述，空间前方交会的计算步骤为：

（1）由已知左右外方位角元素$(\varphi_1,\ \omega_1,\ \kappa_1)$和$(\varphi_2,\ \omega_2,\ \kappa_2)$，像点坐标$(x_1,\ y_1,\ -f)$、$(x_2,\ y_2,\ -f)$，根据式(5-21)计算像空间辅助坐标$(X_1,\ Y_1,\ Z_1)$和$(X_2,\ Y_2,\ Z_2)$；

（2）由外方位线元素 $(X_{S_1},\ Y_{S_1},\ Z_{S_1})$ 和$(X_{S_2},\ Y_{S_2},\ Z_{S_2})$，按照式(5-22)计算摄影基线分量$(B_X,\ B_Y,\ B_Z)$；

（3）按照式(5-26)计算投影指数 N_1 和 N_2；

（4）按照式(5-24)计算地面点的地面摄影测量坐标$(X_A,\ Y_A,\ Z_A)$。由于 N_1 和 N_2 是由式(5-24)的第一、第三式求出，所以由式(5-24)计算地面坐标 Y_A 时应取平均值，即：

$$Y_A = \frac{1}{2}\big[(Y_{S_1} + N_1Y_1) + (Y_{S_2} + N_2Y_2) \big] \qquad (5\text{-}27)$$

6 图像恢复

图像恢复也称图像复原,是图像处理中的一大类技术。图像恢复与图像增强有密切的联系。图像恢复与图像增强相同之处是,它们都要得到在某种意义上改进的图像,或者说都希望要改进输入图像的视觉质量图像恢复与图像增强不同之处。图像增强技术一般要借助人的视觉系统的特性以取得看起来较好的视觉结果,而图像恢复则认为图像(质量)是在某种情况条件下退化或恶化了(图像品质下降、失真了)。现在需要根据相应的退化模型和知识重建或恢复原始的图像换句话说,图像恢复技术是要将图像退化的过程模型化,并据此采取相反的过程以得到原始的图像。由此可见,图像恢复要根据一定的图像退化模型来进行。

6.1 图像退化模型

图像退化指由场景得到的图像没能完全地反映场景的真实内容,产生了失真等问题。有许多方式可以采集和获得图像,也有很多原因可以导致图像退化,如透镜色差/像差、聚焦不准(失焦)造成的图像模糊等。

例如如图 6-1 所示的退化示例,对具体的退化过程建立具体的模型。其中上面一行代表没有退化时的情况,下面一行代表有退化时的情况。4 种常见的退化示例如下。

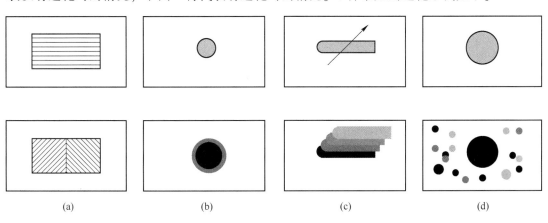

(a)   (b)   (c)   (d)

图 6-1 4 种常见的具体退化模型

(1)图 6-1(a)表示原来亮度光滑或形状规则的图案变得不太规则,从而产生非线性的退化。摄影胶片的冲洗过程可用这种模型表示。摄影胶片的光敏特性是根据胶片上留下的银密度为曝光量的对数函数来表示的,光敏特性除中段基本线性外,两端都是曲线。这样,原本线性变化的亮度变得不线性了。

（2）图 6-1（b）表示的是一种模糊造成的退化。对许多实用的光学成像系统来说，由于孔径衍射产生的退化可用这种模型表示。其主要特征是原本比较清晰的图案变大，边缘模糊。

（3）图 6-1（c）表示的是一种场景中目标（快速）运动造成的模糊退化（如果在拍摄过程中摄像机发生振动，也会产生这种退化）。目标的图案沿运动方向拖长，产生了叠影。在拍摄过程中，如果目标运动超过图像平面上一个以上像素的距离就会造成模糊。使用望远镜头的系统（视场较窄）对这类图像的退化非常敏感。

（4）图 6-1（d）表示的是随机噪声的叠加，这也可看作一种具有随机性的退化。原本只有目标的图像叠加了许多随机的亮点和暗点，目标和背景都受到影响。

图 6-2 给出一个简单的通用图像退化模型。在这个模型中，图像退化过程被模型化为一个作用在输入图像 $f(x, y)$ 上的系统 H。它与一个加性噪声 $n(x, y)$ 的联合作用导致产生退化图像 $g(x, y)$。根据这个模型恢复图像就是要在给定 $g(x, y)$ 和代表退化的 H 的基础上得到对 $f(x, y)$ 的某个近似的过程。这里假设已知 $n(x, y)$ 的统计特性。

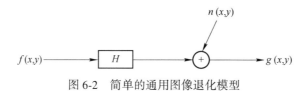

图 6-2　简单的通用图像退化模型

图 6-2 中的输入和输出具有的关系为：

$$g(x, y) = H[f(x, y)] + n(x, y) \tag{6-1}$$

退化系统 H 可能有如下 4 个性质 [这里假设 $n(x, y) = 0$]。

（1）线性。如果令 k_1 和 k_2 为常数，$f_1(x, y)$ 和 $f_2(x, y)$ 为 2 幅输入图像，则：

$$H[k_1 f_1(x, y) + k_2 f_2(x, y)] = k_1 H[f_1(x, y)] + k_2 H[f_2(x, y)] \tag{6-2}$$

（2）相加性。如果式（6-2）中 $k_1 = k_2 = 1$，则：

$$H[f_1(x, y) | f_2(x, y)] = H[f_1(x, y)] + H[f_2(x, y)] \tag{6-3}$$

式（6-3）指出线性系统对两个输入图像之和的响应等于它对两个输入图像响应的和。

（3）一致性。如果式（6-2）中 $f_2(x, y) = 0$，则：

$$H[k_1 f_1(x, y)] = k_1 H[f_1(x, y)] \tag{6-4}$$

式（6-4）指出线性系统对常数与任意输入乘积的响应等于常数与该输入的响应的乘积。

（4）位置（空间）不变性。如果对任意 $f(x, y)$、a 和 b，则：

$$H[f(x - a, y - b)] = g(x - a, y - b) \tag{6-5}$$

式（6-5）指出线性系统在图像任意位置的响应只与在该位置的输入值有关，而与位置本身无关。

如果退化系统 H 满足上述 4 个性质，则式（6-1）可写成：

$$g(x, y) = h(x, y) \otimes f(x, y) + n(x, y) \tag{6-6}$$

式中，$h(x, y)$ 为退化系统的脉冲响应。借助矩阵表达，式（6-6）可写成：

$$g = Hf + n \tag{6-7}$$

根据卷积定理,在频率域中有:

$$G(u, v) = H(u, v)F(u, v) + N(u, v) \tag{6-8}$$

6.2 图像的几何变形

原始侦察影像通常包含严重的几何变形。图像的几何变形可以表示为图像上各像元的位置坐标与地图坐标系中的目标地物坐标的差异,主要包括系统变形与非系统变形。

系统变形通常由内部误差引起,内部误差是由于传感器自身的性能、技术指标偏离标称数值所造成的误差,例如透镜的焦距误差,图像投影面的非平面性、传感器扫描速度的变化等。系统变形可根据侦察平台的位置、传感器的扫描范围、投影类型等,推算图像中不同位置像元的几何位移。通常系统变形是可以预测的。

非系统变形通常由外部误差引起,外部误差是由于侦察平台高度、地理位置、速度和姿态(如翻滚、俯仰和偏航)等的不稳定、地球曲率及空气折射的变化等因素所造成的误差,可分为平台引起的误差和目标物引起的误差。侦察成像时,非系统变形会造成影像相对于地面目标发生几何畸变,这种畸变表现为像元相对于地面目标的实际位置发生挤压、扭曲、拉伸、偏移等。

6.2.1 传感器成像方式引起的图像变形

传感器的成像方式有中心投影、全景投影、斜距投影以及平行投影。由于中心投影图像在垂直摄影和地面平坦的情况下,地面物体与其影像之间具有相似性(并不考虑摄影本身产生的图像变形),不存在由成像方式所造成的图像变形,因此通常把中心投影的图像作为基准图像来讨论其他方式投影图像的变形规律。

6.2.1.1 全景投影变形

全景投影的影像面不是一个平面,而是一个圆柱面。如图 6-3 所示的圆柱面 MON,相当于全景摄影机的投影面,因此称为全景面。地物点 P 在全景面上的像点为 p,(L) 为等效的中心投影成像面,全景图像坐标 p 与等效中心投影图像坐标 p' 的差值即为投影变形。

6.2.1.2 斜距投影变形

侧视雷达属斜距投影类型传感器如图 6-4 所示,S 为雷达天线中心,S_y 为雷达成像面,oy' 为等效的中心投影成像面,雷达图像坐标 p 与等效中心投影图像坐标 p' 的差值即为投影变形。全景投影变形的图形变化情况如图 6-5(b)所示。斜距投影变形的图形变化情况如图 6-5(c)所示。

6.2.2 传感器外方位元素变换的影响

传感器的外方位元素是指传感器成像时的位置(X_S,Y_S,Z_S)和姿态角(α,ω,κ)。当传感器的外方位元素偏离标准位置而出现变动时,成像将导致图像上的像点移位,就会使图像产生变形。理论上,由外方位元素变化引起的图像变形规律可以由图像的构像方程确定,且图像的变形规律随图像几何类型而变化。

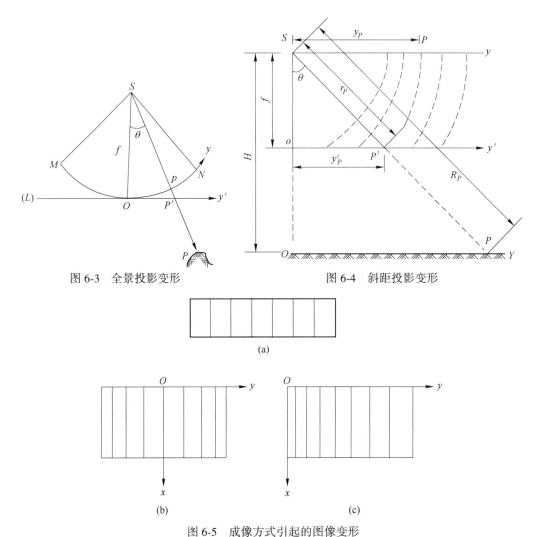

图 6-3   全景投影变形   图 6-4   斜距投影变形

(a)

(b)   (c)

图 6-5   成像方式引起的图像变形

（a）无变形的图像；（b）全景投影变形图像；（c）斜距投影变形图像

对于画幅式图像，根据各个外方位元素变化量与像点坐标变化量之间的一次项关系式，可以看出各个单个外方位元素引起的图像变形情况。如图 6-6 所示，成像位置 (X_S, Y_S, Z_S) 的变化使图像产生平移和缩放变化，俯仰角和翻滚角的变化 $d\omega$ 和 $d\kappa$ 使图像产生非线性变化，偏航角的变化 $d\varphi$ 使图像产生旋转变化。例如，平台的高度增加会导致影像比例尺变小，高度降低会导致影像比例尺变大；平台绕飞行方向发生翻滚时，影像在垂直航迹方向上一定范围内发生压缩或伸展；平台进行俯仰运动时，假如头部向下倾斜，则影像在前方发生压缩，在后方发生伸展。

其中，图 6-6 虚线图形表示画幅式相机位于标准状态（空中垂直摄影状态）时获取的图像，实线图形表示画幅式相机外方位发生微小变化后获取的图像，比较两者可以看出画幅式相机外方位元素变化引起的图像变形规律。

对于动态扫描类型的传感器（如激光扫描仪），其构像方程是对于一个扫描瞬间（相

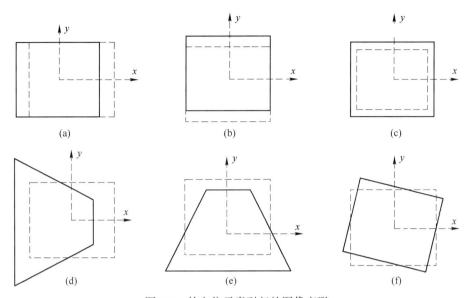

图 6-6　外方位元素引起的图像变形

（a）dX_S；（b）dY_S；（c）dZ_S；（d）dα；（e）dω；（f）dκ

应于某一像元或某一条扫描线）而建立的，同一像幅上不同成像瞬间所成图像的外方位元素是不相同的。因此，由构像方程推导出的几何变形规律只表达该扫描瞬间图像上相应点、线位置的局部变形，整个图像的变形是各瞬间局部变形的综合结果。例如在一幅线阵列推扫图像上，假设各条扫描行所对应的各外方位元素，是从第一扫描行起按线性规律变化的，则地面上一个方格网图形 6-7(a) 成像后，将出现如图 6-7(b) 所示的综合变形。各个外方位元素单独造成的图像变形将分别如图 6-7(c) ~ (h) 所示。可见它与常规画幅式摄影机的情况不同，每个外方位元素变化都可能使整幅图像产生非线性的变形。

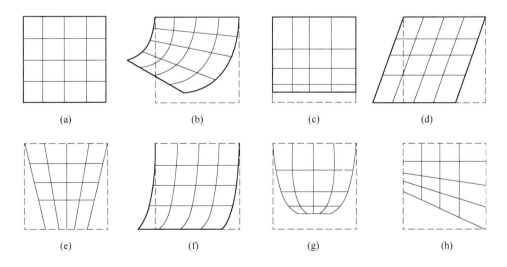

图 6-7　外方位元素引起的动态扫描图像引起的变形

（a）原始网格；（b）综合变形；（c）dX；（d）dY；（e）dZ；（f）dφ；（g）dω；（h）dκ

高质量的卫星和航空遥感系统通常装有陀螺稳定仪，使遥感系统不受飞行器偏航、翻滚和俯仰的影响。没有安装稳定仪的遥感系统，会因为翻滚、俯仰和偏航而引入几何误差，且该误差只能通过几何校正而消除。

6.2.3   地形起伏影响

投影误差是由地面起伏引起的像点位移，无论图像是否水平，当地形有起伏时，对于高于或低于某一基准面的地面点，其在图像上的像点与其在基准面上垂直投影点在图像上的构像点之间有直线位移，称为投影误差，如图6-8所示。但是，具有方向投影几何形态（如中心投影、全景投影等）的传感器与具有斜距投影（如侧视雷达）几何形态的传感器将具有不同的地形起伏像点位移规律。

对于中心投影，在垂直摄影的条件下，φ，ω，$\kappa \to 0$，地形起伏引起的像点位移情况如图6-8所示。

像点位移大小，可以根据三角形相似关系得出：

$$\frac{d_{A'A_0}}{d_{A'O}} = \frac{h}{H}\frac{r_0}{d_{A'O}} = \frac{f}{H} = \frac{\delta_h}{d_{A'A_0}}$$

则：

$$\delta_h = \frac{hr_0}{H} \qquad (6\text{-}9)$$

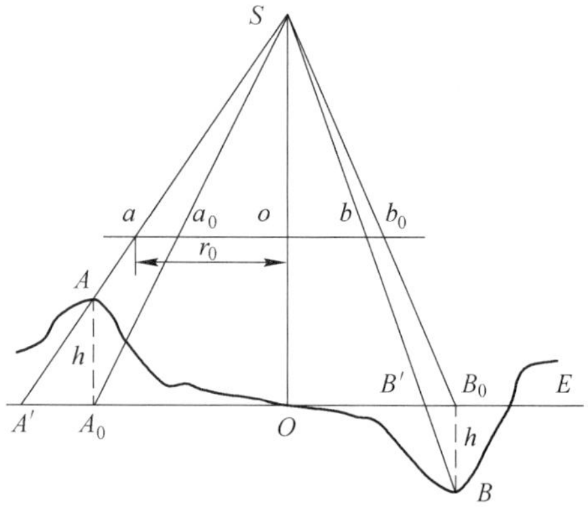

图6-8   地面起伏引起像点位移

式中，δ_h 为像点位移值；h 为起伏地形高差。

在像片坐标系中，在 x、y 两个方向上的分量为：

$$\begin{cases} \delta_{h_x} = \dfrac{x}{H}\Delta h \\[2mm] \delta_{h_y} = \dfrac{y}{H}\Delta h \end{cases} \qquad (6\text{-}10)$$

式中，δ_{h_x}、δ_{h_y} 分别为由地形起伏引起的在 x、y 方向上的像点位移；x、y 为面点对应的像点的坐标；Δh 为对应地面点相对于基准面的高差；H 为航高。

由式(6-9)和式(6-10)可以看出，投影误差的大小与底点辐射距 r_0、相对于基准面的高差 Δh 成正比，与平台高度 H 成反比。如图6-8所示，在垂直或近似垂直画幅式图像上，地物点 A 的像点位移为 aa_0，地物点 B 的像点位移为 bb_0。像点位移的方向都位于像点的方向上，高出基准面的地面点，其像点是背着像主点移动；低于基准面的地面点，其像点是向着像主点移动。

此外，投影误差还与图形几何类型有关。例如，地形起伏对中心投影图像上造成的像点位移是远离原点向外变动的，而在雷达图像上则是向内变动的。这种投影误差相反的特点，使得对雷达图像进行立体观测时，看到的是反立体。此外，高出地面物体的雷达图像还可能带有"阴影"，远景图像可能被近景图像的阴影所覆盖，这也是与中心投影图像的不同之处。这些特点上的差别，可用图6-9来表示。

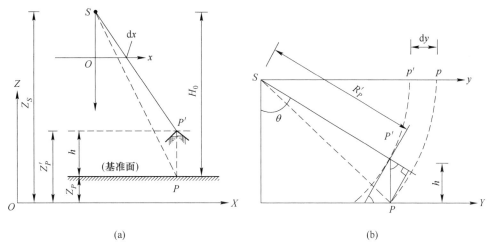

图 6-9 地形起伏引起的图像变形

（a）中心投影；（b）斜距投影

由于投影误差的存在，会使图像产生变形。例如，位于地形起伏地区的目标在图像上的形状与实地形状可能不一致。对于航天图像，由于平台高度一般远远大于地面高差，投影误差一般可以忽略不计。

6.2.4 地球曲率影响

地球是球体（严格说是椭球体），因此地球表面是曲面。地球曲率对成像的影响主要表现在以下两个方面。

（1）像点位移。当选择的地图投影平面是地球的切平面时，使地面点 P_0 相对于投影平面点 P 有一高差 Δh，使得像点在像平面上产生了位移。地球曲率引起的像点位移类似地形起伏引起的像点位移。只要把地球表面（把地球表面看成球面）上的点到地球切平面的正射投影距离（Δh）看作是一种系统的地形起伏，就可以利用前面介绍的像点位移公式来估计地球曲率所引起的像点位移，如图 6-10(a) 所示。把 Δh 代入地形起伏情况下的像点位移的公式中，代替高差 h，即可获得地球曲率影响下的像点位移公式。

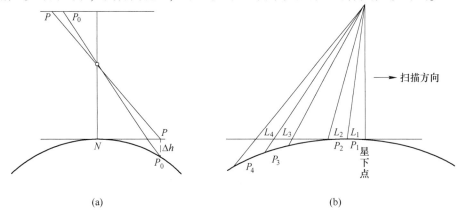

图 6-10 地球曲率的影响

（a）像点位移；（b）像元对应地面的长度不等

（2）像元对应地面的长度不等。对于垂直航迹扫描传感器，传感器通过扫描取得数据，在扫描过程中，每一次取样间隔是星下视场角的等分间隔。如图6-10（b）所示，如果地面无弯曲，在地面瞬时视场宽度不大的情况下，L_1、L_2、L_3、L_4的差别不大。但由于地球表面曲率的存在，对应于地面的P_1、P_2、P_3、P_4的差别就大得多。距星下点越远，对应地面长度越长。当扫描角度较大时，影响更加突出。

地面坐标系一般采用水平面作为水准面。在侦察图像处理中，如果物方坐标是以该地面坐标系为基础的，则物点与像点坐标之间不满足共线方程条件。为了解决这一问题，一般先按照地球曲率引起的像点移位规律对像点坐标进行改正，使改正后的像点坐标与该地面坐标系的物点满足共线方程关系。

6.2.5　大气折射的影响

大气层是一个非均匀的介质，它的密度随离地面高度的增加而递减，因此电磁波在大气层中传播时的折射率也随高度而变化，使得电磁波的传播路径不是一条直线而变成了曲线，从而引起像点的位移，这种像点位移就是大气层折射的影响。

中心投影和全景投影属于方向投影成像。如图6-11所示，方向投影成像时，成像点的位置取决于地物点入射光线的方向。无大气影响时，A点通过直线光线AS成像于点a_0；有大气影响时，A点以曲线光线AS成像于点a_1。由此而引起的像点位移Δr（即a_1a_0）为：

$$\Delta r = \frac{n_H(n - n_H)}{n(n + n_H)}\left(r + \frac{r^3}{f^2}\right) = K\left(r + \frac{r^3}{f^2}\right) \tag{6-11}$$

式中，n为大气底层（地物点A处）的折射率；n_H为大气高层（传感器光学镜头中心S处）的折射率；K为与传感器高度H和地物点高程h有关的大气条件常数。

常数K的表达式很多，如根据大气模型导出的K的表达式为：

$$K = \frac{2410H}{H^2 - 6H + 250} - \frac{2410H}{H^2 - 6h + 250}\frac{h}{H} \tag{6-12}$$

当需要在x方向和y方向分别考察大气折射引起的像点移位时，就可以按照式（6-13）计算，即：

$$\begin{cases} \delta_{h_x} = Kx\left(1 + \dfrac{r^2}{f^2}\right) \\ \delta_{h_y} = Ky\left(1 + \dfrac{r^2}{f^2}\right) \end{cases} \tag{6-13}$$

对于中心投影图像，大气折射引起的像点移位在量级上比地球曲率引起的像点移位要小得多。例如，当$f = 300\text{mm}$、$r = 200\text{mm}$、$n = 1.00025$、$n_H = 1$时，由此引起的像点移位$\Delta r = 0.036\text{mm}$。

侧视雷达属于距离投影成像。如图6-12所示，距离投影成像时，成像点的位置取决于电磁波传播路径的长度（即距离）。无大气影响时，点P的斜距为R，通过距离投影成像于点p；有大气影响时，电磁波通过弧距R_C到达点p，等效斜距为$R' = R_C$，使影像点从点p位移到p'，像点位移为$\Delta y = pp'$。

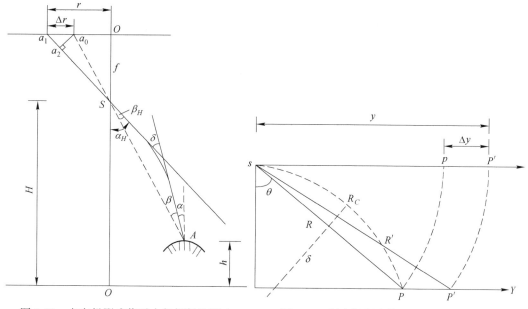

图 6-11 方向投影成像时大气折射的影响 图 6-12 距离投影成像时大气折射的影响

6.2.6 地球自转影响

在静态侦察器（如常规画幅式摄影机）成像的情况下，地球自转不会引起图像变形，因为其整幅图像是在瞬间一次曝光成像的。

地球自转主要是对动态侦察器的图像产生变形影响，特别是对卫星侦察图像。通常情况下，对地观测太阳同步卫星以降交点模式由北向南在固定的轨道上获取路径上的影像，同时，地球绕自转轴每 24h 自西向东旋转一周。遥感系统的固定轨道路径和地球绕轴旋转之间的相互作用，使获取的影像发生几何偏斜。如果数据没有经过几何偏斜校正，它们在数据集中的位置就是错误的，向东偏斜了一个可预测的量。如图 6-13 所示，偏斜校正就是将影像中的像元向西做系统的位移调整，位移大小是卫星和地球的相对速度及影像框幅长度的函数。

对于 Landsat、SPOT、QuickBird、IKONOS 等动态传感器，上述偏移总是存在的，大多数卫星影像数据供应者会对遥感数据进行自动的几何偏斜校正。

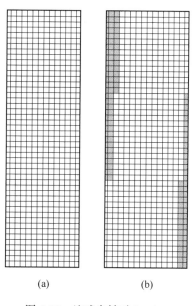

图 6-13 地球自转对 Landsat ETM+影像的影响
（a）校正前；（b）校正后

6.3 图像几何校正

通常获取的遥感图像存在几何变形，几何校正的目的是利用控制点的图像坐标和地图坐标的对应关系，近似地确定所给图像坐标系和地图坐标系之间的变换关系，消除图像中的几何变形，产生一幅符合某种地图投影或图形表达要求的新图像的过程。几何校正通常由用户自己根据实际需要完成。

几何校正包括从图像到地图的校正和从图像到图像的校正，两者所用的基本原理相同，但使用的参考数据不同，前者为标准地图，后者为标准图像。后者通常也被称为图像配准。本章重点讲述从图像到地图的校正。

6.3.1　几何校正的流程

6.3.1.1　基本思路

校正前的侦察图像看起来是由行列整齐的等间距的像元组成的，但实际上，由于某种几何畸变，图像中像元点间所对应的地面距离并不相等，如图 6-14 所示。

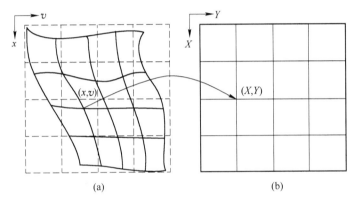

图 6-14　几何校正示意图

（a）校正前；（b）校正后

校正后的图像也是由等间距的网格点组成，且以地面为标准，符合某种投影的均匀分布，如图 6-14(b)所示。图中网格的交叉点可以看成是像元的中心。校正的最终目的是确定校正后图像的行列数，然后找到新图像中每一个像元的灰度值，生成一幅符合某种地图投影或图形表达要求的新图像。

确定纠正变换函数以后，就可以将原始数字图像逐个像素变换到图像储存空间中。主要包括直接法和间接法两种方案。

直接法方案如图 6-15 所示，从原始图像阵列出发，按行列的顺序依次对每个原始像素点位求其在地面坐标系（也是输出图像坐标系）中的正确位置：

$$\begin{cases} X = f_X(x, \ y) \\ Y = f_Y(x, \ y) \end{cases} \tag{6-14}$$

式中，f_X、f_Y 为直接纠正变换函数。同时，将该像素的亮度值赋予输出图像中的相应点位。该方法也称为向前映射法。

间接法方案如图 6-16 所示，从空白的输出图像阵列出发，按行列的顺序依次对每个输出像素点位反求其在原始图像坐标中的位置：

$$\begin{cases} x = g_x(X, Y) \\ y = g_y(X, Y) \end{cases} \tag{6-15}$$

式中，g_x、g_y为间接纠正变换函数。然后把计算得到的输入图像点位上的亮度值取出填回到输出图像点阵中相应的像素点位。该方法是目前多数算法中的常用方法，也称为向后映射法。

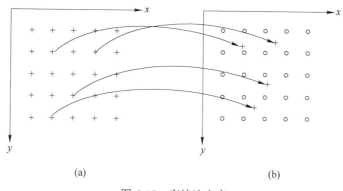

图 6-15　直接法方案

（a）输入图像；（b）输出图像

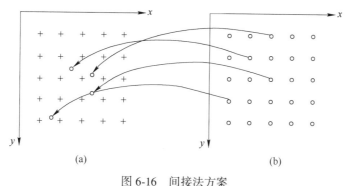

图 6-16　间接法方案

（a）输入图像；（b）输出图像

　　直接法和间接法在本质上并无差别，主要差别在于：第一，所用的校正变换函数不同，互为逆变换；第二，在直接法校正图像上所得像素点为非规则排列，有的像素内可能"空白"，有的可能重复（多个像素校正点），难以实现灰度内插，获得规则排列的校正图像；第三，校正后像素获得亮度值的办法，对于直接法方案称为亮度重配置，而对于间接法方案称为灰度重采样。

6.3.1.2　具体步骤

侦察图像几何校正的具体步骤如图 6-17 所示。

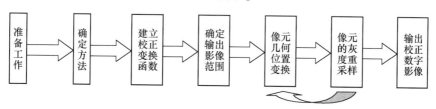

图 6-17　侦察数字图像校正的一般过程

（1）准备工作。准备工作包括图像数据、地图资料、大地测量结果、航天器轨道参数和传感器姿态参数的收集与分析，所需控制点的选择和量测等。如果图像为胶片图像，则需要将其扫描数字化。

（2）确定方法。根据侦察图像的特点、应用要求和辅助数据（如控制点、数字高程模型、卫星星历参数等）情况，确定几何校正方法。

（3）建立校正变换函数。校正变换函数用来建立图像坐标和地面（或地图）坐标间的数学关系，即输入图像与输出图像间的坐标变换关系。

（4）确定输出影像范围。把原始图像的四个角点 a、b、c、d 按照校正变换函数投影到地图坐标系中，得到 8 个坐标值（4 对坐标），分别找出 X、Y 的最大值和最小值，形成最小外接矩形，并以此确定输出图像的范围，如图 6-18 所示。

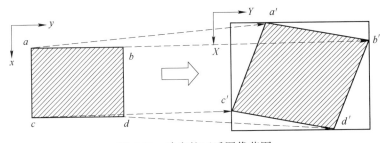

图 6-18　确定校正后图像范围

（5）像元几何位置坐标变换。建立变换后图像坐标(X, Y)与对应畸变图像坐标(x, y)之间的对应关系。

（6）像元的灰度重采样。完成校正后图像像素的灰度赋值，生成最终的校正图像。

6.3.2　侦察图像的几何校正模型

尽管图像畸变的原因多样，大部分可通过几何校正来消除。目前常用的图像几何校正方法主要有严格几何校正（系统几何校正、几何粗校正）、近似几何校正（用户几何校正、几何精校正）两大类。

当已知侦察图像的成像模型和有关辅助数据时，可以按照成像模型恢复出校正后图像上的像点位置，得到校正图像。这种侦察图像样正方法采用严格的成像模型，故称为严格几何校正。

如果缺少辅助数据而无法确定成像模型中的参数时，或根本不知道侦察图像几何类型时，可以用假定的数学模型作为成像模型对侦察图像实施几何校正。这种按假定的数学模型进行的近似几何校正，故称为近似几何校正。

在近似几何校正中，假定的数学模型应尽量反映侦察图像的几何变形规律，否则无法得到理想的校正结果。不论是严格几何校正还是近似几何校正，都遵循相同的几何校正思路。

6.3.2.1　严格几何校正模型

建立物理传感器模型时，需要考虑成像过程中造成影像变形的物理因素，如地表起伏、大气折射、相机透镜畸变及卫星的位置、姿态等，再利用这些物理条件来构建成像几何模型。通常这类模型数学形式较为复杂且需要较完整的传感器信息，其在理论上是严密的，故也称其为严密或严格传感器模型。严格几何校正模型的建立需要传感器构造、成像方式等信息，在航天摄影测量下还需要从卫星的轨道星历中为各模型参数提供较好的初始值。严格几何校正模型具有较高的精度，因此一直是高精度几何校正的首选。在该类传感器模型中，最有代表性的是以共线条件方程为基础的传感器模型。例如，画幅式相机的中心投影方式和线阵 CCD 传感器的行中心投影方式，利用成像瞬间地面点、传感器镜头透视中心和相应像点在一条直线上的严格几何关系建立的数学模型，即共线条件方程。

由于不同的几何类型侦察图像的共线方程形式不同，画幅式图像为面中心投影图像，整幅图像对应一个共线方程表达式，线阵推扫图像为行中心投影图像，在飞行方向上的每个扫描行都对应一个共线方程表达式，而横迹扫描图像为点中心投影图像，图像上每个像素对应一个共线方程表达式，因此不同的几何类型的侦察图像严格几何校正在具体解算方法上存在较大的差异。一般的画幅式图像和线阵推扫图像在辅助数据齐全的情况下可按共线方程法进行校正，而横迹扫描图像通常采用近似几何校正法。

A 画幅式图像严格校正

画幅式侦察图像几何校正主要利用共线方程法，共线方程法理论严密，在数字地面高程的支持下，可以消除外方位元素变化和地形起伏引起的各种图像变形，几何精度较高，是侦察图像几何校正的首选方法。

假设构像瞬间侦察图像上的像点、相应的地面点和传感器镜头中心位于同一条直线上（即三点共线），满足共线方程(5-18)。严格几何校正可以直观地理解为将侦察图像的纹理按照光线的可逆性，将像点 a 投影到地面点 A 上；然后按照正射图像的比例进行缩小存储成 a'，如图 6-19 所示。

图 6-19 严格几何校正示意图

下面介绍画幅式图像严格校正的具体步骤。

第一步：读取或求解出给定图像的 6 个外方位元素，或 3 个独立元素 a_2、a_3、b_3 和投影中心坐标 (X_S, Y_S, Z_S)。

第二步：确定校正结果图像的范围。为了保证校正结果图像完全包含待校正图像的内容，采取以下三个步骤确定校正结果图像的范围：首先，分别将式（5-19）中的$(x，y)$用校正前图像上 4 个角点的像平面坐标$(x_1，y_1)$、$(x_2，y_2)$、$(x_3，y_3)$和$(x_4，y_4)$代入后，求出校正结果图像上 4 个角点在地面坐标系坐标$(X_1，Y_1)$、$(X_2，Y_2)$、$(X_3，Y_3)$和$(X_4，Y_4)$（式中Z用控制点的平均高程代替）；其次，除以正射图像的比例分母M，就可以得到正射图像的 4 个角点坐标$(X'_1，Y'_1)$、$(X'_2，Y'_2)$、$(X'_3，Y'_3)$和$(X'_4，Y'_4)$；最后，按照式（6-16）确定最小外接矩形，形成校正结果图像区域，称为图像存储空间，如图 6-20 所示。

$$\begin{cases} X'_{\min} = round\big[\min(X_1，X_2，X_3，X_4)\big]，\ X'_{\max} = round\big[\max(X_1，X_2，X_3，X_4)\big] \\ Y'_{\min} = round\big[\min(Y_1，Y_2，Y_3，Y_4)\big]，\ Y'_{\max} = round\big[\max(Y_1，Y_2，Y_3，Y_4)\big] \end{cases} \quad (6\text{-}16)$$

第三步：对图像存储空间上的每一个像元，按照间接法重采样原理计算该像元的灰度值，最终获得校正图像（即校正结果图像）：首先，在图像存储空间中，按照从左到右、从上到下的顺序（也可以按照其他顺序），取像素点坐标为$(X'，Y')$乘以比例分母M得到地面坐标$(X，Y)$；其次，从数字地面模型 DTM 中求出该像点对应的高程值。一般情况下，若$(X，Y)$恰好与 DTM 格网点坐标一致，则该点的高程值可以直接从 DTM 取出，否则采用内插法（最近邻内插法、双线性内插法和三次卷积内插法中的一种）求出该点的高程值，得到地面点的坐标$(X，Y，Z)$；然后，将地面点的坐标$(X，Y，Z)$代入式（5-18）中，得到像空间坐标$(x，y)$；

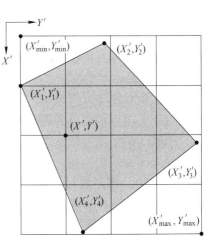

图 6-20　几何校正示意图

最后，利用像空间坐标$(x，y)$周围的像素灰度值插出$(x，y)$的灰度值，并将其赋给图像存储空间坐标$(X'，Y')$处的像素。如果图像存储空间中每一个像素位置都赋予了相应的灰度值，图像校正就完成了。

注意：如果图像存储空间坐标$(X'，Y')$乘以比例分母M得到地面点的坐标$(X，Y，Z)$，通过共线方程找到像空间坐标$(x，y)$，如果$(x，y)$超出图像实际范围，则图像存储空间坐标$(X'，Y')$处没有图像像素与之对应，则赋值为 0。

B　画幅式图像平地校正

如果对于地面相对平坦区域，则共线方程中Z_A为一个常数，或传感器较高，地面起伏引起的像点位移不是很明显，因此可以采取平地处理方式来完成图像的严格几何校正。

在成像光路中，平行于地面设置一个成像面P，如果将侦察图像中每一个像素灰度值按照光线的可逆性，将像点a投影到成像面P上，相当于将侦察图像上的像素点投放到沿Sa的延长线与成像面P的交点a'上，则完成侦察图像的平地校正处理，如图 6-19 所示。

此时，由于没有涉及地面高程数据，采用像空间辅助坐标系（取铅垂方向为Z轴，航向为X轴，构成右手直角坐标系）来做几何校正处理比较方便，故设坐标原点为摄影中心，即$X_S = Y_S = Z_S = 0$；一般为了使校正后图像与原始图像保持相近的大小，令$Z_A = -f$

（根据校正后比例关系也可以设为其他常数值），则共线方程可简化为：

$$
\begin{cases}
x = -f\dfrac{a_1 X + b_1 Y - c_1 f}{a_3 X + b_3 Y - c_3 f} \\
y = -f\dfrac{a_2 X + b_2 Y - c_2 f}{a_3 X + b_3 Y - c_3 f}
\end{cases}
\tag{6-17}
$$

其逆算式为：

$$
\begin{cases}
X = -f\dfrac{a_1 x + a_2 y - a_3 f}{c_1 x + c_2 y - c_3 f} \\
Y = -f\dfrac{b_1 x + b_2 y - b_3 f}{c_1 x + c_2 y - c_3 f}
\end{cases}
\tag{6-18}
$$

下面介绍画幅式图像平地校正的具体步骤。

（1）第一步：读取或求解出给定图像的 6 个外方位元素，或 3 个独立元素 a_2、a_3、b_3。

（2）第二步：确定校正结果图像的范围。为了保证校正结果图像完全包含待校正图像的内容，采取以下三个步骤确定校正结果图像的范围：首先，分别将式（6-18）中的 (x, y) 用校正前图像上 4 个角点的像平面坐标 (x_1, y_1)、(x_2, y_2)、(x_3, y_3) 和 (x_4, y_4) 代入后，求出校正结果图像上 4 个角点在地面坐标系坐标 (X_1, Y_1)、(X_2, Y_2)、(X_3, Y_3) 和 (X_4, Y_4)；其次，按照式（6-16）确定最小外接矩形，形成校正结果图像区域，称为图像存储空间，如图 6-18 所示。

（3）第三步：对图像存储空间上的每一个像元，按照间接法重采样原理计算该像元的灰度值，最终获得校正图像（即校正结果图像）：首先，在图像存储空间中，按照从左到右、从上到下的顺序（也可以按照其他顺序），取像素点坐标为 (X, Y) 代入到共线方程中，得到像空间坐标 (x, y)；最后，利用像空间坐标 (x, y) 周围的像素灰度值插出 (x, y) 的灰度值，并将其赋给图像存储空间坐标 (X, Y) 处的像素。如果图像存储空间中每一个像素位置都赋予了相应的灰度值，图像校正就完成了。

C 画幅式折合焦距校正

在侦察严格几何校正的过程中，像空间坐标 (x, y) 为成像时的真实坐标，而数字图像习惯采用行列坐标来表示。因此，在校正过程中求得像空间坐标 (x, y) 后还需要将其转换成行列坐标来确定 (x, y) 的像素灰度值。这样引起计算复杂、计算量的增加。所以，可以直接采用图像的行列坐标来校正，以减少计算量。

由于侦察图像行列坐标与真实坐标关系如式（5-1）表述，将其代入式（5-18），得：

$$
\begin{cases}
(n - N_0)d = -f\dfrac{a_1(X - X_S) + b_1(Y - Y_S) + c_1(Z - Z_S)}{a_3(X - X_S) + b_3(Y - Y_S) + c_3(Z - Z_S)} \\
(M_0 - m)d = -f\dfrac{a_2(X - X_S) + b_2(Y - Y_S) + c_2(Z - Z_S)}{a_3(X - X_S) + b_3(Y - Y_S) + c_3(Z - Z_S)}
\end{cases}
\tag{6-19}
$$

将式（6-19）进一步处理，得：

$$\begin{cases} n = N_0 - F \dfrac{a_1(X - X_S) + b_1(Y - Y_S) + c_1(Z - Z_S)}{a_3(X - X_S) + b_3(Y - Y_S) + c_3(Z - Z_S)} \\[3mm] m = M_0 + F \dfrac{a_2(X - X_S) + b_2(Y - Y_S) + c_2(Z - Z_S)}{a_3(X - X_S) + b_3(Y - Y_S) + c_3(Z - Z_S)} \end{cases} \tag{6-20}$$

同理，其逆算式为：

$$\begin{cases} X - X_S = (Z - Z_S) \dfrac{a_1(n - N_0) + a_2(M_0 - m) - a_3 F}{c_1(n - N_0) + c_2(M_0 - m) - c_3 F} \\[3mm] Y - Y_S = (Z - Z_S) \dfrac{b_1(n - N_0) + b_2(M_0 - m) - b_3 F}{c_1(n - N_0) + c_2(M_0 - m) - c_3 F} \end{cases} \tag{6-21}$$

式中，F 为传感器的折合焦距，$F = \dfrac{f}{d}$；(m, n) 为图像的行列坐标；(N_0, M_0) 为图像的行列坐标；(X_S, Y_S, Z_S) 为摄影中心坐标；(X, Y, Z) 为地面物点坐标。

像空间坐标关系如图 6-21 所示。这种处理方式，相当于在保证侦察图像总像素不变的情况下，把传感器的点距由 d 增大为 1，如图 6-22 所示。

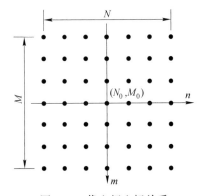

图 6-21　像空间坐标关系

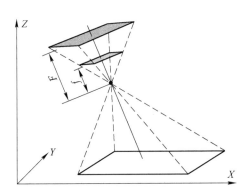

图 6-22　折合焦距示意图

通过传感器的折合焦距，将像空间的行列坐标 (n, m) 与地面点物点坐标 (X, Y, Z) 建立起了联系。因此，采用折合焦距进行侦察图像校正时，比较简捷、方便。

D　线阵推扫图像几何校正

SPOT 图像是典型的线阵推扫图像，下面以 SPOT 图像为例说明线阵推扫图像的几何校正过程。

SPOT 图像属于行中心投影的图像，即图像上每一行都有自己的外方位元素，不同扫描行的外方位元素不同。若定义像坐标系的 x 轴与飞行方向一致，像坐标系的原点在图像的中心位置，则 SPOT 图像上第 l_i 行的像点 p 在像平面坐标系中的坐标 (x_i, y_i) 与对应地面点 P 在地面坐标系中的坐标 (X_i, Y_i, Z_i) 之间的关系式为：

$$\begin{cases} x_i = 0 = -f \dfrac{a_1(X_i - X_{S_i}) + b_1(Y_i - Y_{S_i}) + c_1(Z_i - Z_{S_i})}{a_3(X_i - X_{S_i}) + b_3(Y_i - Y_{S_i}) + c_3(Z_i - Z_{S_i})} \\[3mm] y_i = -f \dfrac{a_2(X_i - X_{S_i}) + b_2(Y_i - Y_{S_i}) + c_2(Z_i - Z_{S_i})}{a_3(X_i - X_{S_i}) + b_3(Y_i - Y_{S_i}) + c_3(Z_i - Z_{S_i})} \end{cases} \tag{6-22}$$

式中, f 为等效焦距; X_{S_i}、Y_{S_i}、Z_{S_i} 为 l_i 行的摄站坐标; a_j、b_j、c_j ($j=1$, 2, 3) 分别为 l_i 行外方位角元素 α_j、ω_j、κ_j 所确定的旋转矩阵中元素。其中,

$$
\begin{cases}
\alpha_1 = \cos\alpha_i\cos k_i - \sin\alpha_i\sin\omega_i\sin k_i \\
b_1 = \cos\omega_i\sin k_i \\
c_1 = \sin\alpha_i\cos k_i + \cos\alpha_i\sin\omega_i\sin k_i \\
\alpha_2 = -\cos\alpha_i\sin k_i - \sin\alpha_i\sin\omega_i\sin k_i \\
b_2 = \cos\omega_i\cos k_i \\
c_2 = -\sin\alpha_i\sin k_i + \cos\alpha_i\sin\omega_i\cos k_i \\
a_3 = -\sin\alpha_i\cos\omega_i \\
b_3 = -\sin\omega_i \\
c_3 = \cos\alpha_i\cos\omega_i
\end{cases}
\tag{6-23}
$$

虽然不同扫描行的外方位元素不同, 但由于 SPOT 卫星运行速度和姿态非常平稳, 运行速度和轨迹得到严格控制, 因此 l_i 行的外方位元素可用下面的公式近似表达:

$$
\begin{cases}
X_{S_i} = X_{S_0} + (l_i - l_0)\,\dot{X}_S \\
Y_{S_i} = Y_{S_0} + (l_i - l_0)\,\dot{Y}_S \\
Z_{S_i} = Z_{S_0} + (l_i - l_0)\,\dot{Z}_S \\
\alpha_i = \alpha_0 + (l_i - l_0)\dot{\alpha} \\
\omega_i = \omega_0 + (l_i - l_0)\dot{\omega} \\
\kappa_i = \kappa_0 + (l_i - l_0)\dot{\kappa}
\end{cases}
\tag{6-24}
$$

式中, X_{S_0}、Y_{S_0}、Z_{S_0}、α_0、ω_0、κ_0 为图像中心行 l_0 的外方位元素; $\dot{X}_S$、$\dot{Y}_S$、$\dot{Z}_S$、$\dot{\alpha}$、$\dot{\omega}$、$\dot{\kappa}$ 为外方位元素的一阶变化率。

下面介绍 SPOT 图像几何校正的具体步骤。

第一步: 按照线阵推扫式图像外方位元素的确定方法, 求解出给定图像的 12 个外方位元素, 其中 6 个是图像中心行的外方位元素 X_{S_0}、Y_{S_0}、Z_{S_0}、α_0、ω_0、κ_0, 另外 6 个是外方位元素的一阶变化率。

第二步: 确定校正结果图像的范围。与画幅式侦察图像校正相似, 分别将式(6-25)中的 (x_i, y_i) 用校正前图像上 4 个角点的像平面坐标 (注意 $x_i=0$) 代入后, 求出校正结果图像上 4 个角点在地面坐标系的坐标 (式中在 z_i 用控制点的平均高程代替), 再除以正射图像的比例尺分母 M, 就可以得到正射图像的 4 个角点坐标, 即:

$$
\begin{cases}
X_i = X_{S_i} + (Z_i - Z_{S_i})\dfrac{a_2 y_i - a_3 f}{c_2 y_i - c_3 f} \\[2mm]
Y_i = Y_{S_i} + (Z_i - Z_{S_i})\dfrac{b_2 y_i - b_3 f}{c_2 y_i - c_3 f}
\end{cases}
\tag{6-25}
$$

第三步: 对校正结果图像上的每一个像元, 按照间接法重采样原理计算该像元的灰度

值，最终获得校正图像（即校正结果图像）：首先，在校正后图像范围内，按照从左到右、从上到下的顺序（也可以按照其他顺序），取像素点坐标(X', Y')乘以比例分母M得到地面坐标(X_i, Y_i)；其次，从数字地面模型 DTM 中求出该像点对应的高程值，若(X_i, Y_i)恰好与 DTM 格网点坐标一致，则该点的高程值可以直接从 DTM 取出，否则采用灰度重采样法（求出该点的高程值，得到地面点的坐标(X_i, Y_i, Z_i)；然后，将地面点的坐标(X_i, Y_i, Z_i)代入式（6-22）中，得到像空间坐标(x_i, y_i)；最后，利用像空间坐标(x_i, y_i)周围的像素灰度值插出(x_i, y_i)的灰度值，并将其赋给图像存储空间坐标(X', Y')处的像素。如果图像存储空间中每一个像素位置都赋予了相应的灰度值，图像校正就完成了。

6.3.2.2　近似几何校正模型

近似几何校正模型一般是使用与具体传感器无关、不具有成像物理意义的数学函数，将像点和其对应的地面点关联起来，建立地面点到像点的映射关系。近似几何校正模型无须知道影像的成像特点，无须获取传感器参数，计算复杂程度一般比严格几何校正模型低。常用的近似几何校正模型有一般多项式模型、改进多项式模型、直接线性变换模型、有理函数模型等。

A　一般多项式模型

一般多项式模型是将校正前后影像相应点之间的坐标关系用一般多项式表达。一般多项式模型回避了成像时的空间几何过程，直接对影像变形的本身进行数学模拟，它将侦察图像所有的几何误差来源及变形总体看作平移、缩放、旋转、仿射、偏扭、弯曲及更高次基本变形综合作用的结果。一般多项式模型在遥感影像校正中较为常用，它原理直观、计算简单，特别是对地面相对平坦的情况，精度通常能满足实际要求，即：

$$\begin{cases} x = a_0 + (a_1X + a_2Y) + (a_3X^2 + a_4XY + a_5Y^2) + \cdots \\ y = b_0 + (b_1X + b_2Y) + (b_3X^2 + b_4XY + b_5Y^2) + \cdots \end{cases} \tag{6-26}$$

式中，(x, y)为像点的像平面坐标；(X, Y)为该像点所对应地面点的大地坐标；a_i、b_i为多项式的系数，也是待定系数。待定系数由图像控制点坐标确定。所谓控制点又称为同名点，即在图像中既是像平面坐标点，又为对应地面点的大地坐标点。解算待定系数过程中控制点的个数至少应等于式（6-26）的联立方程所采用的多项式待定系数个数的一半，如联立方程的待定系数有 8 个，则控制点个数应为 4 个以上。

多项式的项数（即系数个数）L与其阶数n有着固定的关系，即：

$$L = \frac{(n+1)(n+2)}{2} \tag{6-27}$$

利用已知控制点的坐标，采用最小二乘法可以求得多项式系数。

解算过程中控制点的个数至少应等于所采用的多项式系数的个数，每个控制点可根据式（6-26）列出一组误差方程，n个点的误差方程构成误差方程组：

$$v_{x_i} = (1 \quad X \quad Y \quad X^2 \quad XY \quad Y^2 \quad \cdots)\begin{pmatrix} a_0 \\ a_1 \\ a_2 \\ \vdots \end{pmatrix} - x_i \tag{6-28}$$

所有 m 个控制点组成的误差方程式组的矩阵形式为：

$$V = A\Delta - L \qquad (6\text{-}29)$$

其中，

$$v_{x_i} = \begin{pmatrix} v_{x_1} & v_{x_2} & \cdots & v_{x_m} \end{pmatrix}^{\mathrm{T}}$$

$$\Delta = \begin{pmatrix} a_0 & a_1 & a_2 & \cdots & a_{N-1} \end{pmatrix}^{\mathrm{T}}$$

$$L = \begin{pmatrix} x_1 & x_2 & \cdots & x_m \end{pmatrix}^{\mathrm{T}}$$

$$A = \begin{pmatrix} 1 & X_1 & Y_1 & X_1^2 & X_1 Y_1 & Y_1^2 & \cdots \\ 1 & X_2 & Y_2 & X_2^2 & X_2 Y_2 & Y_2^2 & \cdots \\ \vdots & \vdots & \vdots & \vdots & \vdots & \vdots & \vdots \\ 1 & X_m & Y_m & X_m^2 & X_m Y_m & Y_m^2 & \cdots \end{pmatrix}$$

式中，A 为系数矩阵；Δ 为点矩阵；L 为观测值向量；V 为误差向量。

构成法方程式：

$$(A^{\mathrm{T}} A)\Delta = A^{\mathrm{T}} L \qquad (6\text{-}30)$$

由此可以解算多项式系数：

$$\Delta = (A^{\mathrm{T}} A)^{-1} \cdot (A^{\mathrm{T}} L) \qquad (6\text{-}31)$$

采用同样方法可以求出 y 方程的系数 b_i。

根据计算得到的系数可以计算每个控制点误差：

$$RMSE = \sqrt{(x - x')^2 + (y - y')^2} \qquad (6\text{-}32)$$

其中，

$$\begin{cases} x' = a_0 + (a_1 X + a_2 Y) + (a_3 X^2 + a_4 XY + a_5 Y^2) + \cdots \\ y' = b_0 + (b_1 X + b_2 Y) + (b_3 X^2 + b_4 XY + b_5 Y^2) + \cdots \end{cases}$$

对误差较大的控制点进行剔除，利用剩余控制点重新进行系数计算，直到最终的纠正精度满足要求。最后根据确定的多项式求解原始图像任一像元的坐标，得到纠正后的图像。

总结起来，一般多项式特点可以归纳如下。

（1）纠正精度与控制点的精度、分布、数量及纠正范围有关，控制点精度越高，分布越均匀，数量越多，则纠正精度就越高。

（2）采用多项式纠正时，在控制点位置处拟合较好，但在其他点的内插值可能有明显偏离，而与相邻控制点不协调，容易产生振荡现象。

（3）根据纠正图像要求的不同选用不同的阶数，当选用一次项时，可以纠正线性变形；当选用二次项时，可以进一步改正二次非线性变形。理论上，多项式次数越高，越接近原始输入图像的几何形变的应有参数。高次多项式能精确地拟合控制点周围的区域，但在远离控制点的区域可能引入其他几何误差。

（4）控制点个数 L 与多项式阶数 n 存在得关系为：

$$L > \frac{(n+1)(n+2)}{2}$$

一般多项式解算简便，运算量较小，但它忽略了地形起伏引起的影像变形，所以仅适合于地形起伏平缓地区的影像处理。对于地形起伏明显地区，可以考虑采用加入 Z 的改进后的多项式模型。

B 改进多项式模型

为克服一般多项式的缺陷，将地面高程值 Z 引入一般多项式中，得到下面的改进二次多项式：

$$\begin{cases} x = a_0 + (a_1X + a_2Y + a_3Z) + (a_4XY + a_5YZ + a_6ZX + a_7X^2 + a_8Y^2 + a_9Z^2) + \cdots \\ y = b_0 + (b_1X + b_2Y + b_3Z) + (b_4XY + b_5YZ + b_6ZX + b_7X^2 + b_8Y^2 + b_9Z^2) + \cdots \end{cases} \quad (6\text{-}33)$$

改进多项式模型和一般多项式模型计算过程完全一样，只是需要的控制点数目有相应增加。改进多项式模型依然保持改进前解算简便、运算量较小的优点，而且考虑了地形的起伏变换，所以只要选择适当阶数的改进多项式模型，就可以获得较高的几何定位精度。

C 直接线性变换法

直接线性变换模型是用直接线性变换函数建立像点坐标和空间坐标关系的映射。它不需要内外方位元素，具有表达形式简单、解算简便、无须初始值等特点。直接线性变换模型是由三维空间条件下三点共线的直线方程得来，模型的数学表达式为：

$$\begin{cases} x = \dfrac{L_1X + L_2Y + L_3Z + L_4}{L_9X + L_{10}Y + L_{11}Z + 1} \\ y = \dfrac{L_5X + L_6Y + L_7Z + L_8}{L_9X + L_{10}Y + L_{11}Z + 1} \end{cases} \quad (6\text{-}34)$$

式中，(x, y) 为像点的像平面坐标；(X, Y, Z) 为其对应地面点的大地坐标；L_1，L_2，$\cdots$，L_{11} 为直接线性变换的系数。解算方法同一般多项式模型类似。

式 (6-34) 又称为直接线性变换的正解形式，它描述了地面点到影像点的变换关系。反之描述影像点到地面点的变换关系的公式则称为直接线性变换的反解形式，即：

$$\begin{cases} x + \dfrac{L_1X + L_2Y + L_3Z + L_4}{L_9X + L_{10}Y + L_{11}Z + 1} = 0 \\ y + \dfrac{L_5X + L_6Y + L_7Z + L_8}{L_9X + L_{10}Y + L_{11}Z + 1} = 0 \end{cases} \quad (6\text{-}35)$$

求解得到 11 个直接线性变换参数后，可采用间接法对原始影像进行几何校正和灰度重采样。直接线性变换法实质上是共线方程法，是建立在图像坐标与地面坐标严格数学变换关系的基础上，是对成像空间几何形态的直接描述。求解直接线性变换法中 11 个变换参数，需要很大的计算量。如果不考虑地面高程的影响，则式 (6-37) 中 $Z=0$，则：

$$\begin{cases} x + \dfrac{L_1X + L_2Y + L_4}{L_9X + L_{10}Y + 1} = 0 \\ y + \dfrac{L_5X + L_6Y + L_8}{L_9X + L_{10}Y + 1} = 0 \end{cases} \quad (6\text{-}36)$$

式 (6-36) 为平地处理时的直接线性变换法表达式，其中包括 8 个变换参数。可以采用类似于多项式法的最小二乘法求解这 8 个变换参数。可以将式 (6-36) 改写为：

$$\begin{cases} x = -L_1X - L_2Y - L_4 - L_9Xx - L_{10}Yx \\ y = -L_5X - L_6Y - L_8 - L_9Xy - L_{10}Yy \end{cases} \tag{6-37}$$

设选取控制数为 $n(n \geqslant 4)$，则方程组(6-37)演变为：

$$\begin{cases} \Sigma x = -L_1\Sigma X - L_2\Sigma Y - L_4\Sigma - L_9\Sigma Xx - L_{10}\Sigma Yx \\ \Sigma xX = -L_1\Sigma X^2 - L_2\Sigma XY - L_4\Sigma X - L_9\Sigma X^2x - L_{10}\Sigma XYx \\ \Sigma xY = -L_1\Sigma XY - L_2\Sigma Y^2 - L_4\Sigma Y - L_9\Sigma XYx - L_{10}\Sigma Y^2x \\ \Sigma xXY = -L_1\Sigma X^2Y - L_2\Sigma XY^2 - L_4\Sigma XY - L_9\Sigma X^2Yx - L_{10}\Sigma XY^2x \\ \Sigma y = -L_5\Sigma X - L_6\Sigma Y - L_8\Sigma - L_9\Sigma Xy - L_{10}\Sigma Yy \\ \Sigma yX = -L_5\Sigma X^2 - L_6\Sigma XY - L_8\Sigma X - L_9\Sigma X^2y - L_{10}\Sigma XYy \\ \Sigma yY = -L_5\Sigma XY - L_6\Sigma Y^2 - L_8\Sigma Y - L_9\Sigma XYy - L_{10}\Sigma Y^2y \\ \Sigma yXY = -L_5\Sigma X^2Y - L_6\Sigma XY^2 - L_8\Sigma XY - L_9\Sigma X^2Yy - L_{10}\Sigma XY^2y \end{cases} \tag{6-38}$$

写成矩阵形式为：

$$\begin{pmatrix} \Sigma x \\ \Sigma xX \\ \Sigma xY \\ \Sigma xXY \\ \Sigma y \\ \Sigma yX \\ \Sigma yY \\ \Sigma yXY \end{pmatrix} = - \begin{pmatrix} \Sigma X & \Sigma Y & \Sigma & 0 & 0 & 0 & \Sigma Xx & \Sigma Yx \\ \Sigma X^2 & \Sigma XY & \Sigma X & 0 & 0 & 0 & \Sigma X^2x & \Sigma XYx \\ \Sigma XY & \Sigma Y^2 & \Sigma Y & 0 & 0 & 0 & \Sigma XYx & \Sigma Y^2x \\ \Sigma X^2Y & \Sigma XY^2x & \Sigma XY & 0 & 0 & 0 & \Sigma X^2Yx & \Sigma XY^2 \\ 0 & 0 & 0 & \Sigma X & \Sigma Y & \Sigma & \Sigma Xy & \Sigma Yy \\ 0 & 0 & 0 & \Sigma X^2 & \Sigma XY & \Sigma X & \Sigma X^2y & \Sigma XYy \\ 0 & 0 & 0 & \Sigma XY & \Sigma Y^2 & \Sigma Y & \Sigma XYy & \Sigma Y^2y \\ 0 & 0 & 0 & \Sigma X^2Y & \Sigma XY^2 & \Sigma XY & \Sigma X^2Yy & \Sigma XY^2y \end{pmatrix} \begin{pmatrix} L_1 \\ L_2 \\ L_4 \\ L_5 \\ L_6 \\ L_8 \\ L_9 \\ L_{10} \end{pmatrix} \tag{6-39}$$

式中，Σ 代表 $\Sigma_{ni=0}$。

即：

$$\boldsymbol{B} = \boldsymbol{AL} \tag{6-40}$$

则求解的系数矩阵为：

$$\boldsymbol{L} = \boldsymbol{BA}^{-1} \tag{6-41}$$

如果考虑地面高程，也可以采用类似的方法进行计算。由此可以看出直接线性变换模型形式简单，解算简捷，不涉及传感器参数和平台星历数据。虽然它是在画幅式基础上推导出来，但也适用于线阵推扫图像的几何校正。

D　有理函数模型

有理函数模型是将地面点大地坐标与其对应的像点坐标用比值多项式关联起来，从而描述物方和像方几何关系的数学模型。与常用的多项式模型或者严格传感器模型比较，有理函数模型实际上是一种更广义、更完善的传感器模型表达方式，是对多项式、直接线性变换、仿射变换以及共线条件方程等模型的进一步概括，它不需要了解传感器的实际构造和成像过程，适用于不同类型的传感器；同时，有理函数系数 RFCs（Rational Function Coefficients）可以有效地实现传感器成像参数的隐藏，近年来已在美国军方广泛应用，

NIMA 已将其定为影像交换格式之一。有理函数模型分为正解形式和反解形式。

a   有理函数模型的正解形式

有理函数模型将地面点大地坐标(X,Y,Z)与其对应的像点坐标(r,c)用比值多项式关联起来，其公式为：

$$\begin{cases} r_n = \dfrac{p_1(X_n,\ Y_n,\ Z_n)}{p_2(X_n,\ Y_n,\ Z_n)} \\[3mm] c_n = \dfrac{p_3(X_n,\ Y_n,\ Z_n)}{p_4(X_n,\ Y_n,\ Z_n)} \end{cases} \tag{6-42}$$

式中，$p_i(X_n,\ Y_n,\ Z_n)$ $(i=1,2,3,4)$ 为多项式，最高不超过 3 次，形式为（以 p_1 为例）：

$$\begin{aligned} p_1(X,Y,Z) = {} & a_0 + a_1 Z + a_2 Y + a_3 X + a_4 ZY + a_5 ZX + a_6 YX + a_7 Z^2 + \\ & a_8 Y^2 + a_9 X^2 + a_{10} ZYX + a_{11} Z^2 Y + a_{12} Z^2 X + a_{13} Y^2 Z + \\ & a_{14} Y^2 X + a_{15} ZX^2 + a_{16} YX^2 + a_{17} Z^3 + a_{18} Y^3 + a_{19} X^3 \end{aligned} \tag{6-43}$$

类似的，p_2、p_3、p_4 可用 b_i、c_i、d_i 的多项式表示，b_0 和 d_0 通常为 1。

多项式中的系数 a_i $(i=0,1,2,\cdots,19)$ 统称为有理函数系数 RFCs。

为了增强参数求解的稳定性、减少计算过程中由于数据数量级差别过大引入的舍入误差，一般将地面坐标和影像坐标进行平移和缩放，使参数归一化到-1.0到$+1.0$之间。

相关的研究表明，在有理函数模型中：一阶项表示光学投影系统产生的误差；二阶项表示地球曲率、大气折射和镜头畸变等产生的误差；三阶项可以模拟其他一些未知的具有高阶分量的误差（如相机振动等）。

不难看出，有理函数模型中：当 $p_2 = p_4 = 1$ 时，有理函数模型退化为一般的三阶多项式模型；$p_2 = p_4 \neq 1$ 且是一阶多项式时，有理函数模型退化为直接线性变换模型。

b   有理函数模型的反解形式

已知像面坐标、高程及有理函数系数，求地面坐标的有理函数模型形式即为反解形式，反解形式公式为：

$$\begin{cases} X_n = \dfrac{p_5(r_n,\ c_n,\ Z_n)}{p_6(r_n,\ c_n,\ Z_n)} \\[3mm] Y_n = \dfrac{p_7(r_n,\ c_n,\ Z_n)}{p_8(r_n,\ c_n,\ Z_n)} \end{cases} \tag{6-44}$$

有理函数模型的反解形式同样需要对模型线性化，其迭代过程需要提供一定的初始值。

需要注意以下事项。

（1）直接线性变换法实质上是共线方程法，共线方程法与多项式法相比，理论上严密，因为该方法纠正考虑了地面高程信息（DEM）的影响，可以改正因地形起伏而引起的投影差。因此，当地形起伏较大，且多项式纠正的精度不能满足要求时，这种方法比多项式法优越。

（2）共线方程法需要高程信息，且在一幅图像中，受传感器位置和姿态的影响，其外方位元素的变化规律只能近似表达，所以有一定的局限性，使其在理论上的严密性难以严格保证。因此，相对于多项式法，有时候精度提高并不明显，而且计算量较大。

（3）特别是在动态扫描成像时，由于传感器的外方位元素是随时间变化的，所以外方位元素在扫描过程中的变化只能近似地表达，此时共线方程本身的严密性就存在问题。因此，动态扫描图像的共线方程纠正与多项式纠正相比精度不会有大的提高。

6.3.3 侦察图像的正射校正

6.3.3.1 控制点和 DEM 要求

控制点（GCP）的选取是进行遥感影像校正和有理函数模型优化的重要步骤，GCP 的数量、质量和分布等指标直接影响成图的精度和质量。

GCP 的数量取决于影像校正采用的数学模型、GCP 采集方式或来源、研究区地形物理条件、影像类型和处理级别、成图精度要求和所采用的软件平台。

由于非参数模型不能反映影像获取时的几何关系，也不能过滤 GCP′误差，只有通过增加控制点数量的方式，才能达到降低输入几何模型误差的目的。如果想达到与影像分辨率同一量级的制图或定位精度，需要的实际 GCP 数目是模型要求最少控制点数目的两倍。当同时处理多景影像时，通过区域平差处理，使用连接点可以减少对 GCP 的需要。

GCP 的来源有数字栅格地图、数字正射影像、数字线划地图或者 GPS 外业测量等，采用哪种方式取决于对产品精度的要求，类型有平高点、平面点、高程点、检查点、连接点。其控制点的分布也非常重要，为了控制一景或几景影像达到一定的精度，GCP 必须满足一定的位置和分布。通常要求 GCP 分布均匀，并且影像的四角附近均要有一个 GCP，这样才能充分控制成图区域的精度，当地形高差较大时，GCP 的垂直分布也非常重要，在最高和最低点或其附近需要有 GCP。

GCP 应选择在摄影测量过程中可以精确定位的特征点，所选特征与背景反差要大，最好是建筑物的直角转弯处，这样 GCP 定位相对容易。理想的 GCP 可以是水泥人行道交叉处或水泥地的角顶点，特别是与周围地物反差较大的点；如主路的交叉路口，没有树、建筑和电线且分布在公共场地；与相邻道路相连的行车路，院子里的人行路和与柏油马路上的水泥排水沟，交叉的人行路或停车场的角顶点。

常见的可以用作 GCP 的特征地物按照优先顺序有：道路上的斑马线交点，人行道交叉点，运动场地、游泳池，车道和人行道的交叉点，道路和铁轨的交叉点，车道和一般道路的 T 形交叉点，道路交叉点，大水池，桥，自然特征（由于形状不规则不好用作 GCP），停车场（由于汽车模糊了线也最好不要用作 GCP），建筑（由于垂直高度和透视差不要用作 GCP）。

根据加拿大 Yukon 地区的试验，当 GCP 的精度为 2m 或更低时，采用 1∶5 万地形图生成 30m 分辨率的 DEM，在平坦地区的精度不会高于 2m，在山区精度不会高于 5m。

6.3.3.2 遥感影像正射校正方法

随着数字化技术和城市建设的飞速发展，传统的测绘产品已不能满足各个行业高速发展的需要，高分辨率实时性好的数字测绘产品已逐渐替代了原先的传统测绘产品。数字正射影像地图就是其中一种重要的产品。所谓正射影像，是指改正了因地形起伏和传感器误差而引起的像点位移的影像。数字正射影像不仅精度高、信息丰富、直观真实，而且数据结构简单，生产周期短，能很好地满足社会各行业的需要。利用摄影测量的方法生产正射影像，要求有准确的外业控制资料。非常耗时耗力，或遇到某地区没有现成的 DEM，又没有带高程信息的地形图可供利用时，该方法不失为一种很好的方法。但若有现成 DEM 可供利用，则可采用单片数字正射校正方案。

数字正射校正的实质就是将中心投影的影像通过几何校正形成正射投影的过程，其原理是将影像化为很多微小的区域，根据有关的参数利用相应的构像方程式或按一定的数学模型用控制点解算，求得解算模型，然后利用高程模型对原始非正射影像进行校正，使其转换为正射影像。注意校正时尽量利用影像中心区域的影像，而避免利用影像边缘的影像。

6.3.4　图像重采样方法

通过坐标变换找到校正后图像坐标(X, Y)对应畸变图像坐标(x, y)，但是(x, y)不一定就落在网格点(图像像素点)上，则必须利用(x, y)周围的像素值内插出(x, y)位置的灰度值，才能完成赋值工作。

利用像素周围多个像素点的灰度值求出该像素点的灰度值的过程称为灰度内插。目前，灰度内插方法主要为最近邻内插法、双线性内插法、三次卷积内插法。

6.3.4.1　最近邻内插法

最近邻内插法是直接取与 P 距离最近的像素 n 的灰度值 D_n 作为 P 点的重采样值（见图 6-23），即：

$$D_P = D_n$$

其中，

$$\begin{cases} x_n = \mathrm{int}(x_P + 0.5) \\ y_n = \mathrm{int}(y_P + 0.5) \end{cases}$$

最邻近法最大的优点是算法非常简单，且保持原光谱信息不变，运算量最小，处理简单、速度快。但最邻近法最大可产生半个像元的位置误差，可能造成输出图像中某些地物的不连贯，内插精度较低。并且这种方法往往在细线状态结构的边缘处产生锯齿，这对于有较细的细节结构的图像是不利的。

6.3.4.2　双线性内插法

双线性内插法是用内插点 P 周围的 4 个像素点的灰度值，对所求的像元值进行线性内插，如图 6-24 所示，该方法是用一个分段线性函数来近似表示灰度内插时周围像点的灰度值对内插点灰度值的贡献大小，该分段线性函数为：

$$\omega(t) = \begin{cases} 1 - |t| & (0 \leqslant |t| \leqslant 1) \\ 0 & （其他） \end{cases} \tag{6-45}$$

如果内插点 P 与周围 4 个最近像元的关系如图 6-24 所示，像素之间的间隔为 1，且 P 点到像素点 P_{11} 间的距离在 x 和 y 方向的投影分别为 Δx 和 Δy，则内插点 P 的灰度值 D_P 为：

$$D_P = (\omega(\Delta x) \quad \omega(1 - \Delta x)) \begin{pmatrix} D_{P_{11}} & D_{P_{12}} \\ D_{P_{21}} & D_{P_{22}} \end{pmatrix} \begin{pmatrix} \omega(\Delta y) \\ \omega(1 - \Delta y) \end{pmatrix} \quad (6\text{-}46)$$

式中，$D_{i,j}$ 为像素点 i，j 的灰度值。

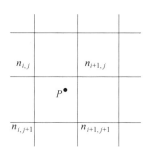

图 6-23　最近邻法重采样

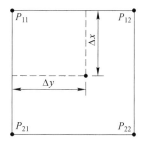

图 6-24　双线性内插法

双线性内插法的优点是计算较为简单（但计算量比最近邻点法要大），且具有一定的亮度采样精度以及几何上比较精确，从而使得校正后的图像亮度连续。其缺点是由于亮度值内插，原来的光谱信息发生了变化，而且这种方法具有低通滤波的性质，从而易造成高频成分（如线条、边缘等）信息会衰减，灰度值发生变化，使得校正后的图像轮廓变得模糊。

6.3.4.3　三次卷积法

三次卷积法是用内插点 P 周围的 16 个像素点的灰度值进行内插。该方法是采用三次重采样函数 $\omega(t)$ 来近似表示灰度内插时周围像元的灰度值对内插点灰度值的贡献大小见图 6-25，其表达式为：

$$\omega(t) = \begin{cases} 1 - 2|t|^2 + |t|^3 & (0 \leqslant |t| < 1) \\ 4 - 8|t| + 5|t|^2 - |t|^3 & (1 \leqslant |t| < 2) \\ 0 & (|t| \geqslant 2) \end{cases} \quad (6\text{-}47)$$

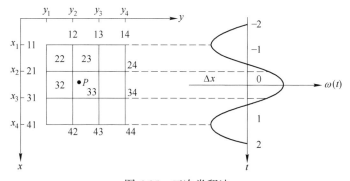

图 6-25　三次卷积法

如果内插点 P 的最近像素点为 22，像素间隔为 1，且点 P 到像素点 22 间的距离在 x 和 y 方向的投影分别为 Δx 和 Δy，D_{ij} 为 (i, j) 点的灰度值，则内插点 P 的灰度值为：

$$D_P = (\omega(1 + \Delta x) \quad \omega(\Delta x) \quad \omega(1 - \Delta x) \quad \omega(2 - \Delta x))$$

$$\begin{pmatrix} D_{11} & D_{12} & D_{13} & D_{14} \\ D_{21} & D_{22} & D_{23} & D_{24} \\ D_{31} & D_{32} & D_{33} & D_{34} \\ D_{41} & D_{42} & D_{43} & D_{44} \end{pmatrix} \begin{pmatrix} \omega(1 + \Delta y) \\ \omega \Delta y \\ \omega(1 - \Delta y) \\ \omega(2 - \Delta y) \end{pmatrix} \tag{6-48}$$

　　三次卷积法的优点是解决了前两种方法的不足，使得其计算精度高、图像的亮度连续较好、能保留图像上的高频部分，比双线性内插法的边缘锐化。缺点是计算复杂、采用卷积计算会破坏原始的数据、对控制点的选取要求较高。

7 图 像 镶 嵌

侦察图像镶嵌（mosaicking）是将两幅或多幅图像（它们有可能是在不同的成像条件下获取的）拼在一起，构成一幅整体图像的技术过程。在侦察图像图制作的过程中，图像镶嵌是非常重要的一步。例如，由于每幅（景）侦察图像的地面覆盖范围有限，为了获取更大地面范围的图像，通常需要将多幅（景）侦察图像拼成一幅图像图。图像镶嵌的技术问题之一是如何将多幅图像从几何上拼起来，即几何镶嵌；图像镶嵌的另一个技术问题是如何将多幅图像在拼接后不出现明显的拼接缝，即辐射镶嵌。本章就围绕这两方面进行介绍。

7.1 图像镶嵌主要流程

通常镶嵌中需考虑图像间的地理坐标关系，对每幅图像进行图像匹配与几何校正，将它们变换到统一的坐标系中，然后进行裁剪和重叠区处理，再将裁剪后的多幅图像镶嵌在一起，消除色彩差异，最后形成一幅镶嵌图像。

根据图像数据是否都含有地理信息，侦察图像镶嵌可分为有地理坐标的图像镶嵌和无地理坐标的图像镶嵌。对有地理坐标的图像进行镶嵌时可直接进入裁剪和重叠区处理步骤。对于无地理坐标的高分辨率侦察图像数据，由于缺少两幅图像的位置关系（通常因为图像没有经过几何校正，可能存在几何变形配准不好的问题），镶嵌的第一步需要解决的就是如何充分利用两幅图像重叠区的信息，对两幅图像进行配准以获得正确的相对位置，并且对其中一幅图像进行几何校正（以一幅为参考图像，另一幅为待校正图像），消除图像的形变。在上述步骤完成后，再进行镶嵌的余下步骤，完成镶嵌。如果需要生成彩色图像，则将两景图像所属的各波段图像分别做相同的几何配准处理。

侦察图像镶嵌的主要技术流程如图 7-1 所示。侦察图像镶嵌主要包含以下关键步骤。

（1）预处理。依据影像源特点和应用需要，进行辐射校正、去条带和斑点噪声等预处理，同时需进行有效数值、镶嵌成像波段选择等操作。

（2）影像配准。对于没有经过精校正或者两幅影像地理坐标偏差较大时，通过人工或自动匹配算法设计变换函数，把待校正影像变换到参考影像上，实现点对的有效拼接；对于多波段影像，考虑相机成像原理，通常采用统一的变换函数。

（3）拼接线的确定与相交区处理。利用获得的两幅影像的重叠区，通过几何特征、灰度计算等算法设置拼接线，确定两幅影像镶嵌拼接的接缝。

（4）影像色调调整。解决相邻影像的灰度色调差异带来的影响，避免出现明显的镶嵌痕迹，实现影像无缝镶嵌。通常对于多波段影像，需逐波段分别调整。

（5）质量评价。针对影像镶嵌的应用目的，成图后影像质量评价内容主要为影像色调和拼接区域的衔接情况，应该做到色调均一、无明显接缝差异。评价方法主要从以下两个方面：一个是主观质量评价，主要从镶嵌结果影像的辐射精度、纹理信息进行主观评价，是否有明显的接缝线，是否有错位，色调是否均匀，可针对纹理、色调等镶嵌特性对产品处理效果进行判定；另一个是客观质量评价，主要从镶嵌结果影像的辐射精度、纹理信息进行客观评价。

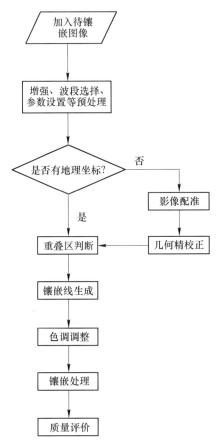

图 7-1　侦察图像镶嵌主要流程

7.2　图像的几何镶嵌

侦察图像几何镶嵌的核心问题是图像间的配准，图像配准就是要精确地找到相邻图像间的位置及范围，以便将相邻图像"缝合"成一个新的更大画面的视图。对于侦察图像而言，由于经过了前期的几何畸变校正的图像预处理，图像之间仅在局部区域存在着因插值带来的部分形变，可以合理地假设所有地物位于同一平面内，也就是说侦察图像的成像符合平面成像模型，这些图像可以看作是光轴垂直于地面的相机拍摄得到的基准图像，图像间的关系可以简化为只有平移旋转运动。

侦察图像几何镶嵌的成功与否主要是图像间的配准，通常人们关心两个问题，即配准的精度和速度。目前，图像配准的方法大致分为基于灰度的配准方法、基于变换域的配准方法和基于图像特征的配准方法三类。

基于灰度的配准方法是直接求解关于模型参数的优化问题。根据对应关系模型，这类方法将每个像素点变换成对应点，并且定义了一个描述两幅图像区域相似性的代价函数，如两幅图像间重叠区域内灰度差的平方和，即 SSD（Sum of Squared Difference），从而对模型参数进行优化。在这里，代价函数的选择比较重要，由于代价函数要用到图像本身的一些属性，一般要求两幅图像的这些属性变化不大（对于灰度图像，一般选用灰度值作为这种属性）。由于图像之间的变化（如光照条件、旋转的角度、平移的距离）很大时，对图像的这些属性（如灰度值）往往影响较大，这时使用类似于 SSD 这样的代价函数，将造成较大误差，因而一般要求相邻图像之间的变化不大。

基于变换域的配准方法就是利用傅里叶变换方法，将图像由空域变换到频域上，根据傅里叶变换的平移原理来实现图像的配准。图像的平移、旋转、镜像和缩放等变换在傅里叶变换域都有相应的体现。利用变换域方法还有可能获得一定程度的抵抗噪声的鲁棒性。另外，傅里叶变换由于有成熟的快速算法和易于硬件实现，因而在算法实现上也具有独特的优势。一般来说，采用变换域的方法可以为图像镶嵌提供一个良好的初始配准参数。

基于特征的配准方法，首先要对图像进行预处理，提取满足特定应用要求的特征，然后利用特征之间的对应确定模型中的参数。这种方法的主要困难在于如何提取和选择鲁棒的特征，以及如何对特征进行匹配，其中要克服由于图像噪声和场景中出现遮挡现象所引起的误匹配的问题。常用的图像匹配特征有点、直线、曲线等。目前大多数文献都是采用点特征进行图像间的配准来实现图像的镶嵌。

7.2.1 基于灰度的配准方法

这类方法一般是利用图像本身灰度的一些统计信息来度量图像的相似程度，主要特点是实现简单，但应用范围较窄，在最优变换的搜索过程中往往需要巨大的运算量。下面主要介绍两种典型的基于灰度的图像配准算法——模板配准法和比值配准法。

7.2.1.1 模板配准法

模板配准法是通过计算模板图像和搜索图像之间的互相关值，来确定匹配的程度，互相关值最大时的搜索窗口位置决定了模板图像和待配准图像中的位置。一般图像在进行模板匹配处理时，首先定义待配准分块图像窗口的大小定义为模板图像，并将基准图像（搜索图）划分成若干个大小与模板图像相同的临时窗口，同时给出起始坐标值；然后通过模板图像在基准图像上移动，计算它与基准图像窗口的相关值，再采用循环比较的计算方法，搜索有最大相关值的位置，其所在位置的坐标即作为配准控制点坐标，与待配准图像上的相应坐标构成配准点对；最后计算变换模型参数并对待配准图像进行重采样，在本算法中变换模型采用仿射变换，重采样采用双线性插值。

设基准图像为 S，待配准模板为 T，如图 7-2 所示，S 大小为 $M \times N$，T 大小为 $m \times n$。模板配准法的主要思想为：在基准图 S 中以某点 (i, j) 为基点，截取一个与模板 T 大小一样的分块图像，这样的基点有 $(M - m + 1) \times (N - n + 1)$ 个，配准的目标就是在这 $(M - m + 1) \times (N - n + 1)$ 个分块图像中找一个与待配准图像最相似的图像，这样得到的基准点就是最佳配准点。

设模板 T 在基准图 S 上移动，模板覆盖下的那块搜索图称为子图 $S^{i, j}$，(i, j) 为这块子图的左上角点在 S 图中的坐标，称为参考点。然后比较 T 和 $S^{i, j}$ 的内容。若两者一致，

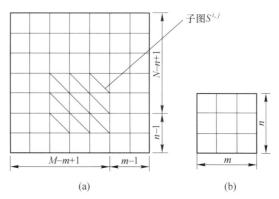

图 7-2　基准图像 S 与模板 T 示意图

（a）基准图像 S；（b）模板 T

则 T 和 $S^{i,j}$ 之差为零。在现实图像中，两幅图像完全一致是很少见的，一般的判断是在满足一定条件下，T 和 $S^{i,j}$ 之差最小。

根据以上思想，可采用相似性测度来衡量 T 和 $S^{i,j}$ 的相似程度。本小节通过互相关相似性测度作为两幅图像间的相似性程度度量，互相关相似性测度定义为：

$$R(i,j) = \frac{\sum_{m=1}^{M}\sum_{n=1}^{N}[S^{i,j}(m,n)T(m,n)]}{\sum_{m=1}^{M}\sum_{n=1}^{N}[S^{i,j}(m,n)]^2} \tag{7-1}$$

式中，T、$S^{i,j}$ 分别为待配准模板图像与基准图像上的窗口图像；M、N 分别为对应窗口中的像素数量；$R(i,j)$ 为模板子图像 T 与基准图像 S 中的参考点 (i,j) 处的子图像 T 的相似性度量；$T(m,n)$ 为模板子图像中第 m 行和第 n 列的像素的灰度值；$S^{i,j}(m,n)$ 为基准图像中参考点 (i,j) 处的参考子图像上的第 m 行和第 n 列的像素的灰度值。当模板和基准图像在位移 (i,j) 处恰当匹配时，互相关相似度出现峰值。

由于不同时段，不同天气，即使来源于同一传感器拍摄场景的图像也会有不同的图像表现，图像中同一目标会表现出变化的图像强度。为防止这些因素影响配准精度，将互相关相似性测度归一化为：

$$R(i,j) = \frac{\sum_{m=1}^{M}\sum_{n=1}^{N}[S^{i,j}(m,n)T(m,n)]}{\sqrt{\sum_{m=1}^{M}\sum_{n=1}^{N}[S^{i,j}(m,n)]^2}\sqrt{\sum_{m=1}^{M}\sum_{n=1}^{N}[T(m,n)]^2}} \tag{7-2}$$

在式（7-2）中，当且仅当 $\dfrac{S^{i,j}(m,n)}{T(m,n)}$ 等于常数时，$R(i,j)$ 取极大值，此时认为 (x,y) 是最佳配准位置。

图 7-3（a）和（b）分别是基准图像和右图像待配准图像，其大小为 660×580 像素，在这里的两幅图像经过了前期的图像预处理，图像间不存在明显的旋转变形。用模板匹配法对其进行配准（模板选取 7×7），得到如下结果。

(a) (b)

图 7-3　待配准的两幅航空侦察图像

（a）基准图像；（b）待配准图像

扫码查看图片

　　当采用模板配准法的时候，如果待配准图像的模板选取的位置不好，包含过多相同的区域（见图 7-4），矩形框的区域表示所选取的模板位置，由于包含了过多的同色区域，那么镶嵌的时候则必然发生误匹配；如果所选取的模板位置较好，包含有用的配准信息（见图 7-5），矩形框的区域表示所选取的模板位置，包含了具有较多特征的区域，那么该方法能够完成配准。配准的时间跟模板选取的大小有关，模板越小则速度越快，不过模板过小也容易发生误匹配。

图 7-4　图像模板选取不恰当的情况图　　图 7-5　图像模板选取恰当的情况

扫码查看图片　　　　　　　　　　　扫码查看图片

　　图 7-6 是利用模板配准法成功配准后的图像，图中的虚线矩形框区域为配准后找到的两幅图像的重叠区域。

7.2.1.2　比值配准法

　　比值配准算法的思路是利用图像中两列的部分像素的比值作为模板，即在待配准图像的重叠区域中分别在两列上取出部分像素，用它们的比值作为模板，然后在基准图像中搜索最佳的匹配。匹配的过程是在基准图像中，由左至右依次从间距相同的两列上取出部分像素，并逐一计算其对应像素值的比值；然后将这些比值依次与模板进行比较，其最小差值对应的列就是最佳匹配。

根据侦察图像的特点，具体做法是在第 1 幅（基准图像）图像的右半部分，相隔 30 个像素距离的 2 列上，取对应的两组数，这两组数在图像中间位置截取 m 个连续像素（一般取 m 为图像行数的一半）作为向量 $L_1(m)$ 和 $L_2(m)$。记第一个向量 $L_1(m)$ 的第一个元素为 $A(k, l)$，则：

$$L_1(m) = (A(k, l), A(k+1, l), \cdots, A(k+m-1, l)) \tag{7-3}$$

$$L_2(m) = (A(k, l+30), A(k+1, l+30), \cdots, A(k+m-1, l+30)) \tag{7-4}$$

计算其比值得到一个浮点数组记为比值向量 $L(m)$，计算公式为：

$$L(m) = \frac{L_2(m)}{L_1(m)} = \left(\frac{A(k, l+30)}{A(k, l)}, \frac{A(k+1, l+30)}{A(k+1, l)}, \cdots, \frac{A(k+n-1, l+30)}{A(k+n-1, l)} \right) \tag{7-5}$$

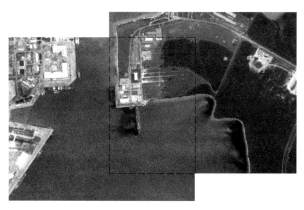

图 7-6　配准后图像间的空间位置关系

扫码查看图片

但是在选取两列作为模板的像素时，如果任意选择两列像素，也许会选择到特征不明显的同色区域的两列像素，从而造成配准的困难，所以选取该模板时应进行预先筛选。具体方法是：先对基准图像右半部分进行扫描，分别计算每隔 30 列像素的两列向量中间 m 个元素（m 的取法同上述）的比值向量，然后将该比值向量的各个元素相加，取该和值最大的两列向量，它们的比值就是 $L(m)$，即比值匹配时的模板。

然后，从待配准图像的最左侧开始在相隔同样距离（30 个像素）的两列取出 $m+200$ 个像素的数据（假设上下垂直交错的距离在 100 个像素以内）。计算它们的比值，就得到了浮点数组 $R(m+200)$。扫描的结束区域为从待配准图像的第 1、第 21 列，接着是第 2、第 22 列，依次下去，一直取到图像宽度的一半。

匹配时，首先进行垂直方向的比较，对于每一个 dis（可能的上下交错距离，$0 \leqslant dis \leqslant 200$），设交错距离判定函数为 $\Delta[dis]$：

$$\Delta[dis] = \sum_{i=0}^{m-1} (R[i+dis] - L[i])^2 \tag{7-6}$$

$\Delta[dis]$ 实际上计算的是差值平方和的数组，里面存储了 200 个与可能交错距离相对应差值的平方和，计算差值平方和的目的是寻求对于在待配准图像中确定的两列向量，它们和模板匹配程度最高的上下位置。从而确定上下的相对位置，对应最小值的就认为是组内最佳匹配，并记录垂直方向距离 dis。接着在待配准图像上向右移一位继续取相隔 30 列的两列向量，再寻找上下的最佳匹配位置，循环计算所有的数组与模板的对应值差值平方和，就得到了每个数组的组内最佳匹配和垂直方向距离。最后将每个数组的组内最佳匹配进行比较，即进行水平方向的比较，得到的最小值就认为是全局最佳匹配。图 7-7 和图 7-8 分别是基准图像和待配准图像，其大小为 512×512 像素，这里的两幅图像同样经过了前期的图像预处理，图像间仅存在垂直的上下交错。

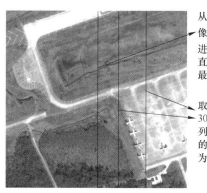

从基准图像 $\frac{1}{2}$ 处进行扫描直到图像最右侧

取相隔为30 列的两列列向量的比值作为模板

图 7-7　基准图像

扫码查看图片

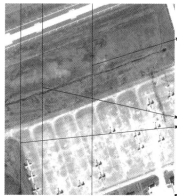

从待配准图像最左侧进行扫描直到图像 $\frac{1}{2}$ 处

用选取的比值模板对相隔为30 列的两列列向量的比值进行扫描

图 7-8　待配准图像

扫码查看图片

用比值配准法对其进行配准（两列数组相隔 30 列像素），得到如下图实验结果。同样，比值配准法对两列列向量比值的选取很重要，如果选取不好，很容易发生误匹配，因此在比值的选取上应选取包含较多特征信息的列向量作为比值模板。比值匹配法的配准速度与其他算法相比较而言是很快的，但是其算法的稳定性欠佳，容易发生误匹配，不适于高精度配准要求。图 7-9 为成功配准后的图像，图中的虚线矩形框区域为配准后找到的两幅图像的重叠区域。

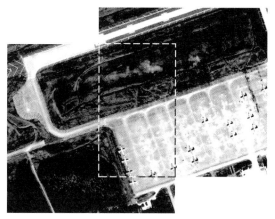

图 7-9　比值配准法配准后图像的空间位置关系

扫码查看图片

基于灰度的配准方法直接完全利用了所有的灰度信息，对光照变化相当敏感，适用于比较简单的纯平移变换，对于含有旋转和缩放等更复杂的图像变换时，该类方法很难实现匹配。

7.2.2   基于变换域的配准方法

    基于图像灰度配准算法计算量相对较大，不利于快速化图像配准；在配准精度上，两种算法在模板的选取上要经过严格的筛选，如果模板选择在灰度差异较小的同色区域，很容易造成误匹配，导致配准失败。为了避免该类情况的发生，基于变换域的配准方法应运而生，此类方法主要用于解决大面积同色区域配准成功率低的问题。该方法首先将图像变换到频率域，通过求取基准图像与待配准图像间的互功率谱函数的最大值，得到待配准图像相对于基准图像的位移量，从而确定了两幅图像的大致重叠区域；之后在重叠区域中利用两幅图像每一列梯度最大值所组成的数列，寻找最为相似的起始点，得到两幅图像的最佳配准位置，实现两幅图像的自动配准。包括图像的粗配准和精配准两个部分，其实现过程如图 7-10 所示。

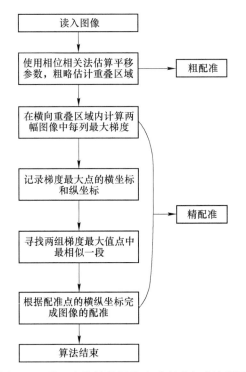

图 7-10   基于变换域的图像自动配准方法流程图

7.2.2.1   图像粗配准

    这里的粗配准指的是利用傅里叶相位相关的方法。虽然相位相关法一般需要比较大的重叠比例，但在小重叠率的情况仍可以得到相对精确的配准。这里主要是充分利用相位相关法的简单快捷、在有噪声情况下结果仍旧可靠和精确的特性，将图像由空域变换到频率域，获得两幅图像大致的重叠区域，为后续的精确配准提供一个初始搜索范围。基于傅里叶变换的相位相关原理简述如下。

    设同一场景两幅图像 $f_1(x, y)$ 和 $f_2(x, y)$。$f_1(x, y)$ 是基准图像，$f_2(x, y)$ 是 $f_1(x, y)$ 平移 (x_0, y_0) 后的位移图像，两者的关系可写成：

$$f_2(x, y) = f_1(x - x_0, y - y_0) \tag{7-7}$$

将式(7-7)进行傅里叶变换，得：

$$F_2(u, v) = \exp[-j2\pi(ux_0 + vy_0)]F_1(u, v) \tag{7-8}$$

即两幅图像的傅里叶变换有相同的振幅，但存在相位上的差异，通过计算两幅图像的互功率谱（cross power spectrum）来得到相位差。互功率谱定义为：

$$\frac{F_2 F_1^*}{|F_2 F_1^*|} = \exp[-j2\pi(ux_0 + vy_0)] \tag{7-9}$$

式中，F^* 是 F 的复共轭，将式(7-9)进行傅里叶反变换，得：

$$\delta(x - x_0, y - y_0) = F^{-1}\{\exp[-j2\pi(ux_0 + vy_0)]\} \tag{7-10}$$

这里的 $\delta(x - x_0, y - y_0)$ 为狄拉克函数，也称冲激函数，寻找函数峰值点对应的坐标，即可得到所要求的粗配准点 (x_0, y_0)。实际上，在计算机处理中，连续域要用离散域代替，这使得冲激函数转化为离散时间单位冲击函数序列的形式。在实际运算中，两幅图像互功率谱相位的反变换，总是含有一个相关峰值代表两幅图像的配准点，和一些非相关峰值，相关峰值直接反映两幅图像间的一致程度。更精确地讲，相关峰的能量对应重叠区域的所占百分比，非相关峰对应非重叠区域所占百分比。

上述结论是基于两幅图像具备简单的平移关系而言的，在实际情况下，由于对可见光航空侦察影像进行了几何畸变的校正的预处理，图像间不存在明显的旋转变形，因此该方法适用于确定粗略的配准区。

相位相关法估算的平移参数不是很精确，但可以为下一步的精确配准提供一个初始搜索范围。重要的是，相位相关法使用 FFT 实现，速度较快。

7.2.2.2   图像精配准

在找到了两幅图像大致的重叠区域的基础上，采用求取基准图像与待配准图像共有部分（重叠区域）的列梯度最大值，来达到精确配准的目的，具体做法如图 7-11 所示。

设基准图像为 T、待配准图为 S，两幅图像的宽高分别为 W_T、H_T 和 W_S、H_S。待配准图像相对于基准图像的位移为 (x_0, y_0)，因此分别在基准图像 $(W_T(x_0), W_T)$ 的长度区间和待配准图像 $(0, W_S(x_0))$ 的长度区间内求出每列梯度最大值点。

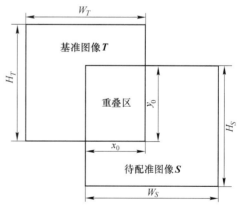

图 7-11   图像精确配准示意图

这样就可以得到两个长度为 x_0 的数列记为 GW_T 和 GW_S，其中数列的元素是该列上梯度值最大点的纵坐标。

同时规定确定每列梯度的最大点时要遵循以下原则：

（1）如果一列中有两个或两个以上的梯度值最大点时，通常选择离中线距离最近的一个点；

（2）如果一列中存在两个点与前一列梯度最大值点的距离相同，则选择前一列梯度最大值点下方的点；

（3）图像的最外层一圈不参与梯度最大值的计算，这样的裁减最终也不会影响配准结果。

这里，GW_T 和 GW_S 的相似程度 $Similar(GW_T，GW_S)$ 可以用 GW_T、GW_S 的方差来描述，即：

$$Similar(GM_T，GM_S) = D(GM_T - GM_S) \qquad (7\text{-}11)$$

其中，方差为：

$$D(GM_T - GM_S) = \sum_{i=0}^{x_0} \left[(GM_T[i] - GM_S[i]) - E(GM_T[i] - GM_S[i]) \right]^2 \qquad (7\text{-}12)$$

式中，

$$E(GM_T[i] - GM_S[i]) = \sum_{i=0}^{x_0} \frac{GM_T[i] - GM_S[i]}{x_0} \qquad (7\text{-}13)$$

$Similar(GW_T，GW_S)$ 越小，说明 GW_T 和 GW_S 越相似，那么必然可以找到这样的 GM_T^0 和 GM_S^0，使得：

$$Similar(GM_T^0，GM_S^0) = \min \left\{ Similar(GM_T，GM_S) \right\} \qquad (7\text{-}14)$$

其中，GM_T^0 和 GM_S^0 的起始位置就是最佳匹配的横坐标，$GM_T^0[0]$ 和 $GM_S^0[0]$ 是起始位置所在列最大梯度值的纵坐标，也就是最佳匹配的纵坐标。

综上所述，设 $f_1(x，y)$ 为基准图像，$f_2(x，y)$ 为待配准图像。根据上述原理，两幅图像 f_1，f_2 的配准过程如下：

（1）输入基准图像和待配准图像 $f_1(x，y)$ 和 $f_2(x，y)$；

（2）分别对 $f_1(x，y)$ 和 $f_2(x，y)$ 进行快速傅里叶变换，得到其傅里叶变换 $F_1(u，v)$ 和 $F_2(u，v)$；

（3）按式(7-9)计算 $F_1(u，v)$ 和 $F_2(u，v)$ 的互功率谱，求出待配准图像相对于基准图像的平移量 $(x_0，y_0)$，得到了两幅图像大致的重叠区域，实现图像的粗配准；

（4）按式(7-10)分别在两幅图像的横坐标的重叠区间内求取列梯度最大值，并记录最大值点的纵坐标，得到两个梯度最大值数列；

（5）根据式(7-14)找到两个梯度最大值数列中最相似的点 GM_T^0 和 GM_S^0，得到两幅图像的最佳配准点 $(GM_T^0，GM_T^0[0])$ 和 $(GM_S^0，GM_S^0[0])$，进而配准图像。

例如，图 7-12(a)和(b)分别是基准图像和待配准图像，其大小为 512×512 像素，图 7-12(c)和(d)分别是其对应的频谱图。

| (a) | (b) | (c) | (d) |

图 7-12　示例图像数据

扫码查看图片

首先将两幅图像变换到频率域，之后通过互功率谱函数的傅里叶反变换，得到冲激函数的峰值位置如图 7-13 所示（X 和 Y 坐标对应着图像的宽度和高度，函数的峰值所在处标志着两幅图像之间的位移向量），求得两幅图像之间的平移量，得到两幅图像大致的重叠区域；最后用上述梯度最大值算法求得精确的配准位置。

利用基于变换域的图像配准算法配准后的图像如图 7-14 所示，图中的虚线矩形框区域为配准后找到的两幅图像的重叠区域。

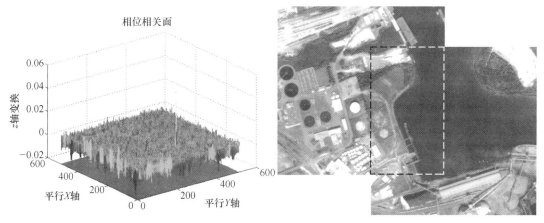

图 7-13　冲激函数的峰值位置图

扫码查看图片

图 7-14　基于变换域的配准
后图像的空间位置关系

扫码查看图片

对比图 7-6、图 7-9 和图 7-14，其图像配准结果见表 7-1。

表 7-1　三幅图像的配准结果

实验图像	粗配准位移结果(x, y)	精配准位移结果(x, y)
图 7-3(a) 和(b)	(296, 499)	(301, 492)
图 7-7 和图 7-8	(227, 414)	(232, 404)
图 7-12(a) 和(b)	(222, 393)	(226, 388)

基于变换域的图像配准算法利用了图像的整体信息，并不局限于特征信息，能在更为宽松的条件下进行图像配准。按照该方法计算出图像每列的梯度最大值，通过比较基准图像和待配准图像重叠区域梯度最大点数列的相似性来完成图像的配准，即使在灰度差异较小的同色区域情况下配准成功率也很高。

由于傅里叶变换有成熟的快速算法和专用硬件实现，算法的实现比较简单快速，但与基于灰度的配准法一样，该方法适用于比较简单的纯平移运动，无法处理复杂的图像变换情况。

7.2.3　基于特征的配准方法

基于特征的图像配准方法是目前用得最多的方法。这类算法只利用部分灰度信息，依赖于特征提取与特征匹配的精度，对光照条件变化呈现很好的鲁棒性，具有很高的可靠性，尤其适合于不同传感器图像和成像条件变化较大情况下的图像匹配。这类算法只提取图像的显著特征，极大压缩了图像的信息量，计算量小、速度较快，而且它对图像灰度的变化具有鲁棒性。但另一方面，正是由于只有一小部分的图像灰度信息被使用，所以这种方法对特征选择和特征匹配的错误更敏感，需要可靠的特征选择和特征一致性。

常用的特征包括点特征（如角点、高曲率点等）、线特征（如直线段、边缘等）和面特征（如闭合区域等）。面特征选择的精度虽然很高，但计算量很大；线特征需要对图像用边缘检测算子进行边缘的提取，对噪声敏感性很强；目前，点特征是最为常用且效率较高的一种方法。二维图像中的角点、圆点、切点、拐点是图像的明显特征，这些点具有平移、旋转和缩放不变性，几乎不受光照条件的影响，用只包含了图像中大约 0.05% 的像素点表示了整幅图像的数据信息，其中角点是最常用的图像特征。所谓角点，就是在水平、垂直两个方向上变化均较大的点，而边缘只是在水平方向上或垂直方向上有较大的变化量。因此在基于特征的图像配准过程中，角点提取具有很重要的意义。

图像匹配的一般过程如图 7-15 所示。无论采用何种特征点，都需要经过特征点提取、特征点描述和特征点匹配三个主要步骤，最终匹配的特征点即可作为图像匹配所需的控制点。其中，特征提取是图像配准的关键部分，特征提取的速度和精度直接影响到图像的配准效果。

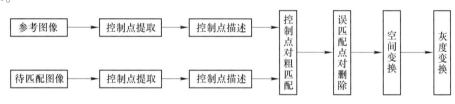

图 7-15   图像匹配的一般过程

7.2.3.1 基于 Harris 角点的提取和匹配

Harris 角点由 Harris 和 Stephens 于 1988 年提出，是一种直接基于图像灰度的角点，具有计算简单、稳定性和鲁棒性较高的特点。

如图 7-16 所示，人眼对角点的识别通常是通过在一个局部的小窗口完成的。如果这个特定窗口在各个方向上移动时，窗口内图像的灰度没有发生变化，那么窗口内就不存在角点，均为平面，如图 7-16(a)所示。如果窗口在某一个（些）方向移动时，窗口内的图像灰度发生较大的变化，而在另一些方向上没有发生变化，那么窗口内的图像可能就是一条边缘，如图 7-16(b)所示。如果窗口在各个方向上移动时，窗口内图像的灰度都发生了较大的变化，那么窗口内的图像可能就是角点，如图 7-16(c)所示。

图像 $I(x, y)$ 在点 (x, y) 处平移 (u, v) 后的自相似性，可以通过自相关函数给出：

$$C(u, v) = \sum_{(u, v) \in W(x, y)} w(u, v) \left[I(x + u, y + v) - I(x, y) \right]^2 \qquad (7-15)$$

式中，$W(x, y)$ 为以点 (x, y) 为中心的窗口；$w(u, v)$ 为加权函数，它既可以是常数，也可以是高斯加权函数 $\exp\left\{ \dfrac{-\left[(u - x)^2 + (v - y)^2 \right]}{2\sigma^2} \right\}$，为简化起见，将 $\sum\limits_{(u, v) \in W(x, y)} w(u, v)$ 表示为 $\sum\limits_{W}$。对式(7-15)进行泰勒展开，得：

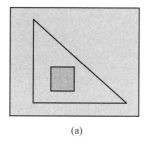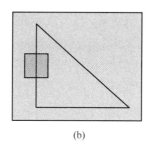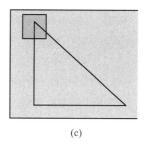

图 7-16 窗口的移动与角点的检测

（a）窗口移动与平面；（b）窗口移动与边缘；（c）窗口移动与角点

$$C(u,\ v) = \sum_W \left[I(x+u,\ y+v) - I(x,\ y) \right]^2$$
$$= \sum_W \left[I(x+y) + I_x u + I_y v - I(x,\ y) \right]^2$$
$$\approx \sum_W \left[I_x u + I_y v \right]^2 = \sum_W (I_x^2 u^2 + I_x u I_y v + I_y v I_x u + I_y^2 v^2)$$
$$= \sum_W (u\ \ v)\begin{pmatrix} I_x^2 & I_x I_y \\ I_y I_x & I_y^2 \end{pmatrix}\begin{pmatrix} u \\ v \end{pmatrix} \tag{7-16}$$

令 $M(x,\ y) = \sum_W \begin{pmatrix} I_x^2 & I_x I_y \\ I_y I_x & I_y^2 \end{pmatrix}$ ，则：

$$C(u,\ v) \cong (u\ \ v)M(x,\ y)\begin{pmatrix} u \\ v \end{pmatrix} \tag{7-17}$$

即图像 $I(x,\ y)$ 在点 $(x,\ y)$ 处平移 $(u,\ v)$ 后的自相关函数可以表示为式（7-17）所示的二次项函数。

二次项函数本质上是一个椭圆函数，椭圆的扁率和尺寸由 $M(x,\ y)$ 的特征值 λ_1 和 λ_2 决定，椭圆的方向由 $M(x,\ y)$ 的特征向量决定。

椭圆函数特征值与图像中的角点、边缘和平面之间的关系，可分为三种情况：

（1）边缘，即一个特征值大，另一个特征值小。自相关函数值在某一方向上大，在其他方向上小；

（2）平面，即两个特征值都小，且近似相等。自相关函数值在各个方向上都小；

（3）角点，即两个特征值都大，且近似相等。自相关函数值在各个方向上都大。

因此，通过计算二次项函数 $M(x,\ y)$ 的特征值，可以对图像中的角点进行检测。Harris 给出的角点判别方法并不需要计算具体的特征值，而是计算一个角点响应函数（CRF，Corner Response Function）来判断角点。

CRF 的计算公式为：

$$CRF(x,\ y) = \det(M) - k\left[trace(M)\right]^2 \tag{7-18}$$

式中，k 为常数，$k = 0.04 \sim 0.06$；det 为矩阵的行列式；$trace$ 为矩阵的迹（矩阵对角线元素的和），分别表示为：

$$\det(M) = \lambda_1 \lambda_2 = I_x^2 I_y^2 - (I_x I_y)^2$$
$$trace(M) = \lambda_1 + \lambda_2 = I_x^2 + I_y^2 \tag{7-19}$$

CRF 的局部极大值所在的点即为 Harris 角点，由此可以给出 Harris 角点检测的步骤如下。

（1）计算图像 $I(x, y)$ 在 X 和 Y 两个方向的梯度 $\boldsymbol{I}_x$ 和 $\boldsymbol{I}_y$：

$$\nabla\boldsymbol{I} = \begin{pmatrix} \dfrac{\partial \boldsymbol{I}}{\partial x} = \boldsymbol{I}_x \\ \dfrac{\partial \boldsymbol{I}}{\partial y} = \boldsymbol{I}_y \end{pmatrix} = \begin{pmatrix} \boldsymbol{I} \otimes (-1 \quad 0 \quad 1) \\ \boldsymbol{I} \otimes (-1 \quad 0 \quad 1)^T \end{pmatrix}$$

（2）计算图像两个方向梯度的乘积，得到三幅梯度图像：

$$\boldsymbol{I}_x^2 = \boldsymbol{I}_x \cdot \boldsymbol{I}_x, \ \boldsymbol{I}_y^2 = \boldsymbol{I}_y \cdot \boldsymbol{I}_y, \ \boldsymbol{I}_{xy} = \boldsymbol{I}_x \cdot \boldsymbol{I}_y$$

（3）对所得的三幅梯度图像分别进行高斯滤波，即采用高斯模板分别与三幅图像进行卷积，得到 $\overline{\boldsymbol{I}_x^2}$、$\overline{\boldsymbol{I}_y^2}$ 和 $\overline{\boldsymbol{I}}_{xy}$。

（4）构造自相关矩阵 $\boldsymbol{M}$。

（5）计算每个像元的角点响应 CRF，并将小于某一阈值 t 的 CRF 置 0；在 3×3 或 5×5 的邻域内进行非极大值抑制，局部最大值点即为角点。

在特征点提取的基础上，搜索匹配控制点对是图像匹配过程的关键。在常用的基于 Harris 角点的图像匹配算法中，一般首先采用基于角点邻域灰度相关的粗匹配方法建立角点对应关系，然后利用基于随机抽样一致（RANSAC，Random Sample Consensus）算法的精匹配方法对误匹配点对进行删除。

（1）基于角点邻域灰度相关的角点粗匹配。图 7-17 给出了角点邻域相关匹配的示意图。具体步骤如下：

步骤一，对参考图像中的一个角点，分别计算其邻域（如 $n \times n$ 窗口）与待匹配图像中所有角点的邻域的灰度相关函数；

步骤二，对参考图像中的每个角点重复上述过程，由此建立一个灰度相关函数矩阵；

步骤三，基于相关函数矩阵进行角点匹配，可以采用双向最优准则方法、阈值法或预设匹配角点个数等策略实现。

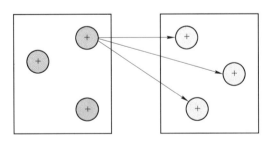

图 7-17   角点邻域相关匹配

（2）基于 RANSAC 的角点精匹配。不正确的匹配点会影响变换矩阵的计算精度，有时会有很大偏差，因此需要对误匹配点进行删除。RANSAC 是一种较常用的误匹配点删除方法。RANSAC 是一种稳健的参数估计方法，该方法通过反复随机提取最小点集估计变换函数中参数的初值，利用这些初始值把所有的数据分为所谓的"内点"（Inliers，满足估计参数的点）和"外点"（Outliers，不满足估计参数的点），最后用得到的"内点"重新计算和估计函数的参数。

以图 7-18 的直线拟合为例，图中有一组二维坐标点，假设这些点符合直线分布，理想拟合得到的直线在图中以直线表示。从图 7-18 中可见，点集中有一个与大部分点偏离都很大的数据（一般称之为外点或野点），如果直接使用最小二乘法进行直线拟合，拟合的直线（图中以虚线表示）与理想直线会发生很大偏差。采用 RANSAC 算法后，外点被去掉了，采用保留的数据点拟合所得的直线与理想直线很接近。

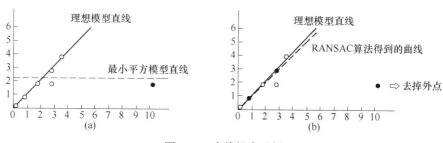

图 7-18　直线拟合示例

（a）无 RANSAC；（b）有 RANSAC

在图像匹配过程中，计算图像间变换关系时也同样可能产生上述实例的问题，此处误匹配点就等同于外点或野点，RANSAC 算法的作用就是要将这样的外点删除，对匹配点对进行提纯。RANSAC 算法介绍如下，给定 N 个数据点组成的数据集合 P，模型参数至少需要 m 个数据点求出（$m<N$）。将下述过程运行最小抽样数 M 次：

（1）步骤一，从 P 中随机选取含有 m 个数据点的子集 S_1；

（2）步骤二，由所选取的 m 个数据点利用最小二乘法计算出模型 H；

（3）步骤三，对数据集合中其余的$(N-m)$个数据点，计算出它们与模型 H 之间的距离，记录满足某个误差允许范围的数据点的个数。

在重复上述步骤 M 次之后，对应最大。值的模型即为所求模型，数据集合 P 中的这个数据即为内点，其余的$(N-c)$个数据点即为外点。

采用基于角点邻域灰度相关的角点粗匹配和基于 RANSAC 的角点精匹配，就可以得到匹配结果。

例如，选取图 7-19 的可见光航空侦察影像，图像大小均为 512×512 像素。

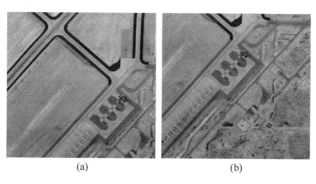

（a）　　　　　　　　　　　（b）

图 7-19　待配准的两幅可见光航空侦察影像

（a）基准图像；（b）待配准图像

扫码查看图片

首先，通过相位相关的方法获取两幅图像的重叠区域大致位置；接着利用 Harris 算子在重叠区域内自动提取特征点（见图 7-20），检测到基准图像的角点个数为 76 个，待配准图像的角点个数为 77 个；然后对所提取的角点进行初匹配，在初匹配过程中，由于阈值 T 为经验参考值，本文选取阈值 $T = 0.75$，进行初匹配（见图 7-21），得到初始的匹配点对个数为 51 个；最后进行外点消除（见图 7-22），得到最终的匹配点对个数为 40 个，通过配准后的图像（见图 7-23），虚线矩形框区域为配准后找到的两幅图像的重叠区域。

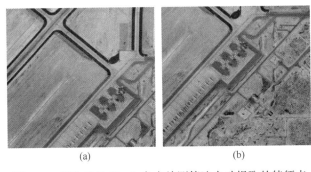

(a)   (b)

图 7-20　用改进的 Harris 角点检测算法自动提取的特征点

（a）对基准图像初始提取的角点；（b）对待配准图像初始提取的角点

扫码查看图片

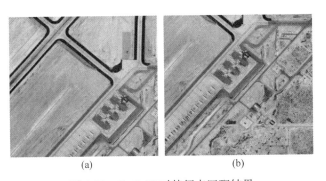

(a)   (b)

图 7-21　$T = 0.75$ 时特征点匹配结果

（a）基准图像初始匹配特征点；（b）待配准图像初始匹配特征点

扫码查看图片

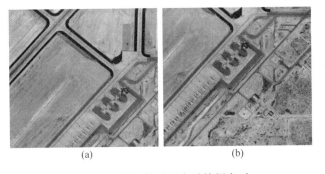

(a)   (b)

图 7-22　消除伪匹配点后特征点对

（a）基准图像消除外点后的特征点；（b）待配准图像消除外点后的特征点

扫码查看图片

Harris 角点在图像匹配中取得了很成功的应用，提取的 Harris 角点定位精度较高，同时角点匹配时充分利用了角点的邻域信息，使得角点匹配精度也较高。当待匹配图像的图像内容和成像视角没有太大的变化，并且具有近似相同的分辨率时，能得到理想的匹配结果。但是，当待匹配图像之间的地物差异较大或分辨率差异较大时，基于 Harris 角点的图像匹配方法可能失效，而这种情况是侦察图像匹配中经常出现的，这是因为待匹配侦察图像可能来自具有不同分辨率的侦察平台，或者成像于不同时相。

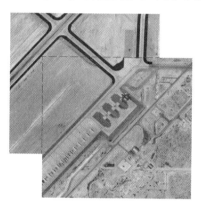

图 7-23　基于特征的图像自动配准算法配准后的图像间的空间位置关系

扫码查看图片

7.2.3.2　基于 SIFT 特征点的提取和匹配

SIFT（Scale Invariant Feature Transform）特征由 David G. Lowe 于 2004 年将其作为一种特征点的特征提出，这种特征对图像的尺度变化和旋转具有不变性，而且对光照变化和图像变化具有较强的适应性。这种特征点可以是灰度变化的局部极值点，含有显著的结构性信息，也可以没有实际的直观视觉意义，但却在某种角度、某个尺度上含有丰富的易于匹配的信息。SIFT 算法首先在尺度空间进行特征点检测，确定特征点的位置和特征点所处的尺度，然后使用特征点邻域梯度的主方向作为该点的方向特征，以实现特征对尺度和方向的不变性，最后由特征点邻域梯度信息生成特征点的特征向量。

A　SIFT 特征点的检测

SIFT 特征点检测是在图像的多尺度空间完成的。图像 $I(x, y)$ 在不同尺度下的尺度空间表示可由图像与高斯核卷积，得：

$$L(x, y, \sigma) = G(x, y, \sigma) \otimes I(x, y) \tag{7-20}$$

式中，符号 $\otimes$ 为卷积运算，$G(x, y, \sigma)$ 为二维高斯函数：

$$G(x, y, \sigma) = \frac{1}{2\pi\sigma^2} \exp\left(-\frac{x^2 + y^2}{2\sigma^2}\right) \tag{7-21}$$

式中，σ 为高斯分布的方差，称为尺度空间因子，其值越小则表征该图像被平滑得越少，相应的尺度也就越小。大尺度对应于图像的概貌特征，小尺度对应于图像的细节特征。

在高斯尺度空间的基础上，可以定义 DoG（Difference of Gaussian）尺度空间，即两个不同尺度的高斯核的差分：

$$\begin{aligned} D(x, y, \sigma) &= \left[G(x, y, k\sigma) - G(x, y, \sigma)\right]I(x, y) \\ &= L(x, y, k\sigma) - L(x, y, \sigma) \end{aligned} \tag{7-22}$$

Mikolajczyk 等经试验对比发现，归一化的高斯拉普拉斯 LoG（Laplacian of Gaussian）的极值的稳定性比其他的图像函数（例如梯度、Hessian 矩阵或 Harris 角点）都要好。归一化的 LoG 算子为：

$$LoG = \sigma^2 [G_{xx}(x, y, \sigma) + G_{yy}(x, y, \sigma)] = \sigma^2 \Delta^2 G \qquad (7\text{-}23)$$

Lowe 证明得：

$$DoG = G(x, y, k\sigma) - G(x, y, \sigma) = (k-1)\sigma^2 \Delta^2 G \qquad (7\text{-}24)$$

可以看出，归一化的 LoG 算子与 DoG 算子仅有一个系数上的差别，在所有尺度上 $k-1$ 是个常数系数，不会影响函数极值的位置，所以 DoG 核是 LoG 核的理想逼近，可以用 DoG 来代替归一化的 LoG 算子。

当产生卷积图像以后，就可以利用卷积图像按照式(7-22)来求解高斯差分函数（见图 7-24 右列），每个倍频程产生 $s+2$ 个 DoG 图像。得到 DoG 图像序列以后，通过检测 DoG 图像序列的局部极大值或者极小值来确定 SIFT 特征点的位置。每个点都和它周围的 8 个相邻点以及上下相邻尺度的 DoG 图像的分别 9 个邻域点相比较，如图 7-25 所示。如果该点比它的 26 个邻域点的值都大或者都小，那么该点就选做 SIFT 特征的候选点。

图 7-25 展示了 $D(x, y, \sigma)$ 的高效构建过程。图 7-25 的左列是用高斯核去卷积图像产生采样尺度为 k 倍的尺度空间函数。将每个倍频程（Octave，频率每增加一倍就称为一个倍频程）的尺度空间分成 s 个间隔，则 $k = 2^{\frac{1}{s}}$，如倍频程 $[\sigma, 2\sigma]$ 则被分割成 $[\sigma, k\sigma, k^2\sigma, \cdots, k^{s-1}\sigma, 2\sigma]$。那么每个倍频程必须产生 $(s+3)$ 个卷积图像才能保证最后的极值检测能够覆盖整个倍频程的 s 个间隔。当一个倍频程处理完以后，下一个倍频程的第一幅图像由第一倍频程的第 s 幅图像下采样得到，其他的操作和前一个倍频程的处理相同。

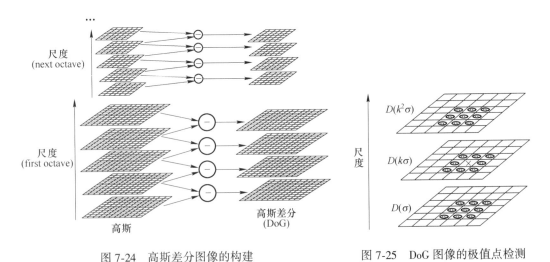

图 7-24　高斯差分图像的构建　　　　图 7-25　DoG 图像的极值点检测

当一个特征候选点被确定以后，下一步就需要对该点周围数据进行拟合来求得精确的位置、尺度和曲率比。邻域对比度较低（易于受到噪声干扰）或者在边缘上（定位不准确）的候选点将被抛弃。SIFT 算法通过拟合三维二次函数的方法来精确定位极值点的位置和尺度，以增强匹配稳定性、提高抗噪声能力。

最后，利用特征点邻域像素的梯度方向分布特性为每个特征点指定方向参数，使算子具备旋转不变性。梯度方向直方图由特征点邻域内采样点的梯度方向组成，直方图共有10个柱，覆盖360°的方向范围。每个采样点梯度幅值都乘以一个以特征点为中心的高斯权重，然后添加到对应的方向柱里面。直方图的波峰代表该特征点局部邻域梯度的主方向，该主方向就作为特征点的主方向。若梯度直方图中还存在一个超过主波峰80%的次波峰，则将该方向作为特征点的另外一个主方向。一个特征点可能有多个主方向，从而产生多个特征描述矢量。另外，可以通过抛物线拟合插值确定波峰的精确位置。

至此，图像的 SIFT 特征点已检测完毕，每个特征点包含位置、尺度和主方向三个信息。图 7-26 给出了一个 SIFT 特征点检测的实例。图中的红色箭头（可扫描二维码查看）表示提取的 SIFT 特征点，箭头起点表示特征点的位置，方向表示特征点的主方向，长度表示特征点的尺度。

图 7-26　SIFT 特征点检测

扫码查看图片

B　SIFT 特征点的描述

SIFT 特征点被检测定位以后，需要对其进行特征描述。首先将坐标轴旋转为特征点的方向，以确保旋转不变性，然后以特征点为中心，选取 8×8 的窗口。如图 7-27 所示，图的中心为当前特征点的位置，每个小格代表特征点邻域所在尺度空间的一个像素，箭头方向代表该像素的梯度方向，箭头长度代表梯度模值，圆圈代表高斯加权的范围（越靠近特征点的像素梯度方向信息贡献越大）。然后在每 4×4 的小块上计算 8 个方向的梯度方向直方图，绘制每个梯度方向的累加值，即可形成一个种子点，如图 7-27 右部分所示。此图中一个特征点由 2×2 共 4 个种子点组成，每个种子点有 8 个方向向量信息。这种邻域方向性信息联合的思想增强了算法抗噪声的能力，同时对于含有定位误差的特征匹配也提供了较好的容错性。

实际计算过程中，为了增强匹配的稳健性，Lowe 建议对每个关键点选取 16 ×16 的窗口，使用 4×4 共 16 个种子点来描述，这样对于一个关键点就可以产生 128 个数据，最终形成 128 维的 SIFT 特征向量。此时 SIFT 特征向量已经去除了尺度变化、旋转等几何变形因素的影响，将特征向量归一化为单位向量，以进一步去除光照变化的影响。

C　SIFT 特征点的匹配

两幅图像分别提取了 SIFT 特征以后，需要对这些特征进行匹配从而确定两幅图像间

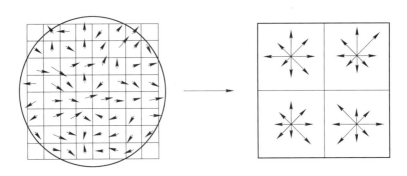

图 7-27 关键点邻域梯度信息生成特征向量

特征的对应关系。SIFT 特征匹配中较常使用的方法为基于距离的粗匹配和基于 Hough 变换与 RANSAC 的精匹配。

a 基于距离的粗匹配

查找一个特征点在另一幅图像的特征点集合中对应的特征点，一般就是在特征点集合中搜索与该特征点距离最近的特征点，即搜索最近邻特征点。特征矢量之间距离的度量一般用欧式距离，欧式距离最小的特征就是最近邻。使用最近邻的方法来进行特征匹配，需要设置一个全局阈值，距离小于这个阈值的就认为是正确的匹配对，距离大于这个阈值的就认为是错误的匹配对。由于不同特征间的鉴别性不同，使用全局阈值的方法效果往往不好。

Lowe 提出利用最近邻和次近邻比值作为判断的度量标准。该方法认为正确的匹配对的距离要比错误的匹配要小很多，如果某点与其最近邻是正确的匹配对，那么最近邻与次近邻之比较小；反之，如果最近邻和次近邻都是错误的匹配点，那么该点与最近邻和次近邻的距离都差不多，则最近邻与次近邻之比就比较大一些。通常最近邻和次近邻之比的阈值为 0.8。降低这个比例阈值，SIFT 特征点的匹配数目会减少，但更加稳定。由于正确的匹配应该比错误的匹配有着明显的最短的最近距离，最近距离法可以将 SIFT 特征点匹配的搜索空间大大减小。

确定了特征匹配的度量标准以后，搜索最近邻特征最简单的方法就是穷尽搜索，即将特征集合中的所有特征点都搜索一遍，找到最近邻和次近邻。然后利用最近邻和次近邻之比来确定是否存在正确的匹配特征点。穷尽搜索的方法原理简单，但工作效率低。k-d 树搜索是常用的一种搜索方法，它是一种高效的适合多维查找的二叉平衡搜索树算法。Beis 等在 k-d 树搜索的基础上提出了 BBF（Best Bin First）搜索算法，通过建立一个优先搜索队列减少了搜索的时间。实际运用中通常采用上述算法提高匹配的实时性。

b 基于 Hough 变换与 RANSAC 的精匹配

采用最近距离法对 SIFT 特征点进行粗匹配以后，图像中粗匹配特征点的数目大大减少，但仍然有大量的错误匹配点对存在。SIFT 特征匹配的目的是要从大量的粗匹配点对中找出少量真正匹配的、具有较高匹配精度的特征点对，作为估计图像匹配模型所需的控制点对。前述的 RANSAC 方法是去除误匹配点对时常用的方法，准确性较高，但当误匹配点对在所有点对中的比例远大于 50% 时，RANSAC 的性能较差，而 Hough 变换在这种情况下能取得较好的性能。因此，在采用 RANSAC 算法之前，首先采用 Hough 变换对粗匹配关键点对进行聚类，去除大量明显错误的错误匹配点对。

Hough 变换实质上是一种投票机制。假设选定匹配所需的变换模型为相似变换，则需要投票出尺度因子，旋转角 θ，平移参数 t_x 和 t_y 四个参数。在进行 Hough 变换时，首先确定上述四个参数的划分间隔区间和划分单元，例如，设定尺度因子的划分单元个数为 17，划分间隔区间为 2 的倍数（从 2^{-8} 到 2^8）；旋转角的划分单元为 12 个，划分间隔区间为 $30°$；平移参数的划分单元为 21 个，划分间隔区间与图像的具体尺寸有关，定义为参考图像的最大行列数的 $\frac{1}{10}$，因此可以得到一个 $17×12×21×21$ 的仿射变换参数直方图。然后对最近距离法得到的粗匹配特征点对进行投票。每次选取三对特征点，则此三对特征点可以决定一组仿射变换参数，将尺度因子聚类到距离最近的两个划分单元内，将旋转角聚类到距离最近的两个划分单元内，将平移参数聚类到距离最近的四个划分单元内。最后聚类所得的变换参数直方图的峰值位置所对应的粗匹配特征点对就是 Hough 变换提取出的匹配点对。

采用 RANSAC 方法对经过 Hough 变换聚类所得的匹配的 SIFT 特征点对估计匹配点对满足的几何约束模型，进一步提取出稳定可靠的控制点对，用于估计最终的变换模型的参数。一般情况下，侦察平台的高度比成像目标的高度要大很多，因此可将地面成像目标近似看作处于同一平面。在这种假设下，图像之间近似满足单应矩阵约束，因此可采用单位矩阵作为几何约束模型。

图 7-28 给出了一对分辨率差异较大的图像的匹配，可以看出，采用基于 SIFT 特征的图像匹配方法在待匹配图像的图像分辨率相差较大时具有较强的鲁棒性。这是由 SIFT 特征的特性所决定的，SIFT 特征的全称为 Scale Invariant Feature Transform，顾名思义，SIFT 特征对尺度变化具有不变性，因为 SIFT 关键点的检测是在多尺度空间上进行的，并且每个关键点的 SIFT 特征是在其所处的尺度空间上根据其邻域的梯度信息构造的，当待匹配图像的分辨率不同时，SIFT 算法会在多个尺度空间上对检测的 SIFT 关键点进行匹配，由此保证了 SIFT 特征的尺度不变性。

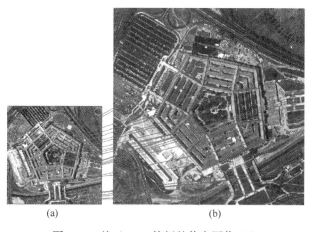

(a)   (b)

图 7-28 基于 SIFT 特征的侦察图像匹配

（a）参考图像上提取出的控制点；（b）待匹配图像上提取出的控制点

扫码查看图片

7.2.3.3　基于 SURF 特征点的提取与匹配

SIFT 提取的特征点具有很高的稳定性和准确度。但是，SIFT 也存在一些问题，主要有两个方面。一方面，SIFT 提取的特征点数量众多，存在很多的非角点，产生大量冗余，不利于后续匹配；另一方面，SIFT 的特征描述子维度过高，计算复杂，增加了计算时间，所以 SIFT 不适用于实时性要求较高的场合，应用范围受到了一定限制。而对于军事侦察图像来说，实时性通常是一个非常重要的性能指标。

为了提高运算速度，2006 年 Bay 提出了 SURF（Speed Up Robust Features）算法。SURF 算法借鉴了 SIFT 算法中简化近似的思想，将 DoH（Determinant of Hessian）中的高斯二阶微分模板进行了近似简化，使得模板对图像的滤波只需要进行几个简单的加减法运算。综上所述，SURF 不论在检测特征点还是在描述特征点时都比 SIFT 速度快，且精度相差不大，因此 SURF 更适合许多对实时性要求较高的场合。

A　SURF 特征点的检测

与 SIFT 特征类似，SURF 特征点检测仍然采用了尺度空间理论，因此保留了尺度不变的良好性能。不同之处在于，SIFT 特征采用的是 DoG 尺度空间检测子，而 SURF 特征采用的是 Fast-Hessian 检测子，检测过程为：

$$H(x,\ \sigma) = \begin{pmatrix} L_{xx}(x,\ \sigma) & L_{xy}(x,\ \sigma) \\ L_{yx}(x,\ \sigma) & L_{yy}(x,\ \sigma) \end{pmatrix} \tag{7-25}$$

式中的四个量均是图像被高斯二阶偏导卷积后的输出量。鉴于 Lowe 在用 DoG 近似 LoG 时获得的成功，Bay 等人将这种近似过程更加推进一步，直接用框状滤波器去近似高斯二阶偏导。

上述方框滤波可通过采用积分图像加速卷积来提高计算速度。所谓积分图像，就是对图像进行一次完全扫描后，积分图像中任意一点 $x = (x,\ y)$ 的值 $I_\Sigma(x)$，为原始图像左上角到点 $x = (x,\ y)$ 形成的矩形区域所有像素灰度值的总和，即：

$$I_\Sigma(x) = \sum_{i=0}^{i \leqslant x} \sum_{j=0}^{j \leqslant y} I(i,\ j) \tag{7-26}$$

对每一幅特定的图像，积分图像可以按照从左至右、从上至下的顺序一次性计算得到。一旦将一幅图像转换成积分图像的形式，在积分图像中计算一个矩形区域内的灰度之和就可以用 3 个加减运算来解决。如图 7-29 所示，$S = A - B - C + D$，与矩形的面积无关。这不仅极大提高了特征计算的速度，而且计算时间将不依赖于图像大小。

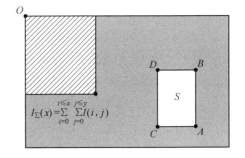

图 7-29　积分图像

试验数据表明，这种近似处理并没有造成卷积模板性能的下降。将近似模板与图像卷积的结果用 D_{xx}、D_{yy} 和 D_{xy} 表示，用它们代替 L_{xx}、L_{yy} 和 L_{xy}。因为对矩阵进行了简化，必定会产生一定的能量损失，所以必须在准确值和近似值之间添加某种映射，这里用权重系数 w 来表示它们的关系。因此，Hessian 矩阵的行列式简化为：

$$\det(Hessian) = D_{xx} D_{yy} - (w D_{xy})^2 \tag{7-27}$$

式中的 w 严格来说应该随着尺度的变化而变化，形成一系列不同的值，但是由于它的值变化对结果产生的影响在可以接受的范围内，可以认为它是一个不变的数，Lowe 等人经过实验后确定 $w=0.9$ 较为合适。对尺度空间上的全部像元使用上面的式子计算后可以获取大量斑点响应值，再对其进行比较，便能得到特征点。

金字塔形状的尺度空间在计算机视觉中被广泛应用，在尺度空间中，一幅图像的模糊程度是逐渐加强的，这就好像我们由近及远地看事物，有一个清晰到模糊的过程。为了使图像模糊，一般采取类似平滑的方法，利用高斯核函数与图像卷积。从高斯函数的波形我们看出，标准差 σ 可以改变高斯核函数的能量分布，也改变了对图像的模糊程度，并且 σ 越大，模糊效果越好。而在空域中，高斯模板的尺寸越大，模糊效果越明显，所以 SURF 通过改变高斯模板尺寸获得一系列不同尺度的图像。SURF 直接用不同尺寸的框状滤波器对原始图像进行处理，因为使用了积分图像，不同尺寸的框状滤波器的计算速度是相同的。如果尺寸为 9×9 的近似模板是初始尺度对应的模板，近似 $\sigma = 1 \sim 2$ 的高斯二阶偏导滤波器。用 s 来表示近似模板的尺度，此时 $s = \sigma = 1 \sim 2$。用初始尺度的近似模板对图像做卷积得到的是尺度空间的第一层，接下来的层依次通过尺寸逐渐增大的模板与原始图像做卷积来获得。为了保证模板尺寸的奇数性和其中心像素的存在，相邻模板的尺寸总是相差偶数个像素，如图 7-30 所示。

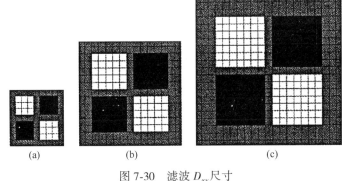

图 7-30 滤波 D_{xy} 尺寸

(a) 9×9；(b) 15×15；(c) 21×21

每 4 个模板为一阶。第 1 阶中，相邻的模板尺寸相差 6 个像素，第 2 阶中相差 12 个像素，第 3 阶中相差 24 个像素，以此类推。每一阶的第一个模板尺寸是上一阶的第二个模板的尺寸，见表 7-2。因为兴趣点的数量在尺度的方向上退化很快，所以一般情况下取 4 个 Octave 就足够了。

表 7-2 前四阶中 16 个模板的尺寸

Octave1	9	15	21	27
Octave2	15	27	39	51
Octave3	27	51	75	99
Octave4	51	99	147	195

若一个模板的尺寸是 $N \times N$，则该模板所对应的尺度为 $s = 1 - \dfrac{2N}{9}$。依次用不同尺度的模板对原始图像做卷积，在卷积过程中用式 (7-27) 计算在每一点的响应，把这些响应记录下来，就得到了不同尺度对应的响应图，从而构成了三维尺度空间。

在三维尺度空间中，对 Hessian 矩阵检测到的极值点，设定一个阈值，当极值点大于这个阈值时，对该极值点在 $3 \times 3 \times 3$ 的立体邻域内进行非极大值抑制，只有比上一尺度、下一尺度及本尺度周围的 26 个邻域值都大的极值点，才被选为特征点，继而在尺度空间进行插值，得到特征点位置和尺度信息。

B   SURF 特征点的描述

与 SIFT 等算法类似，SURF 的兴趣点描述算子所描述的依然是兴趣点某个小邻域内的灰度分布信息。SURF 使用一阶 Haar 小波在 x、y 两个方向的响应作为构建特征向量的分布信息。一阶 Haar 小波与图像进行卷积之后，可以分解出一个高频和一个低频，类似于梯度计算，其波形如图 7-31 所示。SURF 中利用 Haar 小波在 x、y 两个方向卷积积分图像，其结果类似于求取相邻像素的差值，将响应值进行累加之后，通过比较大小便能知道哪一个方向变化得更大，更可能成为特征点的主方向。Haar 小波的模板如图 7-32 所示，其中左侧模板计算 x 方向的响应，右侧模板计算 y 方向的响应，黑色表示 -1，白色表示 $+1$。

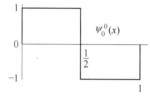

图 7-31   一维 Haar 小波波形图

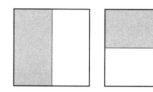

图 7-32   Haar 小波的模板

在所有尺度空间搜索 Hessian 响应值的极大值确保了 SURF 检测子的尺度不变性，为了让图像在平面内旋转时特征不变，需要找到一个可以重现的方向，即主方向。主方向的计算以特征点为中心，取特征点周围半径为 6σ（σ 为特征点所在的尺度值）的圆形区域，并且以 5 度为步长将其划分成 72 个 60° 范围的扇形。以水平轴为起点，计算每一个扇形的 Haar 小波响应 dx、dy 的加权和 Σdx、Σdy，权值按照距离特征点的距离取高斯系数，并且由得到的水平和垂直的两个矢量和中的最大值确定主方向，如图 7-33 所示。

以特征点为中心，将 y 轴旋转到主方向，这一步确保了描述子的旋转不变性。然后取一个边长为 $20\sigma \times 20\sigma$ 的矩形区域，并把它分成 4×4 子块。每个子块利用 Haar 小波计算响应值，再分别统计 Σdx、Σdy、$\Sigma |dx|$、$\Sigma |dy|$ 形成特征矢量，如图 7-34 所示。一个特征点存在 16 个子块，每个子块 4 个特征矢量，所以要用 $4 \times 4 \times 4$ 共 64 维特征矢量来描述一个特征点。SURF 降低了描述子的维度，也即降低了运算量、提高了计算速度。

上一步得到的特征向量是基于特征点周围像元信

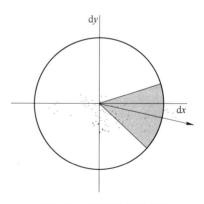

图 7-33   滑动的扇形窗口

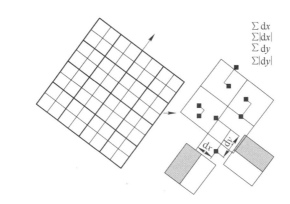

图 7-34　构建描述子向量的示意图

息来描述特征向量的，为了使得到的向量具有光照不变性，还需要将它做归一化处理。

C　SURF 特征点的匹配

SURF 特征点的匹配方法与 SIFT 特征点的匹配方法完全相似，一般采用最近距离法和 RANSAC 算法等，在此不再赘述。基于 SURF 算法的提取与匹配效果如图 7-35 所示。

图 7-35　利用 SURF 算法对旋转图像进行配准

扫码查看图片

7.3　图像的辐射镶嵌

对于军事图像情报判读而言，图像镶嵌不仅要求具有较高的配准精度，还要求具有良好的目视效果，同时还要尽可能地保持图像原来的光谱特征。但是在镶嵌的过程中，由于受到各种因素的影响，可能会出现两种拼接线：第一种是由于相邻影像色调或者曝光度不同（当两幅相邻图像季节差异较大时或不同传感器获取的侦察数据时亮度差异特别严重）产生的拼接线；第二种是由于配准误差而产生的结构性拼接线。这两种情况在同一组影像中都有可能出现。侦察图像拼接线可能是规则的直线，也有可能是不规则的折线或者曲线，甚至更加复杂的情况，不规则的线条增加了拼接线消除的难度。

图像镶嵌过程中产生拼接线会影响到图像的判读、分类等后期处理，所以侦察图像拼接线的处理要求是：视觉上图像自然过渡，镶嵌图像整体色调和亮度比较一致，同时最大限度地保持图像梯度和细节信息。目前，侦察图像主要是采用图像辐射镶嵌的方法来消除拼接线。

7.3.1　图像灰度调整

对于相邻影像色调或者曝光度不同产生的拼接线一般采用灰度调整的方法。图像灰度调整是决定航空侦察影像镶嵌质量的一个重要环节。由于航空侦察相机成像系统所构成的地物数字影像受成像时间、系统处理条件、太阳高度角等各种因素的影响，影像数据的分布及其统计特征也有明显差异。如不进行色调调整就把这种图像镶嵌起来，即使几何镶嵌的精度很高，重叠区复合得很好，但镶嵌后的两边影像的色调差异明显，拼接线十分突出，既不美观，又影响对地物影像与专业信息的分析与识别，降低应用效果。为抑制航空侦察影像的拼接线，通常使用均值方差法和直方图均衡法对影像数据做一致化处理。

7.3.1.1　均值方差法

设要进行灰度调整的相邻两幅图像为 $f(x, y)$ 和 $g(x, y)$，希望把 $f(x, y)$ 图像的色调调整到与 $g(x, y)$ 图像一致。具体变换表达式为：

$$f'(x, y) = \frac{\sigma_g}{\sigma_f}[f(x, y) - \mu_f] + \mu_g \tag{7-28}$$

式中，σ_g 为 $g(x, y)$ 灰度标准方差；σ_f 为 $f(x, y)$ 灰度标准方差；μ_g 为 $g(x, y)$ 灰度均值；μ_f 为 $f(x, y)$ 灰度均值；$f'(x, y)$ 为 $f(x, y)$ 变换结果。

7.3.1.2　直方图匹配法

直方图匹配法是根据参考图的直方图，对原始图像实施灰度变换的方法。实质上是直方图规定化处理，只是将参考图像的直方图做了规定的形式。一般可以从待处理的一组图像中选出一幅亮度和反差都比较满意的图像，将其他图像的直方图都匹配到该图像上来，这样就可以有效地减轻镶嵌图像的拼接缝效应。

7.3.2　最佳拼接线的确定

图像灰度调整之后，相邻两幅图像之间的灰度差异基本达到很小的变化，但由于不可能精确地计算出或测量出待镶嵌图像之间的一致性参数，因此从根本上消除两幅图像间相关特性跃变的影响是不可能的。这样，从一幅图像的重叠区域过渡到另一幅图像的重叠区域时，由于图像中的某些相关特性发生了跃变就产生了镶嵌缝隙，就需要通过一定的技术手段来进一步消除镶嵌缝隙。结合军事情报工作的实际需求和图像情报分析与判读的要求，定义具有如下特征的一条理想的拼接线。

（1）颜色强度上要求拼接线上的像素点在两幅图像颜色值之差最小。

（2）几何结构上要求拼接线上的像素点在两幅图像上的邻域最相似。

（3）避免切割主要目标区域，尽量保持重要、明显目标的完整性；对于图像中的油罐、碉堡、飞机等一类目标，要尽量避免切割，注意其数量的绝对准确，不能出现双影或者是压盖目标的情况，否则会直接导致错误的判读结果。

（4）避开"三角线""回形线"，尽量避免切割放射性现状目标。

（5）最佳拼接线应当光滑，无直角、毛边及不规则形状。

（6）最佳拼接线弯曲度不应过大，转弯不宜过多，整体分布要均匀。

（7）合理分配误差，将主要目标对齐、对准，尽量缩小整体误差。若一味地顾及某些重要目标忽略了其他，则其他区域的误差将过大，尤其当多幅图像镶嵌的时候，这种误差经过累计就会逐步增多，最终可能导致很严重的错误。

以上是结合军事情报工作需求补充完善的最佳拼接线条件，能够满足以上所有条件的拼接线是最理想的最佳拼接线，但由于实际图像变化复杂，很难找到一条合适的拼接线能够同时满足以上条件。因此，根据实际情况，尽量综合兼顾以上条件以得到一条基本满意的、且有利于后期处理和分析工作进行的最佳拼接线位置。但有时，为了提高处理速度，直接将重叠区域的对角线作为拼接线。

7.3.3　镶嵌缝隙的消除

在图像拼接线确立之后，下一步的工作就是要将镶嵌的缝隙消除。目前，常用的方法主要有平均值法、强制改正法、比值修改法和曲线拟合法。

7.3.3.1　平均值法

设 $f(x, y)$、$g(x, y)$ 和 $T(x, y)$ 分别为基准图像、待配准图像和缝合图像在点 (x, y) 处的像素值，则缝合图像中各点的像素值按式（7-29）确定：

$$T(x, y) = \begin{cases} f(x, y) & ((x, y) \in I_1) \\ \dfrac{1}{2}[f(x, y) + g(x, y)] & ((x, y) \in I_2) \\ g(x, y) & ((x, y) \in I_3) \end{cases} \tag{7-29}$$

式中，I_1 为基准图像中未与待配准图像重叠的图像区域；I_2 为基准图像与待配准图像重叠的图像区域；I_3 为待配准图像中未与基准图像重叠的图像区域。

取两幅图像的平均值的算法速度很快，但目视效果一般，在缝合部分有明显的带状感觉，不利于可见光航空侦察影像的判读。

7.3.3.2　强制改正法

强制改正法是一种针对已经完成几何镶嵌后的一幅完整侦察图像中的拼接线及周围附近区域所进行修改的消除方法。如图7-36所示，它的基本思想首先统计拼接线 $ABCDEFG$ 上任一像素点位置左右两侧一定范围 L 内的灰度差 Δg，然后将灰度差 Δg 在拼接线上该像素点位置两侧一定范围 h 内改正掉，参数 h 称作改正宽度。由于上述处理过程是沿拼接线逐像素进行的，为了避免改正结果出现条纹效应，每个像素位置的灰度

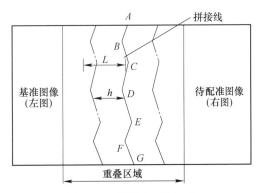

图 7-36　强制改正法示意

差 Δg 应在该像素位置前后的多个位置上共同统计得到。改正宽度 h 的大小与灰度差 Δg 成正比，Δg 越大，改正宽度 h 也越大。灰度修正时，离拼接线越近的像点，灰度值改正

得越多，离拼接线越远的像点，灰度值改正得越少，即到拼接线的距离为 d 的像点的灰度值改正量 $\Delta g'$ 为：

$$\Delta g' = \frac{h - d}{h} \Delta g \tag{7-30}$$

强制改正法原理简单，只要多幅图像能在几何上拼接起来即可，不受图像数目多少、重叠度大小、几何镶嵌精度等影响，效果较好，是目前常用的一种拼接线消除方法。但该方法仍是一种近似方法［见图 7-37(b)］，当拼接线两侧一定范围内的灰度值的差很小（黑白图像约在 10 以内，彩色图像每个分量约在 5 以内）时才不会感到明显的拼接线；但当镶嵌图像灰度差过大将会影响消除效果，如图 7-37(c)所示。

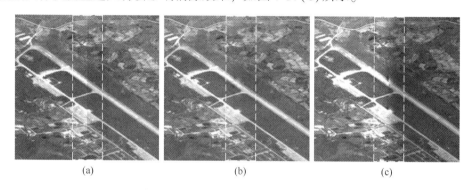

(a)　　　　　　　　　　　(b)　　　　　　　　　　　(c)

图 7-37　强制改正法消除拼接线效果图
(a) 原图像；(b) 灰度差小于 10 的改正效果；(c) 灰度差大于 10 的改正效果

7.3.3.3　比值修改法

由于图像相邻像素之间具有较强的相关性，因此在对图像进行拼接线消除的时候，相邻像素的改正值也存在一定的相似性，不可能差异很大，否则就会改变原图像中像素之间的关系，导致同一地物经过改正后，像素的特征性质改变不一致，最终同一地物在不同区域显示出不同的特征，改变了原貌，从而会进一步导致图像分析的错误，影响图像判读的质量和效果。比值修改法的基本思想是用拼接线两侧相邻像素改正后的像素值与原来像素值的比值，再根据改正范围内其他像素与拼接线的位置关系确定其他像素的改正比值，然后将改正范围内得到的各像素改正比值沿拼接线方向进行卷积平滑，以避免有可能出现的与拼接线相交的带状的改正痕迹，最终根据所得的改正比值实现对其他像素的改正，达到消除拼接线，实现灰度平滑过渡的良好视觉效果。具体算法流程如下。

(1) 统计拼接线两侧图像的平均灰度值 g_1、g_2 之差 Δg［见式(7-31)］，若 Δg 过大，则首先对两侧图像进行直方图均衡化，缩小两侧图像的整体灰度差异。

$$\Delta g = |g_1 - g_2| \tag{7-31}$$

(2) 再次统计经过直方图均衡化之后的拼接线两侧图像的平均灰度值差 $\Delta g'$，根据该灰度均值差确定改正宽度的上限 $W_{\max}$，为了实现灰度自然平滑地过渡，图像间的灰度差值越大则相应的改正范围也应当变宽，反之亦然。由于图像中拼接线周围某些区域的灰度特征相差较大，若机械地以固定的改正范围进行改正，某些区域会出现不自然的现象，为此，参考动态确定改正范围的方法，以此确定得到每一行所对应/相应的动态改正范围。

$$W_{\max} = k \times \Delta g' \tag{7-32}$$

（3）当拼接线两侧的像素值相同或相近时，灰度突变极大减弱或消失，因此拼接线得到很好地消除，视觉上不可见，为此，从第一行开始，求位于当前行拼接线两侧的最近邻的两个像素 x、y 的灰度平均值 m，再分别计算当两者均改正到此均值时的改正比值 k_1、k_2，即求所得平均值 m 与原来两个像素灰度值的比值，该比值即为确定改正范围内其他像素的改正比值的基准比值，可知拼接线两侧的改正比值一个大于 1，另一个小于 1。

$$m = \frac{x + y}{2}, \ k_1 = \frac{m}{x}, \ k_2 = \frac{m}{y} \tag{7-33}$$

（4）以上述求得的基准比值为参考，求取在上述确定的动态改正范围内求得其中各像素的初始改正比值，由于相邻像素之间具有相关性，为了在消除拼接线的同时实现灰度的平滑过渡，不出现明显的过渡痕迹，改正比值由拼接线向改正范围的边界逐渐由基准比值向 1 过渡，越靠近拼接线位置的改正比值越接近基准比值，越靠近动态改正范围边界的像素改正比值越接近于 1。

$$k(i, j) = \frac{\{k_n + (1 - k_n) \, |j - j_0|}{W_i} \quad (n = 1, \ 2) \tag{7-34}$$

式中，$k(i, j)$ 为位于图像中坐标为 (i, j) 处的像素点的改正比值；j_0 为拼接线所在位置的列坐标；j 为所求像素点的列坐标；W_i 为对应的动态改正范围。

（5）以上求取各像素改正比值的方法只是在每一行统计拼接线两侧相邻两个像素的灰度均值，然后以此得到基准改正比值再进行改正。由于拼接线两侧相邻的两个像素具有一定的特殊性，如果直接以上述得到的初始改正比值进行灰度差异的改正，则仍有可能出现类似于强制改正法容易出现的在局部区域会产生与拼接线近似相交的带状条纹的改正痕迹现象，影响拼接线消除效果，甚至使得图像的视觉效果更差。由于相邻像素之间具有较高的相关性，为保持原图像的相关特性，改正比值之间也应当具有一定的相似性。因此，为了避免这种现象的出现，对上一个步骤得到的每个像素的初始改正比值进行沿拼接线方向上的滤波平滑处理，消除这些局部区域灰度改正比值的突变点，以达到可以较好地消除上述条纹现象的目的。

（6）将改正范围内原来各像素点的灰度值与经过滤波后得到的对应改正比值相乘，即得到改正后图像的新像素值。$a_1(i, j)$ 表示坐标为 (i, j) 的像素点的改正后的新像素值，$a_0(i, j)$ 为原图像的像素值。

$$a_1(i, j) = a_0(i, j) \times k(i, j) \tag{7-35}$$

（7）为了使最终的结果图像能够更加自然平滑地过渡，且与原图像保持较高的相似性，再将上述改正后的图像与原来的图像进行加权融合，得到最终无缝的结果图像。由于直接进行加权融合会使得原来的改正范围变小，在灰度差值较大时过渡比较明显，因此，可以将原来加权融合的公式（7-36）进行简单改进得到式（7-37），在一定程度上可以减缓改正范围减小的现象，这里系数 p 可根据实际需要和图像的灰度差进行设定，一般选择 3 即可。

$$a(i, j) = \left(1 - \frac{d}{W}\right) \times a_1(i, j) + \frac{d}{W} \times a_0(i, j) \tag{7-36}$$

$$a(i, j) = \left(1 - \frac{d}{p \times W}\right) \times a_1(i, j) + \frac{d}{p \times W} \times a_0(i, j) \tag{7-37}$$

　　例如，图7-38(a)和(c)分别为拼接线两侧图像的灰度差为9和26，图7-38(b)和(d)分别为比值法消除结果。从图7-38(b)和(d)的结果来看，比值法也可以较好消除拼接缝，并且能更好地保持原图像的灰度分布状况。

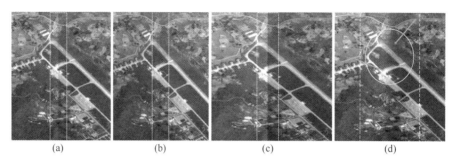

图 7-38　比值修改法消除拼接线效果图
(a)图像灰度值差小于10；(b)比值法拼接线消除效果；(c)图像灰度值差大于10；(d)比值法拼接线消除效果

7.3.3.4　曲线拟合法

　　曲线拟合的拼接线消除方法的基本思想是在改正范围内读取每一行的像素灰度值，进而对其进行曲线拟合，使得越靠近拼接线处像素灰度值变化越大，趋于一致，远离拼接线处像素灰度值变化小，越接近于原像素值，从而实现改正范围内的平滑过渡，消除拼接线。最后，改正范围内每个像素加上其对应的纹理特征，则在消除拼接线的同时更好地保持了原图像的纹理信息。

　　这里主要研究拼接线为垂直方向的情况，其他情况与之相似。首先分别计算拼接线两侧图像的灰度均值并作差，根据拼接线两侧图像灰度均值差确定改正宽度 W，即令 x、y 分别为拼接线两侧图像灰度均值，g 为灰度均值差，则：

$$g = |x - y| \tag{7-38}$$

$$W = Kg \tag{7-39}$$

式中，K 为系数，根据实际需要自己确定，一般在保证效果而又不过多增加计算量的情况下 K 取 0.8~1.5 即可。

　　再分别计算各行拼接线两侧各 W 个像素的灰度均值，m_1、m_2 分别将拼接线两侧的像素各减去对应的灰度均值，即得到每个像素的纹理信息 $t(i, j)$：

$$t(i, j) = \begin{cases} a_0(i, j) - m_1 & (j \leqslant j_0) \\ a_0(i, j) - m_2 & (j > j_0) \end{cases} \tag{7-40}$$

式中，$a_0(i, j)$ 为原图像中像素灰度值；j_0 为拼接线所在列值。

　　接下来对这 $2 \times W$ 个像素进行一次曲线拟合，将拟合后曲线上的每一点 $b(i, j)$ 加上纹理信息 $t(i, j)$ 得到拟合后对应点像素值 $c(i, j)$：

$$c(i, j) = b(i, j) + t(i, j) \tag{7-41}$$

　　然后将拟合后的图像与原图像进行加权融合，越靠近拼接线，原图像所占比例越小，从而得到融合图像 $a(i, j)$：

$$a(i, j) = k \times a_0(i, j) + (1 - k) \times c(i, j) \tag{7-42}$$

$$k = \frac{d}{W} \tag{7-43}$$

式中，d 为改正像素点到拼接线的距离。

　　最后，由于经过以上处理后的图像在原来拼接线位置附近局部区域，尤其是在边缘处会出现明暗倒置现象，因此，再采取对拼接线位置附近局部像素进行修改的方法以消除这种现象，即计算缝两侧相邻像素的灰度差值 q，然后根据原图像缝两侧灰度差值确定改正宽度，由于灰度差异越大，这种明暗倒置的现象就越明显，因此相应的改正范围也应当更大，根据实验验证，若 g 小于 10 时对拼接线两侧 $\dfrac{W}{2}$ 个像素进行修改，若 g 大于 10 小于 100 时对拼接线两侧的 $\dfrac{W}{5}$ 个像素进行修改即可达到较好的效果，若 g 大于 100 则首先要对两幅图像进行灰度的整体调整，将其灰度差缩小到 100 以内再进行拼接线消除的处理，修改值与该像素距离拼接线的位置成反比，具体计算公式为：

$$q = a(i, j_0) - a(i, j_0 + 1) \tag{7-44}$$

$$a(i, j) = \begin{cases} a(i, j) - \left(1 - \dfrac{d}{W}\right) \times q & (j \leqslant j_0) \\ a(i, j) + \left(1 - \dfrac{d}{W}\right) \times q & (j > j_0) \end{cases} \tag{7-45}$$

　　经过以上修改后，图像能够实现平滑过渡且具有良好的视觉效果。曲线拟合法对灰度差值较大时仍有较高的适用性，但是为了减少计算量，提高效果，这里选择在灰度差 g 大于 100 时首先进行灰度直方图均衡化，将灰度差调整到 100 以内，然后再进行改正。

　　例如，图 7-39(a)是两幅某空军基地垂直排列的可见光航空侦察影像经过几何镶嵌后存在拼接线的影像，从图中可以看出，由于两幅图像的灰度和反差不一样，形成了明显的镶嵌缝隙，图 7-39(b)是图 7-39(a)经过曲线拟合法处理后的结果，已看不出拼接线的存在。

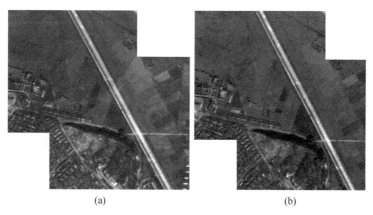

(a)　　　　　　　　　　　　(b)

图 7-39　垂直排列的镶嵌图像曲线拟合法处理结果

(a) 原图像；(b) 曲线拟合法处理后的镶嵌图像

扫码查看图片

8 图 像 识 别

随着数字传感器的大量使用，遥感图像数量日益增多，同时随着计算机技术的快速发展，智能识别技术被广泛使用。图像识别技术，不仅可以根据需求对遥感图像进行快速筛选，避免了由于图像数量过多导致某些有价值图像被丢弃的情况，也可以有效、快速地辅助工作人员做出正确的识别结果。

8.1　遥感图像分割

图像分割就是将一幅图像分成各自满足某种相似性准则或具有某种同性质的连通区域的集合的过程。图像分割比较严格的定义可描述如下。令集合 R 代表整个图像区域，对 R 的分割可看作将其分成 N 个满足以下 5 个条件的非空子集（子区域）R_1，R_2，R_3，$\cdots$，R_n：

(1) $\cup_{i=1}^{N} R_i = R$；

(2) 对于所有的 i 和 j，有 $i \neq j$，有 $R_i \cap R_j = l\varnothing$；

(3) 对 $i = 1$，2，$\cdots$，N，有 $P(R_i) = \mathrm{TURE}$；

(4) 对 $i \neq j$，有 $P(R_i \cup R_j) = \mathrm{FALSE}$；

(5) 对 $i = 1$，2，$\cdots$，N，有 R_i 是连通的区域。

图像分割的依据是各区域具有不同的特性，这些特性可以是灰度、颜色、纹理和边缘等。其中用到最多的是灰度图像的分割，其分割主要依据是基于相邻像素灰度值的不连续性和相似性，即子区域内部的像素一般具有灰度相似性，而在区域之间的边界上一般具有灰度不连续性。所以灰度图像的各种分割算法可据此分为利用区域间灰度不连续的基本边界的算法和利用区域灰度相似性的基本区域的算法。以下介绍几种常用的图像分割方法。

8.1.1　基于边缘的图像分割

基于边缘检测的图像分割方法的基本思路是：先确定图像中的边缘像素，然后就可以把它们连接在一起构成所需的边界。

8.1.1.1　图像边缘的概念

图像的边缘是以图像局部特征的不连续性的形式出现的，如灰度值的突变、颜色的突变、纹理结构的突变等。从本质上来说，边缘常常意味着一个区域的终结和另一个区域的开始。边缘蕴含了丰富的内在信息，具有方向和幅度两个特征，是图像识别中的重要特征。通常沿边缘走向的像素灰度变化平缓，而垂直于边缘走向的像素灰度变化剧烈。从本质上说，图像的边缘是计算局部的微分算子，如图 8-1 所示。

一阶导数：在灰度值上升处（暗→亮）取最大值，正值；在灰度最大值处，取 0 值；在灰度值下降处（亮→暗）取最小值，负值。二阶导数：在边缘暗区一侧取正值；在边缘亮区一侧取负值。因此，可以用一阶导数的幅度来检测图像中是否出现了边缘；用二阶导数的符号来确定某一像素是处于边缘的亮区一侧，还是暗区一侧。

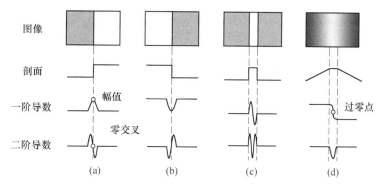

图 8-1　图像边缘及其导数曲线示意图

（a）上升阶跃边缘；（b）下升阶跃边缘；（c）脉冲状边缘；（d）屋顶状边缘

综上所述，图像的边缘可以通过对它们求导数来确定，而导数可利用微分算子来计算。对于数字图像来说，通常利用差分来近似代替微分。例如可以采用图像增强中介绍的梯度算子和拉普拉斯算子等检测边缘，具体参考第 4 章 4.2.2.1 节中梯度锐化内容。

8.1.1.2　霍夫（Hough）变换

Hough 变换是 1962 年由 Hough 提出的一种形状匹配技术，运用两个坐标系统来检测平面内的直线和有规则的曲线。这种变换具有将图像空间中直线、规则曲线变换到变换空间中使其凝聚在一起形成峰点的特性。Hough 变换是利用图像全局特性来检测目标轮廓的。

A　基本原理

设图像空间为 X-Y，变换空间为 P-Q，在图像空间里，给定直线方程为：

$$y = px + q \tag{8-1}$$

式中，p 为斜率；q 为截距。直线方程（8-1）也可写为：

$$q = -px + y \tag{8-2}$$

式（8-2）可以认为是参数空间 P-Q 中，斜率为 x、截距为 y，且过点 (p, q) 的一条直线，如图 8-2 所示。

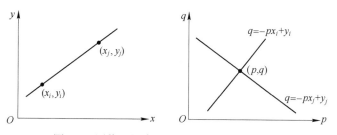

图 8-2　图像空间直线与参数空间点的对偶性

在图像空间中，直线 $y = px + q$ 上的任意点 (x_i, y_i) 在参数空间中都满足：

$$q = -px_i + y_i \tag{8-3}$$

式(8-3)表明：图像空间中的一个点(x_i, y_i)对应于变换空间中的一条直线；而变换空间中的一个点(p_0, q_0)对应于图像空间中一条斜率为p_0，截距为q_0的直线$y = p_0 x + q_0$，如图8-3所示。这就是所谓的点—线对偶性。

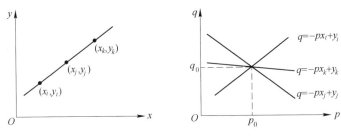

图8-3　一条直线上多个点与相交于一点的直线簇相对应

根据这种点线的对偶性，当给定图像空间中一些点时，就可以通过Hough变换确定连接这些点的直线，从而把图像空间中的直线（也即共线点）的检测问题转化到参数空间中直线簇的相交点的检测问题。

B　Hough变换极坐标形式

在实际应用中，当式(8-2)表示的直线方程接近竖直（也即该直线斜率接近无穷大）或垂直时，则会由于参数空间中的p和q的值接近无穷大或为无穷大而无法表示，所以一般通过极坐标方程进行Hough变换，即用直线L的法向参数来描述该直线，如图8-4所示。

$$\rho = x\cos\theta + y\sin\theta = \sqrt{x^2 + y^2}\sin\left(\theta + \arctan\frac{x}{y}\right) \tag{8-4}$$

式中，ρ为直角坐标系原点到直线L的距离；θ为该法线（直线L的垂线）与x轴的正向夹角。

在式(8-4)的意义下，图像空间X-Y中的一条直线就与极坐标空间O-$\rho\theta$中的点一一对应；反之，图像空间X-Y中的一点与极坐标空间O-$\rho\theta$中的一条正弦曲线相对应。也就是说，当图像坐标（笛卡儿坐标）空间转换到极坐标空间后，Hough变换就由原来的点-直线对偶变成了点-正弦曲线对偶，这样就把图像空间中的直线检测转化为新的参数空间中的正弦曲线的交点的检测了。

在实际应用中，要根据精度要求将参数空间O-$\rho\theta$离散化成一个累加器阵列（即将参数空间细分成一个网格阵列，其中的每一个格子对应一个累加器，见图8-5），累加器阵列中的每个累加器的初值被置为零，且$[p_{min}, p_{max}]$和$[q_{min}, q_{max}]$分别为预期的斜率和截距的取值范围。然后，按照式(8-4)把图像空间X-Y中的每一点(x, y)映射到参数空间O-$\rho\theta$对应的一系列累加器中，即对于图像空间X-Y中的每一个点，按照式(8-4)就会得到它在参数平面O-$\rho\theta$中所对应的曲线，凡是曲线经过的格子，其对应的累加器值加1。通过同一格子的曲线所对应的点（近乎于）共线，于是格子对应的累加器的累加数值就等于共线的点数。这样，如果图像空间中包含有若干条直线，则在参数空间中就有同样数量的格子对应的累加器的累加值会出现局部极大值。通过检测这些局部极大值，就可以分别确定出与这些直线对应的一对参数(ρ, θ)，从而检测出各条直线。

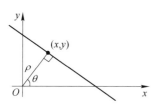

图 8-4　直线的极坐标表示

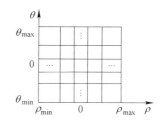

图 8-5　将 ρ-θ 平面细分成网格阵列

由上述过程可看出，当网格中格子被量化过小时，虽然可以求出被检测的直线参数，但计算量较大，且各组共线点的数量可能变小；反之，当网格中格子被量化过大时，参数空间的集聚效果就会变差，以至于找不到准确描述图像空间直线的参数 ρ 和 θ，因此要适当地选取网格中格子的大小。利用同样的原理，可以用 Hough 变换来检测图像中圆或椭圆。

以上所介绍的 Hough 变换一般称为经典的 Hough 变换。把这种检测原理推广到检测那些形状复杂且不能用解析式表示的目标的检测问题，就出现了广义 Hough 变换。

注意：在图 8-5 中，角 θ 的取值范围以 x 轴为准是 ±90°，因此，水平直线的角度 $\theta=0°$，ρ 等于正的 x 截距；同样，垂直直线的角度 $\theta=90°$、ρ 等于正的 y 截距，或 $\theta=-90°$、ρ 等于负的 y 截距。

8.1.2　基于阈值的图像分割

图像阈值分割是一种最常用、最简单的图像分割方法。阈值分割也称门限分割，它利用图像中要提取的目标和背景在灰度特性上的差异，把图像视为具有不同灰度级的两类区域（目标和背景）。严格地讲，基本阈值的分割方法是一种区域分割方法。阈值分割方法本身非常简单。但要从复杂景物中提取目标，阈值的选取是阈值分割技术的关键。若阈值选取过高，则会将目标点归为背景；阈值选取过低，则会将背景中的目标点归为目标。

8.1.2.1　阈值化分割方法

对于图像 $f(x, y)$，利用阈值 T 分割后的图像可定义为：

$$g(x, y) = \begin{cases} 1 & (f(x, y) \geqslant T) \\ 0 & (其他) \end{cases} \quad 或 \quad g(x, y) = \begin{cases} 1 & (f(x, y) \leqslant T) \\ 0 & (其他) \end{cases} \tag{8-5}$$

如果取一个灰度区间为 $[T_1, T_2]$ 门限，则可定义为：

$$g(x, y) = \begin{cases} 1 & (T_1 \leqslant f(x, y) \leqslant T_2) \\ 0 & (其他) \end{cases} \quad 或 \quad g(x, y) = \begin{cases} 1 & (f(x, y) \leqslant T_1 或 f(x, y) \geqslant T_2) \\ 0 & (其他) \end{cases}$$

$$\tag{8-6}$$

8.1.2.2　半阈值化分割方法

图像经过阈值化分割后除了可以表示成二值和多值图像外，还有一种非常有用的形式就是半阈值化分割方法。半阈值化分割方法是将比阈值大的亮像素的灰度级保持不变，而将比阈值小的暗像素变成黑色；或将比阈值小的暗像素的灰度级保持不变，而将比阈值大的亮像素变成白色。利用半阈值化方法分割后的图像可定义为：

$$g(x, y) = \begin{cases} f(x, y) & (f(x, y) \geqslant T) \\ 0 \text{ 或 } 1 & (\text{其他}) \end{cases} \quad \text{或} \quad g(x, y) = \begin{cases} f(x, y) & (f(x, y) \leqslant T) \\ 0 \text{ 或 } 1 & (\text{其他}) \end{cases}$$

$$(8\text{-}7)$$

可以将式(8-7)分别表述为图 8-6 和图 8-7 的形式。

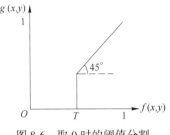

图 8-6　取 0 时的阈值分割

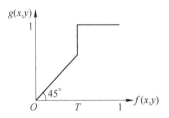

图 8-7　取 1 时的阈值分割

8.1.2.3　基于直方图阈值分割方法

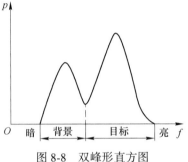

灰度直方图反映了灰度 i 与其像素个数 n_i 之间的关系，即直方图反映了一幅图像上灰度分布的统计特征。在一般情况下，如果一幅图像是在暗的背景下有个比较明亮的物体，那么其灰度直方图就会出现双峰图，如图 8-8 所示。

这类直方图暗示了背景和对象占据了不同的灰度范围，则可以选取两峰之间的谷底对应的灰度作为阈值 T。下面讨论两种确定双峰直方图阈值 T 的方法。

图 8-8　双峰形直方图

曲线拟合法：用一个二次曲线来拟合直方图的谷底部分，然后求极小值，并将极小值作为阈值。设该曲线方程为：

$$y = ax^2 + bx + c \tag{8-8}$$

式中，a、b、c 为拟合系数。

对式(8-8)求极小值得阈值［见图 8-9(a)］：

$$T = -\frac{b}{2a} \tag{8-9}$$

也可用两个二次曲线来拟合高峰，然后求两条曲线的交点为谷底，并选所对应的灰度值为阈值，如图 8-9(b)所示。

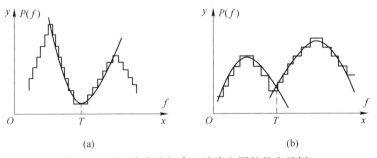

(a)　　　　　　　　　　　　(b)

图 8-9　用二次曲线拟合双峰直方图的谷底示例

8.1.2.4 基于最小误差法的分割方法

设图像仅由物体和背景两个部分组成，物体占图像总像素点的百分比为 θ，背景占 $1-\theta$。并假设物体像素的灰度级概率分布密度具有近似正态概率分布密度 $p(z)$，其均值为 μ_1，方差为 σ_1^2，背景像素的灰度级概率分布密度也具有近似正态概率分布密度 $q(z)$，其均值为 μ_2，方差为 σ_2^2。这样，该幅图像总的灰度级概率分布密度就为 $\theta p(z) + (1 - \theta)q(z)$。

假设有阈值 t，且认为图像中的较暗区域对应于物体，较亮的区域对应于背景；这样就把所有小于阈值 t 的像素点称为目标点（组成物体的点），而把大于等于阈值 t 的所有像素点称为背景点。那么，如果把背景点错认为是目标点的概率表示为 $E_1(t)$，把目标点错认为是背景点的概率表示为 $E_2(t)$，则把一个实际背景点错认为是目标点的误分（条件）概率为：

$$E_1(t) = \int_{-\infty}^{t} p(z)\,\mathrm{d}z \tag{8-10}$$

把一个实际目标点错认为是背景点的误分概率为：

$$E_2(t) = \int_{t}^{\infty} q(z)\,\mathrm{d}z = \int_{-\infty}^{\infty} q(z)\,\mathrm{d}z - \int_{-\infty}^{t} q(z)\,\mathrm{d}z = 1 - \int_{-\infty}^{t} q(z)\,\mathrm{d}z \tag{8-11}$$

则任取一图像点被误分的总概率为：

$$E(t) = \theta E_2(t) + (1 - \theta)E_1(t) = \theta\left[1 - \int_{-\infty}^{t} q(z)\,\mathrm{d}z\right] + (1 - \theta)E_1(t) \tag{8-12}$$

欲选取 t 使总误分概率取最小值，则要将上式对 t 求微分，并令结果为 0，即：

$$-\theta p(t) + (1 - \theta)\frac{\partial E_1(t)}{\partial t} = 0 \tag{8-13}$$

因为

$$\frac{\partial E_1(t)}{\partial t} = q(t) \tag{8-14}$$

所以

$$\theta p(t) = (1 - \theta)q(t) \tag{8-15}$$

因为假设物体和背景像素的灰度级概率分布密度具有近似正态概率分布密度，则：

$$p(t) = \frac{1}{\sqrt{2\pi}\,\sigma_1}\exp\left[-\frac{(t - \mu_1)^2}{2\sigma_1^2}\right], \quad q(t) = \frac{1}{\sqrt{2\pi}\,\sigma_2}\exp\left[-\frac{(t - \mu_2)^2}{2\sigma_2^2}\right] \tag{8-16}$$

将式(8-16)代入式(8-15)，得：

$$\frac{\theta}{\sqrt{2\pi}\,\sigma_1}\exp\left[-\frac{(t - \mu_1)^2}{2\sigma_1^2}\right] = \frac{1 - \theta}{\sqrt{2\pi}\,\sigma_2}\exp\left[-\frac{(t - \mu_2)^2}{2\sigma_2^2}\right] \tag{8-17}$$

两边同时取对数，得：

$$\ln\theta - \ln\sqrt{2\pi} - \ln\sigma_1 - \frac{(t - \mu_1)^2}{2\sigma_1^2} = \ln(1 - \theta) - \ln\sqrt{2\pi} - \ln\sigma_2 - \frac{(t - \mu_2)^2}{2\sigma_2^2} \tag{8-18}$$

整理可得：

$$\ln\theta - \ln(1 - \theta) - \ln\sigma_1 + \ln\sigma_2 = \frac{(t - \mu_1)^2}{2\sigma_1^2} - \frac{(t - \mu_2)^2}{2\sigma_2^2} \tag{8-19}$$

即：

$$2\sigma_1^2\sigma_2^2\ln\frac{\theta\sigma_2}{(1-\theta)\sigma_1}=\sigma_2^2(t-\mu_1)^2-\sigma_1^2(t-\mu_2)^2 \tag{8-20}$$

此时，当 μ_1，μ_2，σ_1，σ_2，θ 已知，则可从式(8-20)求出阈值 $T=t$。

当 $\theta=\dfrac{1}{2}$、$\sigma_1=\sigma_2$ 时，可得最佳阈值为：

$$T=\frac{\mu_1+\mu_2}{2} \tag{8-21}$$

当 θ 为任意值、$\sigma_1\neq\sigma_2$ 时，可得最佳阈值为：

$$T=\frac{\mu_1+\mu_2}{2}+\frac{\sigma_1^2}{\mu_2-\mu_1}\ln\frac{\theta}{1-\theta} \tag{8-22}$$

注意：从图像直方图中获取 μ_1、μ_2、σ_1、σ_2、θ，可用数理统计中参数估计方法。

8.1.2.5 基于最大熵阈值分割方法

最大熵原则是基于系统内部均匀性，应用于阈值化分类中就是搜索使变化或非变化内部灰度分布尽可能均匀的最优阈值。

文献中有多种不尽相同的最大熵原则，其中具有代表性的是 J. N. Kapur 等人提出的最大熵原则，即把图像用一个灰度阈值分成两个类别区域的情况。

用 $p_0p_1\cdots p_{L-1}$ 表示图像灰度级的概率分布，如果把阈值设置在灰度级 τ，将获得两个概率分布，一个分布包含在 $0\sim\tau-1$ 间的灰度级，另一个分布包含在 $\tau\sim L-1$ 间的灰度级，这两个分布为：

$$A:\frac{p_0}{p_{\tau-1}},\frac{p_1}{p_{\tau-1}},\cdots,\frac{p_{\tau-1}}{p_{\tau-1}};\ B:\frac{p_\tau}{1-p_{\tau-1}},\frac{p_{\tau+1}}{1-p_{\tau-1}},\cdots,\frac{p_{L-1}}{1-p_{\tau-1}} \tag{8-23}$$

其中，

$$p_\tau=\sum_{i=0}^{\tau-1}p_i \tag{8-24}$$

则每一个分布相关的熵为：

$$\begin{cases}H(\omega_u)=-\sum_{i=0}^{\tau-1}\dfrac{p_i}{p_{\tau-1}}\log_2\dfrac{p_i}{p_{\tau-1}}\\[3mm]H(\omega_c)=-\sum_{i=\tau}^{L-1}\dfrac{p_i}{1-p_{\tau-1}}\log_2\dfrac{p_i}{1-p_{\tau-1}}\end{cases} \tag{8-25}$$

令

$$H(\tau)=H(\omega_u)+H(\omega_c) \tag{8-26}$$

阈值 τ^* 设置为：

$$\tau^*=\arg\left\{\max_\tau\left[H(\tau)\right]\right\} \tag{8-27}$$

8.1.3 基于跟踪的图像分割

基于跟踪的图像分割方法是先通过图像上的点的简便运算，来检测出可能存在的物体上的点，然后在检测到的点的基础上通过跟踪运算来检测物体的边缘轮廓的一种图像分割方法。这种方法的特点是跟踪计算不需要在每个图像点上都进行，只需要在已检测到的点和正在跟踪的物体的边缘轮廓延伸点上进行即可。本小节介绍最基本的轮廓跟踪法、光栅跟踪法和全向跟踪法。

8.1.3.1 轮廓跟踪法

设图像是仅由黑色对象和白色背景组成的二值图像，轮廓跟踪的目的就是找出目标的边缘轮廓，如图 8-10 所示。轮廓跟踪方法如下：

（1）在靠近边缘处任取一起始点，然后按照每次只前进一步，步距为一个像素的原则开始跟踪；

（2）当跨步由白区进入黑区时，以后各步向左，直到穿出黑区为止；

（3）当跨步由黑区进入白区时，以后各步向右，直到穿出白区为止；

（4）重复上述步骤直至围绕对象循环一周回到起始点，则所走过轨迹便是对象轮廓。

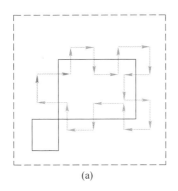
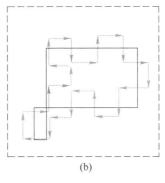

(a)   (b)

图 8-10 轮廓跟踪法

（a）轮廓跟踪过程；（b）利用不同起点跟踪小凸部分

扫码查看图片

注意：（1）对象的某些小凸部可能被迂回过去而被漏掉，如图 8-10（a）左下角小区域，可选择不同的多个起始点［见图 8-10（b）］，进行多次重复跟踪，然后取相同轨迹作为目标轮廓；

（2）轮廓跟踪像一个虫子围绕边缘爬动，所以这种方法又称为爬虫法，当出现围绕某个局部的闭合小区域重复爬行而回不到起点时，就出现了"爬虫"掉进陷阱的情况，此时可使爬虫具有某种记忆功能，当发现重复已走过的路径时（掉入陷阱）便会退回，重新选择起始点和跟踪方向。

8.1.3.2 光栅跟踪法

对于灰度图像中可能存在一些比较细，且斜率不大于 $90°$ 的曲线，可采用类似于电视光栅扫描的方法，通过逐行跟踪来检测该类曲线，这种方法就是光栅跟踪图像分割方法。基本思想是先利用检测准则确定接受对象点，然后根据已有的接受对象点和跟踪准则确定的接受对象点，最后将所有标记为 1 且相邻的对象点连接起来就得到了检测的细曲线。

例如，图 8-11 是一幅含有三条曲线的图像。光栅跟踪具体如下。

（1）确定一个比较高的阈值 d，把高于该阈值的像素作为对象点，称该阈值为检测阈值；在本例中取 $d=7$。

（2）用检测阈值 d 对图像第一行像素进行检测，凡超过 d 的点都接受为对象点，并作为下一步跟踪的起点。

（3）选取一个比较低的阈值 t 作为跟踪阈值。该阈值可以依据不同的准则来选取（如灰度差、对比度、梯度、颜色变化情况等）。本例中根据相邻对象点的灰度差所能允许的最大值取为 4，作为跟踪阈值。

（4）确定邻域点，本例中取 (i, j) 点下一行中的 $(i+1, j-1)$、$(i+1, j)$、$(i+1, j+1)$ 为邻域点。

（5）扫描下一行像素，凡是与上一行已检测出的对象点相邻接的像素，其灰度差小于跟踪阈值的，都接受为对象点，反之去除。

（6）如果在下一行像素中，对应上一行已检测出的某一对象点，没有任何一个邻域像素被接受为对象点，则这一条曲线的跟踪便结束。如果同时有二个，甚至三个邻域点均被接受为对象点，则说明曲线发生分支，跟踪将对各分支同时进行。如果若干分支曲线合并成一条曲线，则跟踪集中于一条曲线上进行。

（7）对于未被接受为对象点的其他各行像素，再次用检测阈值进行检测，并以新检测出对象点为起始点，使用上述检测方法，以检测出不是从第一行开始的其他曲线。

图 8-11 光栅跟踪检测的结果如图 8-12 所示，从中可以清楚看出，曲线检测效果较好。

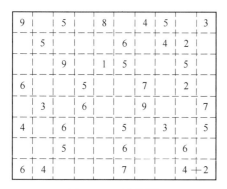

图 8-11　示例图像

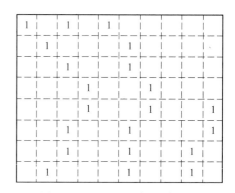

图 8-12　图 8-11 光栅跟踪结果

注意：检测阈值、跟踪阈值及跟踪方向对光栅跟踪法效果具有较大的影响。

8.1.3.3　全向跟踪法

光栅跟踪有两个严重缺点：一是光栅跟踪具有很强的方向性，即扫描结果严重依赖光栅扫描方向，如在从上到下扫描中，一条灰度从高到低垂直直线，由上到下扫描可正确检测出来，而由下向上扫描则检测不出来；二是可能出现丢点、线现象，如当曲线出现小间隙时。

如果在扫描过程中，使跟踪方向不局限于从上到下（或从左到右）方式，并且允许有一定的跟踪距离，则上述缺陷也许可以克服，这就是全向跟踪的基本思想。全向跟踪实际上是改变了邻点（邻域）定义和跟踪准则的光栅跟踪。其步骤如下。

（1）按光栅扫描方式对图像进行扫描，用检测阈值找出一个对象点作为开始跟踪的流动点（沿被检测曲线流动的点称为流动点）。

（2）选取一个适当的、能进行全向跟踪的邻域定义（如8邻域）和一个适当的跟踪准则（如灰度阈值、对比度、相对流动点的距离等），对流动点进行跟踪，在跟踪过程中：

1）若遇到了分支点或若干曲线的交点，则先取其中和流动点性质最接近的一个作为新的流动点，继续进行跟踪，而把其余各点存储起来，以备后面继续跟踪，若在跟踪过程中又遇到了新的分支和交叉点，则重复上面的处理步骤，当按照跟踪准则没有未被检测过的点可接受为对象点时，一个分支曲线的跟踪便告结束；

2）在一个分支曲线跟踪完毕后，回到最近一个分支点处，取出另一个性质最接近该分支点的像素作为新的流动点，重复上述跟踪程序；

3）当全部分支点处的全部待跟踪点均已跟踪完毕，便返回第一步，继续扫描，以选取新的流动点。

8.1.4 基于区域的图像分割

基于区域的图像分割是根据图像的灰度、纹理、颜色和图像像素统计特征的均匀性等图像的空间局部特征，把图像中的像素划归到各个物体或区域中，进而将图像分割成若干个不同区域的一种分割方法。典型的区域分割方法有区域生长法和分裂合并法。

8.1.4.1 区域生长法

图像灰度阈值分割技术没有考虑图像像素之间的连通性，而区域生长则将在考虑区域连通性的情况下，进行图像分割。所谓区域生长，就是一种根据事先定义的准则将像素或者子区域聚合成更大区域的过程。基本思想是在每一个需要分割区域中找到一个生长点或"种子"，将种子周围邻域中与种子像素具有相同或相似性质的像素（根据事先确定相似准则判定）合并到种子像素所在的区域中，接着以合并成的区域中的所有像素作为新的种子像素，继续上面相似性判别与合并过程，直到再没有满足相似性条件的像素可以被合并进来为止。这样就使得满足相似性条件的像素组成了一个区域。

在实际应用区域生长法时，首先要解决三个问题：一是选择和确定一组能正确代表所需区域的生长点像素；二是生长过程中能够将相邻像素合并进来的相似性准则；三是终止生长过程的条件和规则。

（1）选择和确定一组能正确代表所需区域种子像素的一般原则如下：接近聚类重心的像素可作为种子像素，如图像直方图中像素最多且处在聚类中心的像素；红外图像目标检测中最亮的像素可作为种子像素；按位置要求确定种子像素；根据某种经验确定种子像素。

注意：1）最初的种子像素可以是某一个具体的像素，也可以是由多个像素点聚集而成的种子区；

2）种子像素的选取可以通过人工交互的方式实现，也可以根据物体中像素的某种性质或特点自动选取。

（2）生长过程中能将相邻像素合并进来的相似性准则主要有如下几点：

1）当图像是彩色图像时，可以各颜色为准则，并考虑图像的连通性和邻近性；

2）待检测像素点的灰度值与已合并成的区域中所有像素点的平均灰度值满足某种相

似性标准，比如灰度值差小于某个值；

3）待检测点与已合并成的区域构成的新区域符合某个大小尺寸或形状要求等。

注意：本方法的最终分割效果与图像的种类和属性，图像中像素间的连通性、邻近性和均匀性等都有关系。比如，同样大小的灰度值可能形成互不相连的几个区域。

（3）确定终止生长过程的条件或规则为：

1）一般的停止生长准则是生长过程进行到没有满足生长准则的像素时为止；

2）其他与生长区域需要的尺寸、形状等全局特性有关的准则。

显然，有时可能因为要建立区域生长的终止条件，需要根据图像、图像中物体的特征或某种先验知识及结果要求等建立一些专门的模型。

例如，设原始图像如图 8-13（a）所示，以灰度最大值点为种子，以相邻像素与组成物体（种子所在区域）的所有像素的平均灰度值之差小于 2 为相似性准则，完成区域生长操作。

图 8-13（a）中最大值点为 9，作为种子点。根据相似性准则，周围三个值为 8 的像素被合并进来，如图 8-13（b）所示。此时，区域内平均灰度值为 $\frac{8+8+8+9}{4}=8.25$。区域周围两个像素灰度值为 7 合并进来，如图 8-13（c）所示。此时，区域内平均灰度值为 $\frac{8+8+8+9+7+7}{6}\approx7.83$。区域周围的一个像素灰度值为 6 合并进来，如图 8-13（d）所示。此时，区域内的平均灰度值为 $\frac{8+8+8+9+7+7+6}{7}\approx7.57$。区域周围没有符合相似性条件的了，生长结束。

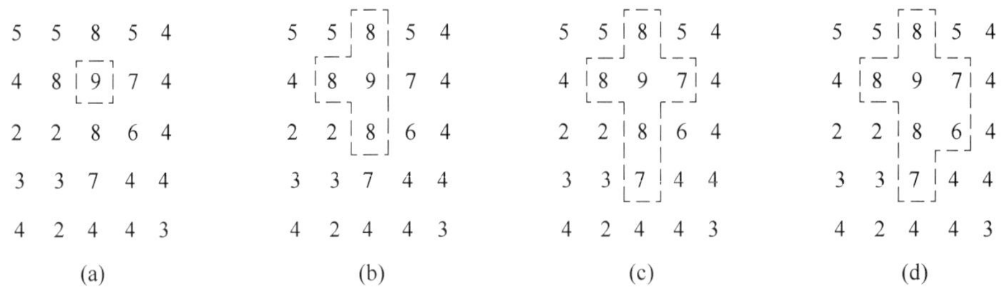

图 8-13　区域生长示例

（a）原图像；（b）第 1 次区域生长结果；（c）第 2 次向外生长结果；（d）第 3 次生长结果

8.1.4.2　分裂合并法

分裂合并分割法是从整个图像出发，根据图像和各区域的不均匀性，把图像或区域分裂成新的子区域，根据毗邻区域的均匀性，把毗邻的子区域合并成新的较大区域。分裂合并分割法的基础是图像四叉树表示法。

A　图像四叉树

如果把整幅图像分成大小相同的 4 个方形象限区域，并接着把得到的新区域进一步分成大小相同的 4 个更小的象限区域，如此不断继续分割下去，就会得到一个以该图像为树根，以分成的新区域或更小区域为中间结点或树叶结点的四叉树，如图 8-14 所示。

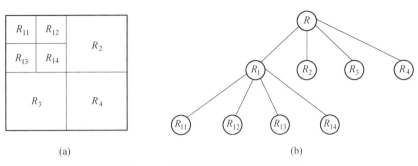

(a)   (b)

图 8-14 图像的四叉树分解示意图

(a) 被分割的图像；(b) 对应的四叉树

B 分裂合并分割法

设用 R 表示树根（整幅图像），用 R_i 表示分割成的一个图像区域；并假设同一区域 R_i 中的所有像素满足某一相似性准则（认为它们具有相同的性质）时，$P(R_i) = \text{TRUE}$，否则 $P(R_i) = \text{FALSE}$。当 $P(R_i) = \text{TRUE}$ 时，不再进一步分割该区域；当 $P(R_i) = \text{FALSE}$ 时，继续将该区域分成大小相同的 4 个更小的象限区域。在这种分割过程中，必定存在 R_h 的某个子区域 R_j 与 R_l 的某个子区域 R_k 具有相同性质，也即 $P(R_i \cup R_i) = \text{TRUE}$，这时就可以把 R_j 和 R_k 合并组成新的区域。以此重复，直到没有再被分裂或合并的区域为止。

例如，图 8-15 给出了区域分裂与合并方法分割图像的步骤。设图中阴影区域为目标，白色区域为背景，其灰度值为常数。

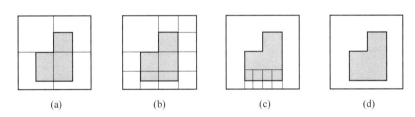

(a)   (b)   (c)   (d)

图 8-15 区域分裂与合并图像分割法图解

(a) 原图像；(b) 分裂过程 1；(c) 分裂过程 2；(d) 分割结果

8.2 遥感图像特征提取

图像特征是指图像的原始特性或属性。其中，有些是视觉直接感受到的自然特征，如区域的亮度、边缘的轮廓、纹理或色彩等；有些是需要通过变换或测量才能得到的人为特征，如变换频谱、直方图、矩等。常见的图像特征可以分为灰度（密度、颜色）特征、纹理特征和几何形状特征等。其中，灰度特征和纹理特征属于内部特征，需要借助分割图像从原始图像上测量；几何形状特征属于外部特征，可以从分割图像上测量。

图像目标识别是根据图像中目标的特征进行的，因而特征选择与提取显得非常重要，它将直接影响到图像识别分类器的设计、性能及其识别结果的准确性。特征选择和提取的基本任务是如何从众多特征中找出最有效的特征。

根据待识别的图像，通过测量或计算产生一组目标原始特征称为特征形成。原始特征的数量很大，或者说原始样本是处于一个高维空间中，通过映射或变换的方法可以将高维空间中的特征描述用低维空间的特征来描述，这个过程称为特征提取。变换后的特征是原始特征的某种组合，所以特征提取从广义上而言就是指一种变换。从一组特征中挑选出一些最有效的特征以达到降低特征空间维数的目的，这个过程称为特征选择。

特征提取和选择并不是截然分开的，有时可以先将原始特征空间映射到低维空间，在这个空间中再进行选择以进一步降低维数；也可以先经过选择去掉那些明显没有分类信息的特征，再进行映射以降低维数。特征形成是图像中目标特征选择与提取的前提。图像中目标特征主要有图像灰度特征、目标形状特征、目标纹理特征等。以下主要介绍目标的纹理特征和形状特征。

8.2.1　纹理特征及其描述和提取方法

纹理是区域的重要特征，在图像中，它可以看作是某些相似形状的一种近似重复分布，通常表现为局部的不规则性和宏观的有规律性，它反映了一个区域中像素灰度级的空间分布属性。在一幅图像中，如果区域内部各像素点的灰度值相同，或者接近一个常数，就说该区域没有纹理；如果区域内部各像素点的灰度变化明显但又不是简单的阴影变化，那么该区域就有纹理。纹理的描述方法主要有统计方法、结构方法和频谱方法。以下重点介绍统计方法。

8.2.1.1　基于统计方法的纹理描述

统计方法是利用图像的灰度级直方图的统计矩来对区域的纹理特征进行描述。利用统计法可以定量地描述区域的平滑、粗糙和规则性等纹理特征。

设 r 为表示图像灰度级的随机变量，L 为图像的灰度级数，$P(r_i)$（$i = 0，1，2，\cdots，L-1$）为对应的直方图，则 r 的均值 m 表示为：

$$m = \sum_{i=0}^{L-1} r_i p(r_i)$$

r 关于均值 m 的 n 阶矩表示为：

$$\mu_n(r) = \sum_{i=0}^{L-1} (r_i - m)^n p(r_i) \tag{8-28}$$

通过对式（8-28）进行计算可得 $\mu_0 = 1$、$\mu_1 = 0$。对于其他 n 阶矩，二阶矩 μ_2 称为方差，它是灰度级对比度的量度。利用二阶矩可得到有关平滑度的描述子，其计算公式为：

$$R = 1 - \frac{1}{1 + \mu_2} \tag{8-29}$$

由式（8-29）可知，图像的纹理越平滑，对应的图像灰度起伏越小，图像的二阶矩越小，求得的 R 值越小；反之，图像的纹理越粗糙，对应的图像灰度起伏越大，图像的二阶矩越大，求得的 R 值越小。

三阶矩 μ_3 是图像直方图偏斜度的量度，它可以用于确定直方图的对称性，当直方图向左倾斜时三阶矩为负，向右倾斜时三阶矩为正。

四阶矩 μ_4 表示直方图的相对平坦性。五阶以上的矩与直方图形状联系不紧密，但它们对纹理描述提供更进一步的量化。

由灰度级直方图还可以推得纹理的其他一些量度，如"一致性"量度和平均熵值量度。"一致性"量度也可用于描述纹理的平滑情况，其计算公式为：

$$U = \sum_{i=0}^{L-1} p^2(r_i) \tag{8-30}$$

计算结果越大表示图像一致性越强，对应图像越平滑；反之，图像一致性越差，图像越粗糙。图像平均熵值也可作为纹理量度。熵是对可变性的量度，对于一个不变的图像其值为 0。熵值变化与一致性量度是反向的，即一致性较大时，图像的熵值较小，反之则较大。

为了说明上述几种描述子，图 8-16 给出一个具体的例子进行计算，其中的图 8-16(a) 为原图像，图中方框标出三处纹理区域，截取后如图 8-16(b)~(d)所示。

表 8-1 列出了图 8-16(b)~(d) 的均值、标准差、平滑度描述子 R、三阶矩、一致性和熵等特征的计算结果。需要说明的是在计算平滑度描述子时，为了简化计算的结果需要将图像像素的灰度值范围从[0, 255]归一化为[0, 1]。

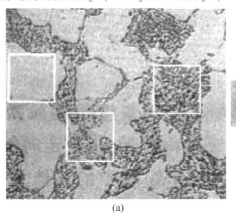

(a)　　　　　(b)　　　(c)　　　(d)

图 8-16　区域纹理描述示例

扫码查看图片

表 8-1　各纹理描述子计算结果

纹理	均值	标准值	R（归一化）	三阶矩	一致性	熵
图 8-16(b)	190.8927	17.1283	0.0045	-0.4939	0.0639	4.4521
图 8-16(c)	167.6592	49.1318	0.0358	-2.3640	0.0132	7.0354
图 8-16(d)	152.6835	66.8056	0.0642	-2.5118	0.0052	7.7865

分析表 8-1 中的各结果可知，均值的结果说明图 8-16(b)的整体灰度较亮，图 8-16(d)的整体灰度相对较暗，图 8-16(c)的整体灰度介于两者之间。由平滑度描述子 R、一致性和熵的结果可知图 8-16(b)较平滑、一致性较强和熵值较小，图 8-16(d)较粗糙，一致性较弱和熵值较大，图 8-16(c)的各结果均介于两者之间。通过对比可以发现，这与各图像的纹理特点是相符合的。由图像的三阶矩可知这三幅图像的直方图均向左倾斜且它们的对称性

依次较差。

8.2.1.2　基于共生矩阵的纹理描述

当仅使用灰度直方图的统计矩计算纹理特征时，无法得到纹理的空间分布信息，对于这一问题可以使用共生矩阵来解决。共生矩阵不仅反映了图像的灰度分布，而且反映了各灰度值像素之间的位置分布情况。共生矩阵 $\boldsymbol{P}$ 的计算方法可描述为：在一幅图像中规定一个方向（如水平方向、垂直方向等）和距离（如一个像素、两个像素等），共生矩阵 $\boldsymbol{P}$ 中元素 P_{ij} 的值由灰度为 i 和 j 的两个像素沿该方向、相距该指定距离的两个像素上同时出现的次数求得。

共生矩阵 $\boldsymbol{P}$ 的大小为 $L×L$，L 为图像灰度级数目。下面给出一个具体的例子来说明图像共生矩阵的计算方法，$\boldsymbol{I}$ 为一个图像矩阵，各像素的灰度值为：

$$\boldsymbol{I} = \begin{pmatrix} 0 & 0 & 0 & 1 & 2 \\ 1 & 0 & 1 & 1 & 1 \\ 2 & 2 & 0 & 1 & 0 \\ 1 & 1 & 0 & 0 & 2 \\ 0 & 0 & 1 & 0 & 1 \end{pmatrix}$$

方向和距离规定为右下方和一个像素，此时由沿规定的方向和距离上两个像素同时出现的次数构成的矩阵为：

$$\boldsymbol{A} = \begin{pmatrix} a_{00} & a_{01} & a_{02} \\ a_{10} & a_{11} & a_{12} \\ a_{20} & a_{21} & a_{22} \end{pmatrix} = \begin{pmatrix} 4 & 3 & 0 \\ 2 & 3 & 2 \\ 1 & 1 & 0 \end{pmatrix}$$

式中，a_{00} 为在图像矩阵 $\boldsymbol{I}$ 中，右下方的一个像素距离内，像素值为 0 和 0 的像素对个数为 4。它对应图像矩阵中 0 像素点构成的 $-45°$ 走向的条纹。这说明共生矩阵反映了图像中的空间灰度分布信息，同理可以确定矩阵中的其他元素值。

8.2.2　目标的形状特征

任何一个景物形状特征均可由其几何属性（如长短、面积、距离、凹凸等）和统计属性（如连通、欧拉数）来进行描述，通常情况下可以通过一类物体的形状将他们从其他物体中区分出来。形状特征可以独立使用或与尺寸测量值结合使用。在图像形状特征分析中，最基础的概念是图像的连接性（亦称连通性）和距离。

对目标进行形状特征描述既可以基于区域本身也可基于区域的边界。对于区域内部或边界来说，由于只关心它们的形状特征，其灰度信息一般可以忽略，只要能将它与其他目标或背景区分开来即可。

区域形状特征的形成有区域内部（包括空间域和变换）形状特征提取、区域外部（包括空间域和变换）形状特征提取和区域边界形状特征提取三类方法。

8.2.2.1　区域内部空间域分析

区域内部空间域分析是不经过变换而直接在图像的空间域，对区域内提取形状特征主要有以下方法。

A　欧拉数

一幅图像或一个区域中的连接成分数 C 和孔数 H 不会受图像的伸长、压缩、旋转、平移的影响，只有区域撕裂或折叠时，C 和 H 才会发生变化。可见，区域的拓扑性质对区域的全局描述是很有用的，欧拉数是区域一个较好的拓扑特性描述子。欧拉数 E 定义为：

$$E = C - H \tag{8-31}$$

例如，图 8-17 所示两幅图像（灰色部分为目标），其中图 8-17(a)中有一个连通分量一个孔洞，故根据欧拉数定义式可得欧拉数为 0；而图 8-17(b)中有一个连通分量两个孔洞，故欧拉数为 -1。可见欧拉数可用于目标识别。

用直线段表示的区域称为拓扑网络。一个拓扑网络由顶点、面、孔和边等几个部分组成，如图 8-18 所示。

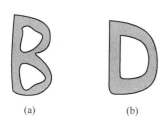

图 8-17 不同欧拉数的图形

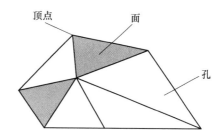

图 8-18 拓扑网络区域

则欧拉数 E 还可以定义为：

$$E = V - Q + F = C - H \tag{8-32}$$

式中，V 为顶点数；Q 为边数；F 为面数。

在图 8-18 中，有 7 个顶点 V、12 条边 Q、2 个面 F，1 个连通区域 C 和 4 个孔 H，则欧拉数 $E = -3$。

B 凹凸性

凹凸性是区域的基本特征之一（见图 8-19），区域凹凸性可通过以下方法进行判别：区域内任意两像素间的连线穿过区域外的像素，则此区域为凹形，如图 8-19(a)所示。相反，连接图形内任意两个像素的线段，如果不通过这个图形以外的像素，则这个图形称为是凸凹形的，如图 8-19(b)所示。对于任何一个图形，把包含它的最小的凸封闭图形称为这个图形的凸封闭包，如图 8-19(c)所示。显然，凸图形的凸封闭包就是它本身。从凸封闭包除去原始图形的部分后，所产生的图形的位置和形状将成为形状特征分析的重要线索。凹形面积可将凸封闭包减去凹形得到，即图 8-19(c)中图像减去图 8-19(a)中图像得到图 8-19(d)的结果。

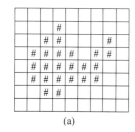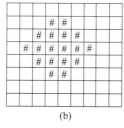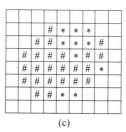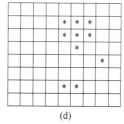

图 8-19 区域的凹凸性

(a) 凹形；(b) 凸形；(c) 分图 (a) 中凹形的凸封闭包；(d) 凹形面积

C 区域的测量

区域的大小及形状表示方法主要包括以下几种。

（1）面积 S。区域面积描述区域的大小特征，是区域的基本特性之一。图像中的区域面积 S 可以用同一标记的区域内像素的个数总和来表示。

（2）周长 L。区域周长 L 是用区域中相邻边缘点间距离之和来表示。采用不同的距离公式，关于周长 L 的计算有很多方法。

（3）致密性 e。致密性 e 计算公式为：

$$e = \frac{L^2}{S} \tag{8-33}$$

式(8-33)描述了区域单位面积的周长大小，e 值越大，表明单位面积的周长越大（即区域离散），则为复杂形状，反之则为简单形状。e 值最小的区域为圆形。典型连续区域的计算结果为：圆形 $e = 12.6$，正方形 $e = 16.0$，正三角形 $e = 20.8$。

（4）圆形度 C。圆形度 C 用来描述景物形状接近圆形的程度，它是测量区域形状常用的量。其计算公式为：

$$C = \frac{4\pi S}{L^2} \tag{8-34}$$

C 值的大小反映了被测量边界的复杂程度，越复杂的形状取值越小。C 值越大，则区域越接近圆形。

此外，常用的特征量还有区域的幅宽、占有率和直径等。

8.2.2.2 区域内部变换分析

区域内部变换分析是形状分析的经典方法，它包括求区域的各阶统计矩、投影和截距等。

A 矩法

对于大小为 $n \times m$ 的数字图像 $f(i, j)$ 的 $p+q$ 阶矩为：

$$m_{pq} = \sum_{i=1}^{n} \sum_{j=1}^{m} i^p j^q f(i, j) \tag{8-35}$$

a 区域形心位置

0 阶矩 m_{00} 是图像灰度 $f(i, j)$ 的总和。二值图像的 m_{00} 则表示对象物的面积。如果用 m_{00} 来规格化 1 阶矩 m_{10} 和 m_{01}，则一个物体的重心坐标 $(\bar{i}, \bar{j})$ 为：

$$\begin{cases} \bar{i} = \dfrac{m_{10}}{m_{00}} = \dfrac{\sum_{i=1}^{n}\sum_{j=1}^{m} if(i, j)}{\sum_{i=1}^{n}\sum_{j=1}^{m} f(i, j)} \\[20pt] \bar{j} = \dfrac{m_{01}}{m_{00}} = \dfrac{\sum_{i=1}^{n}\sum_{j=1}^{m} jf(i, j)}{\sum_{i=1}^{n}\sum_{j=1}^{m} f(i, j)} \end{cases} \tag{8-36}$$

区域重心还可以由所属区域 R 中点计算得到，计算公式为：

$$\bar{i} = \frac{1}{S} \sum_{(i, j) \in R} i, \ \bar{j} = \frac{1}{S} \sum_{(i, j) \in R} j \tag{8-37}$$

虽然区域中各点的坐标为整数，计算得到的重心通常不为整数。实际应用中，当区域相对于区域间的距离很小时，用区域重心作为质点来近似表示区域。

b　中心矩

所谓的中心矩，是以重心作为原点进行计算，其计算公式为：

$$\mu_{pq} = \sum_{i=1}^{n} \sum_{j=1}^{m} (i - \bar{i})^p (j - \bar{j})^q f(i, j) \tag{8-38}$$

因此中心矩具有位置无关性。把中心矩用零阶中心矩来规格化（称为规格化中心矩），记作 η_{pq}，表达式为：

$$\eta_{pq} = \frac{\mu_{pq}}{\mu_{00}^r} \tag{8-39}$$

式中，r 为 $1+\frac{p+q}{2}$ （$p+q$ = 2，3，4，…）。

c　不变矩

为了使矩描述子与大小、平移、旋转无关，可以用二阶和三阶规格化中心矩导出 7 个不变矩组。不变矩描述分割出的区域时，具有对平移、旋转和尺寸大小都不变的性质。利用二阶和三阶规格中心矩导出的 7 个不变矩阵组为：

$\boldsymbol{\Phi}_1 = \eta_{20} + \eta_{02}$

$\boldsymbol{\Phi}_2 = (\eta_{20} + \eta_{02})^2 + 4\eta_{11}^2$

$\boldsymbol{\Phi}_3 = (\eta_{30} - 3\eta_{12})^2 + (3\eta_{21} + \eta_{03})^2$

$\boldsymbol{\Phi}_4 = (\eta_{30} - \eta_{12}) + (\eta_{21} + \eta_{03})^2$

$\boldsymbol{\Phi}_5 = (\eta_{30} - 3\eta_{12})(\eta_{30} + \eta_{12})[(\eta_{30} + \eta_{12})^2 - 3(\eta_{21} + \eta_{03})^2] + (3\eta_{21} - \eta_{03})(\eta_{21} + \eta_{03})[3(\eta_{30} + \eta_{12})^2 - (\eta_{21} + \eta_{03})^2]$

$\boldsymbol{\Phi}_6 = (\eta_{20} - \eta_{20})[(\eta_{30} - \eta_{12})^2 - (\eta_{21} + \eta_{03})^2] + 4\eta_{11}(\eta_{30} + \eta_{12})(\eta_{21} + \eta_{03})$

$\boldsymbol{\Phi}_7 = (3\eta_{21} - \eta_{30})(\eta_{30} + \eta_{12})[(\eta_{30} + \eta_{12})^2 - 3(\eta_{21} + \eta_{03})^2] + (3\eta_{21} - \eta_{03})(\eta_{21} + \eta_{03})[3(\eta_{30} + \eta_{12})^2 - (\eta_{21} + \eta_{03})^2]$

在飞行器目标跟踪与制导中，目标形心是一个关键性的位置参数，它的精确与否直接影响目标的定位。可用矩方法来确定形心。矩方法是一种经典的区域形状分析方法，但它的计算量较大，而且缺少实用价值，四叉树近似表示以及近年来发展的并行算法、并行处理和超大规模集成电路的实现，为矩方法向实用化发展提供了基础。

B　投影和截距

对于区域为 $n \times n$ 的二值图像和抑制背景的图像 $f(i, j)$，它在 i 轴上的投影为：

$$p(i) = \sum_{j=1}^{n} f(i, j) \quad (i = 1, 2, \cdots, n) \tag{8-40}$$

在 j 轴上的投影为：

$$p(j) = \sum_{i=1}^{n} f(i, j) \quad (j = 1, 2, \cdots, n) \tag{8-41}$$

由式（8-40）和式（8-41）所绘出的曲线都是离散波形曲线，这样就把二维图像的形状分析化为对一维离散曲线的波形分析。

8.2.2.3　区域边界的形状特征描述

区域外部形状是指构成区域边界的像素集合。有时，需要使用既能比单个参数提供更多的细节，又比使用图像本身更为紧凑的方法描述物体形状。形状描述子就是一种对物体形状的简洁描述，主要包括区域边界的链码、标记等。

A　链码描述

通过边界的搜索等算法的处理，所获得的最直接的输出方式是各边界点像素的坐标，也可以用一组被称为链码的代码来表示，这种链码组合的表示既利于有关形状特征的计算，也利于节省存储空间。下面主要介绍方向链码法。

用于描述曲线的方向链码法是由 Freeman 提出的，该方法采用曲线起始点的坐标和斜率（方向）来表示曲线。对于离散的数字图像而言，区域的边界轮廓可理解为相邻边界像素之间的单元连线逐段相连而成。

对于图像某像素的 8 邻域（也可以采用水平和垂直 4 个方向），把该像素和其 8 邻域的各像素连线方向按图 8-20 所示进行编码，用 0、1、2、3、4、5、6、7 表示 8 个方向，这种代码称为方向码。其中偶数码为水平或垂直方向的链码，码长为 1；奇数码为对角线方向的链码，码长为 $\sqrt{2}$ 。

图 8-21 为一条封闭曲线，若以 s 为起始点，按逆时针的方向编码，所构成的链码为556570700122333，若按顺时针方向编码，则得到链码与逆时针方向的编码不同。可见边界链码具有行进的方向性，在具体使用时必须加以注意。

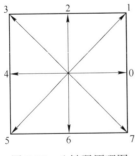

图 8-20　八链码原理图

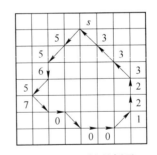

图 8-21　八链码例子

有时为了实现链码与起始点无关，需要进行起始点的归一化。一种较为简单的归一化方法是将链码的整体看成是一个自然数，将链码的各位按照某一方向（向左或向右）循环移位，直到被看作自然数的链码的值最小为止，此时得到的最小"自然数"链码，即为归一化链码。比如，链码 556570700122333 的归一化链码为 001223335565707。

链码边界发生旋转变化时，链码也发生变化。为了使链码对边界的旋转不敏感，还需要对链码进行旋转归一化处理。较简单的方法就是作差分处理。把链码看成一个循环序列，将相邻两个链码按逆时针相减，即得归一化结果。

B 标记

标记是一种利用一维函数表示二维边界的表示方法，它的目的是简化复杂的二维表示。实际应用中一维函数的生成方法很多，其中较简单的方法是把质心到边界的距离作为角度的一维函数的表示方法。图 8-22 给出了这一表示法的两个示例，坐标图中给出了质心到边界的距离与角度之间的关系。

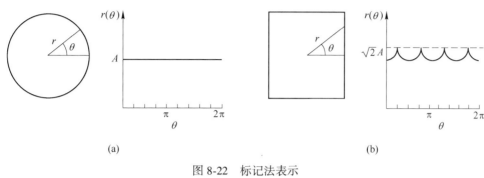

图 8-22　标记法表示
（a）圆形标记；（b）正方形标记

与二维的表示相比，上述的表示方法较为简单，而且对边界的平移变换也不敏感。由于标记表示方法建立在角度旋转和尺度变换的基础上。因此，为了避免旋转和尺度变换对表示的影响，还需要对标记做相应的旋转和尺度归一化的操作。尺度归一化可以比较简单地把标记的最大幅度值归一化到 1 来实现，对应于图 8-22，可以将图中的 A 归一化为 1 来实现。对于旋转变换的归一化，可以通过选择距离质心最远的点，当它与图形的旋转畸变无关时，即可作为起点进行表示。另一种方法是选择边界本征轴上距离质心最远的点作为起点来实现，因为本征轴由边界上所有的点决定。所以这种表示方法更为严格，但需要很大的计算量。

8.3　遥感图像分类

图像分类（classification）是将图像的所有像素按其性质分成若干类别的技术过程。

8.3.1　基本原理

遥感图像分类是基于特征进行的，通过特征选择与提取得到目标特征构成一个矢量 $X = (x_1, x_2, \cdots, x_n)^T$，包含 X 的 n 维空间称为特征空间。在遥感图像分类中，通常把图像中某一类目标称为模式，故有时称特征空间为模式空间；把属于该类的特征称为样本，提取的特征矢量 $X = (x_1, x_2, \cdots, x_n)^T$ 称为样本的观测值。

多光谱遥感图像分类可以采用多光谱矢量数据为基础进行分类，即把多光谱矢量数据作为特征值，如图 8-23 所示。现以两个波段（二维）的多光谱图像为例，说明

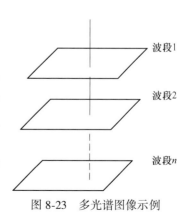

图 8-23　多光谱图像示例

遥感图像分类的基本原理。

如果将多光谱图像上的每个像素用特征空间中的一个点来表示，这样多光谱图像和特征空间中的点集具有等价关系。通常情况下，同一类地面目标光谱特征性比较接近，因此在特征空间中的点聚集在该类的中心附近，多类目标在特征空间中形成多个点族，如图 8-24 所示。

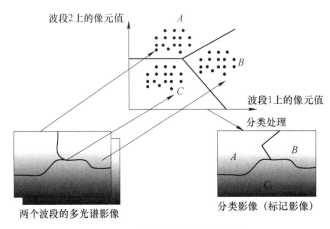

图 8-24　多光谱影像分类的原理

假设图像上只包含三类目标，记为 ω_A、ω_B、ω_C，则在特征空间中形成 A、B、C 三个互相分开的点集，这样将图像中三类目标区分开来等于在特征空间找到若干条曲线（对于多光谱图像，需找到若干个曲面）将 A、B、C 三个点集分隔开。假如分割 A、B 两个点集的曲线表达式为 $f_{AB}(\boldsymbol{X})$，则方程：

$$f_{AB}(\boldsymbol{X}) = 0 \tag{8-42}$$

式（8-42）称为 A、B 两类的判别界面（decision boundary）。

在判别界面 $f_{AB}(\boldsymbol{X})$ 已经确定后，特征空间中的任一点是属于 A 类，还是属于 B 类。根据几何学知识可知：

$$\boldsymbol{X} \in \begin{cases} \omega_A & f_{AB}(\boldsymbol{X}) > 0 \\ \omega_B & f_{AB}(\boldsymbol{X}) < 0 \end{cases} \tag{8-43}$$

式（8-43）称为确定未知类别样本的判别准则（decision criteria），$f_{AB}(\boldsymbol{X})$ 称为判别函数。遥感图像分类算法的核心就是确定判别函数 $f_{AB}(\boldsymbol{X})$ 和相应判别准则。

为了保证所确定的 $f_{AB}(\boldsymbol{X})$ 能够较好地将各类地面目标在特征空间中的点集分割开来，通常在一定的准则（如 Bayes 分类器中的错误分类概率最小准则）下求解判别函数 $f_{AB}(\boldsymbol{X})$ 和相应判别准则。如果事先已经知道类别的有关信息（即类别的先验知识），在这种情况下对未知类别的样本进行分类的方法称为监督分类（supervised cassification）。通过监督分类，不仅可以知道样本的类别，甚至可以给出样本的一些描述。类别的先验知识可以用若干已知类别的样本通过学习的方法来获得。如果事先没有类别的先验知识，在这种情况下对未知类别的样本进行分类的方法称为非监督分类（unsupervised classification）。非监督分类只能把样本区分为若干类别，而不能确定每类样本的性质。

8.3.2 监督分类

监督分类的思想是：首先根据类别的先验知识确定判别函数和相应的判别准则，其中利用一定数量已知类别的样本（称为训练样本）的观测值确定判别函数中特定参数的过程称为学习（learning）或训练（training），然后将未知类别的样本的观测值代入判别函数，再依据判别准则对该样本的所属类别做出判定。监督分类的过程如图 8-25 所示，其中实线箭头所示的流程代表学习或训练阶段，虚线箭头所示的流程代表分类阶段。

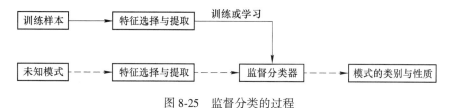

图 8-25　监督分类的过程

监督分类的算法很多，下面只讨论几种典型的监督分类算法。

8.3.2.1　基于最小错误率 Bayes 分类器

设有 s 个类别，用 ω_1、ω_2、$\cdots$、ω_s 来表示，每个类别发生的概率（先验概率）分别为 $P(\omega_1)$、$P(\omega_2)$、$\cdots$、$P(\omega_s)$；设有未知类别的样本 $\boldsymbol{X}$，其类条件概率分别为 $P(\boldsymbol{X}|\omega_1)$、$P(\boldsymbol{X}|\omega_2)$、$\cdots$、$P(\boldsymbol{X}|\omega_s)$；则根据 Bayes 定理可以得到样本 $\boldsymbol{X}$ 出现的后验概率为：

$$P(\omega_i|\boldsymbol{X}) = \frac{P(\boldsymbol{X}|\omega_i)P(\omega_i)}{P(\boldsymbol{X})} = \frac{P(\boldsymbol{X}|\omega_i)P(\omega_i)}{\sum_{i=1}^{s} P(\boldsymbol{X}|\omega_i)P(\omega_i)} \tag{8-44}$$

Bayes 分类器以样本 $\boldsymbol{X}$ 出现的后验概率作为判别函数来确定样本 $\boldsymbol{X}$ 的所属类别，其分类准则为：如果 $P(\omega_i|\boldsymbol{X}) = \max_{j=1}^{s} P(\omega_j|\boldsymbol{X})$，则 $\boldsymbol{X} \in \omega_i$。另外，在后验概率式（8-44）中分母是与类别无关的常数，因此可以不考虑分母的影响，所以其分类准则等效为：如果 $P(\boldsymbol{X}|\omega_i)P(\omega_i) = \max_{j=1}^{s} P(\boldsymbol{X}|\omega_j)P(\omega_j)$，则 $\boldsymbol{X} \in \omega_i$。

Bayes 分类器是通过观测样本 $\boldsymbol{X}$ 把它的先给概率 $P(\omega_i)$ 转化为它的后验概率 $P(\omega_i|\boldsymbol{X})$，并以后验概率最大原则确定样本 $\boldsymbol{X}$ 的所属类别。

Bayes 分类器可以使错误分类的概率达到 $P(e)$ 最小的状态。以两类问题为例，错误分类的 $P(e)$ 可表示为：

$$P(e) = P(\omega_1)P(\boldsymbol{X} 判入 \omega_2 类|\boldsymbol{X} 应属 \omega_1 类) + P(\omega_2)P(\boldsymbol{X} 判入 \omega_1 类|\boldsymbol{X} 应属 \omega_2 类)$$
$$= \int_{R_2} P(\omega_1)P(\boldsymbol{X}|\omega_1)\mathrm{d}\boldsymbol{X} + \int_{R_1} P(\omega_2)P(\boldsymbol{X}|\omega_2)\mathrm{d}\boldsymbol{X}$$

错误分类的概率 $P(e)$ 为图 8-26 中斜线部分的面积和纹线部分的面积之和。当区间 R_1 和区间 R_2 的分界线在 t 位置时，错误分类概率 $P(e)$ 最小，而 t 位置是 $P(\omega_1)P(\boldsymbol{X}|\omega_1) = P(\omega_2)P(\boldsymbol{X}|\omega_2)$ 的位置，即 ω_1 和 ω_2 之间的判别界面。

在 Bayes 分类器中，先验概率 $P(\omega_i)$ 通常可以根据统计资料给出，而类条件概率 $P(\boldsymbol{X}|\omega_i)$ 则需要根据实际问题做出合理的假设。从实用的角度来看：如果在特定空间中某一类特征较多地分布在该类的均值附近，且远离均值的点较少，此时可假设 $P(\boldsymbol{X}|\omega_i)$ 为正态分布函数。以下研究 $\boldsymbol{X}$ 服从高维正态分布时的 Bayes 分类器的表达式。

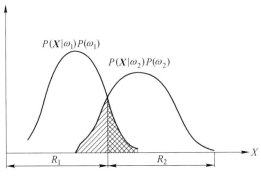

图 8-26　判别界面的选择

设 $\boldsymbol{X} = (x_1,\ x_2,\ \cdots,\ x_n)^{\mathrm{T}}$，且服从高斯正态分布，即：

$$P(\boldsymbol{X}|\omega_i) = \frac{1}{(2\pi)^{\frac{n}{2}}|\Sigma_i|^{\frac{1}{2}}}\exp\left[-\frac{1}{2}(\boldsymbol{X}-\boldsymbol{M}_i)^{\mathrm{T}}\Sigma_i^{-1}(\boldsymbol{X}-\boldsymbol{M}_i)\right] \quad (8\text{-}45)$$

式中，$\boldsymbol{M}_i$ 为 ω_i 类特征向量 $\boldsymbol{X}$ 的均值；Σ_i 为 ω_i 类特征向量 $\boldsymbol{X}$ 的方差。

令 $d_i^*(\boldsymbol{X}) = P(\boldsymbol{X}|\omega_i)P(\omega_i)$，将式(8-45)代入，并两边取对数后，得：

$$\ln d_i^*(\boldsymbol{X}) = \ln P(\omega_i) - \frac{n}{2}\ln 2\pi - \frac{1}{2}\ln|\Sigma_i| - \frac{1}{2}(\boldsymbol{X}-\boldsymbol{M}_i)^{\mathrm{T}}\Sigma_i^{-1}(\boldsymbol{X}-\boldsymbol{M}_i)$$

去掉式中常数项，并令 $d_i(\boldsymbol{X}) = \ln d_i^*(\boldsymbol{X})$，得：

$$d_i(\boldsymbol{X}) = \ln P(\omega_i) - \frac{1}{2}\ln|\Sigma_i| - \frac{1}{2}(\boldsymbol{X}-\boldsymbol{M}_i)^{T}\Sigma_i^{-1}(\boldsymbol{X}-\boldsymbol{M}_i) \quad (8\text{-}46)$$

式(8-46)就是条件概率 $P(\boldsymbol{X}|\omega_i)$ 服从正态分布时的判别函数，此时差别规则为：如果 $d_i(\boldsymbol{X}) = \max_{j=1}^s d_j(\boldsymbol{X})$，则 $\boldsymbol{X} \in \omega_i$。

如果所有类别 $\sum_i = \sum$，且 $P(\omega_i) = \dfrac{1}{s}$，则式(8-46)除去与 ω_i 和 $\boldsymbol{X}$ 无关项，得：

$$d_i(\boldsymbol{X}) = -\frac{1}{2}(\boldsymbol{X}-\boldsymbol{M}_i)^{\mathrm{T}}\Sigma_i^{-1}(\boldsymbol{X}-\boldsymbol{M}_i) \quad (8\text{-}47)$$

令

$$d_i'(\boldsymbol{X}) = -2d_i(\boldsymbol{X}) = (\boldsymbol{X}-\boldsymbol{M}_i)^{\mathrm{T}}\Sigma_i^{-1}(\boldsymbol{X}-\boldsymbol{M}_i) \quad (8\text{-}48)$$

式中，$d_i'(\boldsymbol{X})$ 实际上是样本 $\boldsymbol{X}$ 到 ω_i 类中心距离，由此得到最小距离分类器：若 $d_i'(\boldsymbol{X}) = \max_{j=1}^s d_j'(\boldsymbol{X})$，则 $\boldsymbol{X} \in \omega_i$。

采用最小距离分类器的遥感图像分类过程如下。

（1）根据待分类区域地面目标的实际情况，合理确定类别数目 s，对每一类别的地面目标，在遥感影像上选择一定数量且能反映该类特性的像素作为训练样本。以训练样本为基础，求每类的 $\boldsymbol{M}_i$、Σ_i。

（2）将特征值 $\boldsymbol{X}$ 代入式(8-48)中，求出该特征值在特征空间中的点到每类中心的距离 $d_i'(\boldsymbol{X})$。然后根据最小距离判别法确定该像素的所属类别。若对每一类中所有像素赋予同一种颜色，就得到分类图像。

8.3.2.2　子空间分类器

在遥感图像分类时，分类器的选择一般要考虑两个因素：一是分类的准确性；二是分类的速度。在保证分类准确性的前提下，分类速度是很重要的，因为多光谱遥感图像数据量十分庞大，如果分类器的精度很高，而速度很慢，仍然是不适用的。业已证明子空间分类器（subspace classifier）是一种分类准确性高、速度快的分类算法。下面介绍子空间分类器和改进的对偶子空间分类器的原理。

设有 s 个类别用 $\omega^{(1)}$、$\omega^{(2)}$、$\cdots$、$\omega^{(s)}$ 来表示；每个样本有 n 个特征，用 $\boldsymbol{X} = (x_1, x_2, \cdots, x_n)^{\mathrm{T}}$ 来表示；$\omega^{(i)}$ 类的 $l^{(i)}$ 个样本用 $\{\boldsymbol{X}_1^{(i)}, \boldsymbol{X}_2^{(i)}, \cdots, \boldsymbol{X}_{l_{(i)}}^{(i)}\}$ 来表示，则 $\omega^{(i)}$ 类的自相关矩阵得计算公式为：

$$S^{(i)} = \frac{1}{l^{(i)}} \sum_{j=1}^{l^{(i)}} \boldsymbol{X}_j^{(i)} [\boldsymbol{X}_j^{(i)}]^{\mathrm{T}} \tag{8-49}$$

利用 K-L 展开的原理，可以求得 $\boldsymbol{S}^{(i)}$ 的 n 个特征根 $\lambda_1^{(i)}$，$\lambda_2^{(i)}$，$\cdots$，$\lambda_n^{(i)}$ 和相应的特征向量。如果把特征根按大小排列，并求其对应的前 $p^{(i)}$ 个正交归一化的特征向量 $\boldsymbol{u}_j^{(i)}$，$(j=1、2、\cdots、p^{(i)})$，则 $\omega^{(i)}$ 类的子空间 $\boldsymbol{L}^{(i)}$ 可用 $\boldsymbol{u}_j^{(i)}$（$j=1，2，\cdots，p^{(i)}$）来表示，记为 $\boldsymbol{L}^{(i)} = \{\boldsymbol{u}_j^{(i)}, j=1，2、\cdots、p^{(i)}\}$。

令
$$\boldsymbol{P}^{(i)} = \sum_{j=1}^{p^{(i)}} u_j^{(i)} [u_j^{(i)}]^{\mathrm{T}} \tag{8-50}$$

式中，$\boldsymbol{P}^{(i)}$ 为 $\omega^{(i)}$ 类的投影矩阵。如果有一个样本点 $\boldsymbol{X}$，对所有的类别 j（$j \neq i$）满足：

$$\boldsymbol{X} \in \omega^{(i)}(\boldsymbol{X}^{\mathrm{T}}\boldsymbol{P}^{(i)}\boldsymbol{X} > \boldsymbol{X}^{\mathrm{T}}\boldsymbol{P}^{(j)}\boldsymbol{X}) \tag{8-51}$$

由式(8-50)可得 $\boldsymbol{X}^{\mathrm{T}}\boldsymbol{P}^{(i)}\boldsymbol{X}$ 的实际计算公式为：

$$\boldsymbol{X}^{\mathrm{T}}\boldsymbol{P}^{(i)}\boldsymbol{X} = \sum_{j=1}^{p^{(i)}} [\boldsymbol{X}^{\mathrm{T}}\boldsymbol{u}_j^{(i)}] \tag{8-52}$$

从式(8-52)可以看出，求 $\boldsymbol{X}^{\mathrm{T}}\boldsymbol{P}^{(i)}\boldsymbol{X}$ 时只用到了子空间 $\boldsymbol{L}^{(i)}$ 中的 $p^{(i)}$ 个向量 $\boldsymbol{u}_j^{(i)}$（$j=1，2，\cdots，p^{(i)}$），在 n 较大时通常有 $p^{(i)} \ll n$，所以计算速度是很快的。

设 $\omega^{(i)}$ 类和 $\omega^{(j)}$ 类之间的判别界面为 $F(\boldsymbol{X})$，即：

$$F(\boldsymbol{X}) = \boldsymbol{X}^{\mathrm{T}}\boldsymbol{P}^{(i)}\boldsymbol{X} - \boldsymbol{X}^{\mathrm{T}}\boldsymbol{P}^{(j)}\boldsymbol{X} = \boldsymbol{X}^{\mathrm{T}}[\boldsymbol{P}^{(i)} - \boldsymbol{P}^{(j)}]\boldsymbol{X} \tag{8-53}$$

从式(8-53)可以看出：类与类之间的判别界面 $F(\boldsymbol{X})$ 是关于 $\boldsymbol{X}$ 的二次函数，以此作为样本类别划分的依据，其精度是较高的。

在实际应用中，$\omega^{(i)}$ 类的子空间 $\boldsymbol{L}^{(i)}$ 的维数 $p^{(i)}$ 可按式(8-54)来确定，即：

$$V = \frac{\displaystyle\sum_{j=1}^{p^{(i)}} \lambda_j^{(i)}}{\displaystyle\sum_{j=1}^{n} \lambda_j^{(i)}} \tag{8-54}$$

式中，V 为给定的指标，在已知 V 的情况下求出 $p^{(i)}$ 值。

在上面讨论的子空间分类器中，一般只用到了 $\omega^{(i)}$ 类的前 $p^{(i)}$ 个主分量，而认为主分量以外的 $n-p^{(i)}$ 个镜向分量是不重要的或者是噪声。实际上镜向分量和主分量是同样重要的，模式类不仅可以在由主分量基生成的子空间上来表示，而且可以在由镜向分量基生成的补空间上来表示，即：

$$\overline{\boldsymbol{L}}(i) = \{\boldsymbol{u}_j^{(i)}, j=p^{(i)}+1, p^{(i)}+2, \cdots, n\}$$

令

$$\overline{P}(i) = \sum_{j = p^{(i)}+1}^{n} u_j^{(i)} \left[u_j^{(i)} \right]^{\mathrm{T}}$$

则：

$$X^T P^{(i)} X = X^{\mathrm{T}} [I - \overline{P}(i)] X \qquad (8\text{-}55)$$

式中，I 为单位阵。式(8-55)说明 X 在子空间上的距离可用其在补子空间上的距离来表示，因此上述判别规则也可以写成：如果有一个样本点 X，对所有的类别 j（$j \neq i$）满足：

$$X \in \omega^{(i)} \quad (X^{\mathrm{T}} \overline{P}^{(i)} X < X^{\mathrm{T}} \overline{P}^{(j)} X) \qquad (8\text{-}56)$$

显然，如果 $p^{(i)} > \dfrac{n}{2}$，采用补子空间进行分类的计算量比较小，否则采用子空间进行分类的计算量比较小。通常把子空间 $L^{(i)}$ 和其补子空间混合表示的模式空间称为对偶空间，建立在对偶子空间的分类器称为对偶子空间分类器（dual subspace classifier）。

从上面的讨论还可以看出，子空间分类器和对偶空间分类器具有特征提取和分类决策于一体的功能。现将对偶子空间法遥感图像分类过程归纳如下。

（1）第一步，根据待分类区域地面目标的实际情况，合理确定类别数 s，对每一类别的目标，在遥感影像上选择一定数量的能反映该类特性的像素作为训练。以训练样本为基础，统计每类的自相关矩阵 $S^{(i)}$，进而求得每类的 n 个特征根和 n 个特征向量。再依据式(8-54)确定求出每类子空间的维数 $p^{(i)}$。

（2）第二步，对多光谱图像上的每一个像素，当 $p^{(i)} \leqslant \dfrac{n}{2}$ 时，将其多光谱矢量 X 代入式(8-52)，求得该像素在每类子空间中的投影距离 $X^{\mathrm{T}} P^{(i)} X$（$i=1, 2, \cdots, s$），再根据式(8-51)确定该像素的所属类别；当 $p^{(i)} > \dfrac{n}{2}$ 时，求得该像素在每类补子空间中的投影距离 $X^{\mathrm{T}} \overline{P}^{(i)} X$（$i=1, 2, \cdots, s$），再依据式(8-56)确定该像素的所属类别。若对每一类的所有像素赋以同一种颜色，就得到分类图像。

8.3.3　非监督分类

监督分类需要在分类前知道类别的先验知识，以此为基础求出判别函数中的未知参数。在实际问题中有时事先无法知道类别的先验知识，在没有类别先验知识的情况下将所有样本划分为若干个类别的方法称为非监督分类，也称聚类（clustering）。非监督分类的过程如图 8-27 所示，非监督分类只能将未知类别的模式划分为若干个类别，而不能确定每个类别的性质。

图 8-27　非监督分类的流程

8.3.3.1　聚类中的相似性度量

在聚类的过程中，通常是按照某种相似性准则对样本进行合并或分离。在统计模式识别中常用的相似性度量如下。

（1）欧氏距离表示为：

$$D = \| X - Z \| = \left[(X - Z)^{\mathrm{T}} (X - Z) \right]^{\frac{1}{2}} \tag{8-57}$$

式中，X、Z 为待比较的两个样本的特征矢量。

（2）马氏距离表示为：

$$D = (X - Z)^{\mathrm{T}} \sum{}^{-1} (X - Z) \tag{8-58}$$

式中，$\sum{}^{-1}$ 为 X、Z 的互相关矩阵。

（3）特征矢量 X、Z 的角度表示为：

$$S(X, Z) = \frac{X^{\mathrm{T}} Z}{\| X \| \| Z \|} \tag{8-59}$$

在遥感图像分类中，最常用的是各种距离相似性度量。在相似性度量选定以后，必须再定义一个评价聚类结果质量的准则函数。按照定义的准则函数进行样本的聚类分析必须保证在分类结果中类内距离最小，而类间距离最大。也就是说，在分类结果中同一类的点在特征空间中聚集得比较紧密，而不同类别中的点在特征空间中相聚较远。例如，可定义如下的最小误差平方和准则：

$$J = \sum_{j=1}^{N_c} \sum_{X \in S_j} \| X - M_j \|^2 \tag{8-60}$$

式中，N_c 为类别数目；S_j 为第 j 类样本的集合（$j = 1, 2, \cdots, N_c$）；M_j 为第 j 类的均值向量。如果按照是 J 最小的原则进行聚类，可以保证在分类结果中类内距离最小，而类间距离最大。

聚类分析有两种实现途径，即非迭代方法和迭代方法。非迭代方法通常采用分层或分级聚类策略来实现。迭代方法首先给定某个初始分类，然后采用迭代算法找出使准则函数取极值的最好聚类结果。由于迭代法聚类分析的过程是动态的，因此迭代方法又称动态聚类方法。在遥感图像分类中，通常使用动态聚类方法。

8.3.3.2 K-均值算法

K-均值聚类（K-means algorithm）也称 C-均值聚类，其基本思想是：通过迭代，逐次移动各类的中心，直至得到最好的聚类结果。

假设图像上的目标要分为 c 类别，c 为已知数，则 K-均值聚类算法步骤如下。

（1）第一步，适当的选取 c 个类的初始中心 $Z_1^{(1)}$、$Z_2^{(1)}$、$\cdots$、$Z_c^{(1)}$，初始中心的选择对聚类结果有一定的影响，初始中心的选择一般有以下几种方法：

1）根据问题的性质，用经验的方法确定类别数 c，从数据中找到直观上看来比较适合的 c 个类的初始中心；

2）将全部数据随机地分为 c 个类别，计算每类的重心，将这些重心作为 c 个类的初始中心。

（2）第二步，在第 k 次迭代中，对任一样本 X 按如下的方法把它调整到 c 个类别中的某一类去。对于所有的 $i \neq j$（$i = 1, 2, \cdots, c$），如果 $\| X - Z_j^{(k)} \| < \| X - Z_i^{(k)} \|$，则 X 属于 $S_j^{(k)}$，其中 $S_j^{(k)}$ 是以 $Z_j^{(k)}$ 为中心的类。

（3）第三步，由第二步得到 $S_j^{(k)}$ 类新的中心 $Z_j^{(k+1)}$，即：

$$Z_j^{(k+1)} = \frac{1}{N_j} \sum_{X \in S_j^{(k)}} X$$

式中，N_j 为 $S_j^{(k)}$ 类中的样本数；$Z_j^{(k+1)}$ 是按照使 J 最小的原则确定的。J 的表达式为：

$$J = \sum_{j=1}^{c} \sum_{X \in S_j^{(k)}} \| X - Z_j^{(k+1)} \|^2$$

（4）第四步，对于所有的 $j = 1$，2，$\cdots$，c，如果 $Z_j^{(k+1)} = Z_j^{(k)}$，则迭代结束，否则转到第二步继续进行迭代。

K-均值算法是一个迭代算法，迭代过程中类别中心按最小二乘误差的原则为进行移动，因此类别中心的移动是合理的。其缺点是要事先已知类别数 c，在实际中类别数 c 通常根据实验的方法来确定。

8.3.3.3 ISODATA 算法

ISODATA（Iterative Self-Organizing Data Analysis Techniques Algorithm）算法也称迭代自组数据分析算法，它与 K-均值算法有两点不同：第一，它不是每调整一个样本的类别就重新计算一次各类样本的均值，而是每次把所有样本都调整完毕之后才重新计算一次各类样本的均值，前者称为逐个样本修正法，后者称为成批样本修正法；第二，ISODATA 算法不仅可以通过调整样本所属类别完成样本的聚类分析，而且可以自动地进行类别的"合并"和"分裂"，从而得到类数比较合理的聚类结果。

ISODATA 算法描述如下。

（1）第一步，给出以下控制参数：希望得到的类别数（近似值）K；所希望的一个类中样本的最小数目 θ_N；关于类的分散程度的参数（如标准差）θ_S；关于类间距离的参数（如最小距离）θ_C；每次允许合并的类的对数 L；允许迭代的次数 I。

（2）第二步，适当地选取 N_c 个类的初始中心 $\{Z_i, i = 1, 2, \cdots, N_c\}$。

（3）第三步，把所有样本按如下的方法分到 N_c 个类别中的某一类中去。对于所有的 $i \neq j (i = 1, 2, \cdots, N_c)$，如果 $\| X - Z_j \| < \| X - Z_i \|$，则 $X \in S_j$，S_j 是以 Z_j 为中心的类。

（4）第四步，如果 S_j 类中的样本数 $N_j < \theta_N$，则去掉 S_j 类，$N_c = N_c - 1$，返回第三步。

（5）第五步，按下式重新计算各类的中心，即：

$$Z_j = \frac{1}{N_j} \sum_{X \in S_j} X \quad (j = 1, 2, \cdots, N_c)$$

（6）第六步，计算 S_j 类内的平均距离，即：

$$\overline{D}_j = \frac{1}{N_j} \sum_{X \in S_j} \| X - Z_j \| \quad (j = 1, 2, \cdots, N_c)$$

（7）第七步，计算所有样本离开其相应的聚类中心的平均距离，即：

$$\overline{D} = \frac{1}{N} \sum_{j=1}^{N_c} N_j \overline{D}_j$$

式中，N 为样本总数。

（8）第八步，如果迭代次数大于 I，则转向第十二步，检查类间最小距离，判断是否进行合并。如果 $N_c \leqslant \frac{K}{2}$，则转向第九步，检查每类中各分量的标准差（分裂）。如果迭代次数为偶数，或 $N_c \geqslant 2K$，则转向第十二步，检查类间最小距离，判断是否进行合并。否则转向第九步。

（9）第九步，计算每类中各分量的标准差 δ_{ij}，即：

$$\delta_{ij} = \sqrt{\frac{1}{N_c} \sum_{\boldsymbol{X} \in S_j} (x_{ik} - z_{ij})}$$

式中，$i = 1, 2, \cdots, n$，n 为样本 $\boldsymbol{X}$ 的维数；$j = 1, 2, \cdots, N_c$，N_c 为类别数；$k = 1, 2, \cdots, N_j$，N_j 为 S_j 类中的样本数；x_{ik} 为第 k 个样本的第 i 个分量；z_{ij} 为第 j 个聚类中心 z_j 的第 i 个分量。

（10）第十步，对每一个聚类 S_j，找出标准差最大的分量 $\delta_{j\max}$，即：

$$\delta_{j\max} = \max(\delta_{1j}, \delta_{2j}, \cdots, \delta_{nj}) \quad (j = 1, 2, \cdots, N_c)$$

（11）第十一步，如果条件 1 和条件 2 有一个成立，则把 S_j 分裂成两个聚类，两个新类的中心分别为 $\boldsymbol{Z}_j^+$ 和 $\boldsymbol{Z}_j^-$，原来的 $\boldsymbol{Z}_j$ 取消，使 $N_c = N_c + 1$，然后转向第三步，重新分配样本。其中：

1）条件 1：$\delta_{j\max} > \theta_S$，且 $\overline{D}_j > \overline{D}$，且 $N_j > 2(\theta_N + 1)$；

2）条件 2：$\delta_{j\max} > \theta_S$ 且 $N_c \leqslant \dfrac{K}{2}$；

$$\boldsymbol{Z}_j^+ = \boldsymbol{Z}_j + \boldsymbol{\gamma}_j, \quad \boldsymbol{Z}_j^- = \boldsymbol{Z}_j - \boldsymbol{\gamma}_j, \quad \boldsymbol{\gamma}_j = k \cdot \delta_{j\max}$$

（12）第十二步，计算所有聚类中心之间的两两距离，即：

$$D_{ij} = \| \boldsymbol{Z}_i - \boldsymbol{Z}_j \| \quad (i = 1, 2, \cdots, N_c - 1; \ j = i + 1, \cdots, N_c)$$

（13）第十三步，比较 D_{ij} 和 θ_C，把小于 θ_C 的 D_{ij} 按由小到大的顺序排列，即：

$$D_{i_1 j_1} < D_{i_2 j_2} < \cdots < D_{i_L j_L}$$

式中，L 为每次允许合并的类的对数。

（14）第十四步，按照 $l = 1, 2, \cdots, L$ 的顺序，把 $D_{j_l}^{i_l}$ 所对应的两个聚类中心 Z_{i_1} 和 Z_{j_1} 合并成一个新的聚类中心 Z_l^*，并使 $N_c = N_c - 1$，即：

$$Z_l^* = \frac{1}{N_{i_l} N_{j_l}} (N_{i_l} Z_{i_l} + N_{j_l} Z_{j_l})$$

在对 $D_{j_l}^{i_l}$ 所对应的两个聚类中心 Z_{i_1} 和 Z_{j_1} 进行合并时，如果其中至少有一个聚类中心已经被合并过，则越过该项，继续进行后面的合并处理。

（15）第十五步，若迭代次数大于 I，或者迭代中参数的变化在差限以内，则迭代结束，否则转向第三步，继续进行迭代处理。

9 雷达图像处理

雷达图像传感器属于主动式传感器，工作机理、方式与可见光、红外遥感有根本性的差异。可见光、红外遥感用的是光学技术，主要基于地物对太阳辐射的反射或地物自身辐射的强弱成像；而雷达微波遥感用的是无线电技术，基于传感器天线主动发射微波又接收该微波"照射"到地物目标后返回的后向散射波而成像。成像雷达发射的波长大都在微波（0.1~100cm，频率300MHz~300GHz）范围内，所以又把雷达图像称作微波图像。主要分为真实孔径雷达、合成孔径雷达两种类型，目前主要应用的是合成孔径雷达。

9.1 合成孔径雷达图像特性

9.1.1 图像成像原理

天线装在飞机或卫星的侧面（正因此，成像雷达又称侧视雷达），在飞行器运行过程中，雷达发射天线向平台行进方向（称为方位方向）的侧向（称为距离方向）发射一束宽度很窄的脉冲电磁波束，这样"照射"到地面的连续微波条带就形成了一个类似于行扫描仪产生的连续视场条幅。

如果每个视场条幅照射到不同微波反射、散射特性的地物，那么被同一天线接收记录的雷达反射、散射回波的强弱就会发生变化。与此同时，视场条幅的两侧至天线距离不一，自左至右或自右至左（这取决于右向侧视或左向侧视）逐渐增大，因此其回波信号到达天线的时间就会有先后。这种强弱、先后都有差异的信号，经适当处理，记录下来，就可获得一张反映地面状况的雷达图像。

注意：由于雷达涉及距离信息，所以必须是测视的，如果垂直照射地面，那么总会有两个点具有相同的距离，轨迹的每一边各有一个（见图9-1），这样图像自身就会折叠，轨迹右边的点和相应左边的点就会混在一起。

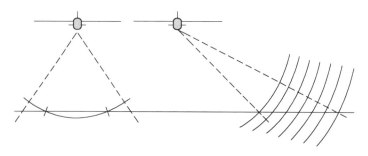

图 9-1 机载成像雷达：俯视和侧视

垂直于飞行方向称为距离向，平行于飞行方向称为方位向。由于雷达波是一个脉冲波，每一个脉冲都有一定时间宽度，故地面上每一个目标回波在距离向时间轴上都延续脉冲宽度个时间，所以在距离向众多目标信息混杂在一起；另外，脉冲电磁波束也有一定宽度，故随着平台移动，地面上每一个目标回波在方位向时间轴上都延续平台运行波瓣宽度距离个时间，所以在方位向众多目标信息混杂在一起，如图9-2所示。距离向和方位向信号都由众多回波混合，看不出图像信息，因此需要采用距离向压缩和方位向压缩技术来解决这个问题。

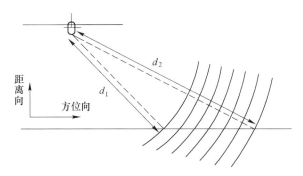

图 9-2 距离向和方位向
d_1—近端距离；d_2—远端距离

脉冲压缩的核心技术就是线性调频调制和信号相关运算，距离向压缩和方位向压缩主要是把距离向和方位向上分布记录的地面上一点的接收信号压缩到一点上。为了进行压缩，一般先求出接收信号与参考函数的互相关系。距离压缩时的参考函数为线性调频信号复共轭的信号，方位压缩时的参考函数是由多普勒效应引起的线性调频信号的复共轭的信号。

随着平台的移动，地面上一点到雷达天线的距离是以时间为自变量的二次函数，这样雷达在不同时刻和位置接收到的同一地面目标的信号不是在一条直线上，这种现象称为距离迁移（range migration）。由于距离迁移的影响，在与方位向有关的二次曲线上分布记录了地面上一点的信号，把这些信号纠正到一条直线上的处理过程称为距离单元迁移改正（range cell migration correction）。

为了提高处理速度，接收信号与参考函数互相关系的计算通常在频域中进行。雷达原始观测数据成像处理示意图如图9-3所示。

成像雷达的分辨率可分成距离分辨率和方位分辨率两种，在距离向和方位向的地面分辨率是不一样的。

距离分辨率 ΔR 是在距离向上能分辨的最小目标的尺寸。距离分辨率示意图如图9-4所示。

$$\Delta R = \frac{\tau c}{2\cos\theta} = \frac{c}{2\omega}\sec\theta \tag{9-1}$$

式中，c 为波速；ω 为频带宽度，$\omega = \frac{1}{\tau}$；τ 为脉冲宽度；θ 为雷达侧视俯角。

从式(9-1)可以看出，侧视角越小，距离分辨率越低，侧视角越大，其距离分辨率越高。另外，脉冲的持续时间（脉冲宽度 τ）越短，距离分辨率越高。若要提高距离分辨

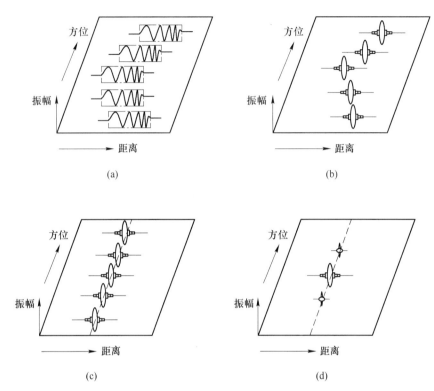

图 9-3　雷达图像数据处理示意图

（a）原始信号；（b）距离向压缩后数据；（c）距离单元迁移改正后的结果；（d）方位向压缩后的结果

率，需要减小脉冲宽度，但脉冲宽度过小会使雷达发射功率下降，回波信号的信噪比降低，由于这两者之间矛盾使得距离分辨率难以提高。为了解决这一矛盾，正是采用了脉冲压缩技术来提高距离分辨率。脉冲压缩的核心技术就是线性调频调制和信号相关运算，将较宽的脉冲调制成振幅大、宽度窄的脉冲技术。

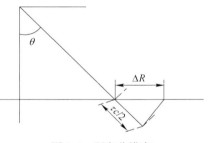

图 9-4　距离分辨率

　　方位分辨率 ΔL 主要由波束角、目标与天线之间的距离 D 决定，如图 9-5 所示。

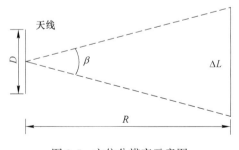

图 9-5　方位分辨率示意图

$$\Delta L = \beta R \tag{9-2}$$

对于真实孔径雷达，β 为实际波束宽度，且 $\beta = \dfrac{\lambda}{D}$。因此，真实孔径雷达的方位向分辨率为：

$$P_a = \beta R = \frac{\lambda R}{D} \tag{9-3}$$

由式（9-3）可见，发射波长 λ 越短、天线孔径 D 越大、目标与地物距离 R 越近，则方位分辨率 P_a 越高。所以在天线波束范围内，目标位于距离近的方位分辨率要高于目标位于距离远的方位分辨率。

要提高真实孔径雷达的方位分辨率，只有加大天线孔径、缩短探测距离和工作波长。这几项措施无论在飞机上还是在卫星上使用时都受到限制。例如，波长 $\lambda = 3\text{cm}$ 的雷达，其天线孔径 $D = 4\text{m}$，在 200km 高度上对地面进行探测，方位分辨率为 1.5km。若要求方位分辨率达到 3m，以便分辨出公路上的汽车，天线孔径就要求达到 2000m。这样长的天线，无论对机载还是星载都是不可能采用的。由此可见，真实孔径侧视雷达难以在航天遥感中应用就是这个原因。为了解决这个矛盾，目前主要是采用合成孔径技术来提高侧视雷达的方位分辨率。

合成孔径雷达（SAR）的特点是：在距离向上采用如真实孔径雷达脉冲压缩原理来提高距离分辨率，在方位向上通过合成孔径原理来提高方位分辨率。其基本思想是利用一个小孔径的天线作为单个辐射单元，将此单元沿一直线不断移动，如图 9-6 所示。

在移动中选择若干个位置，在每一个位置上发射一个信号，接收发射位置的回波信号（包括幅度和相位）存贮记录下来。当辐射单元移动一段距离 L_s 后，存贮的信号和实际天线线阵阵列诸单元所接收的信号非常相似，

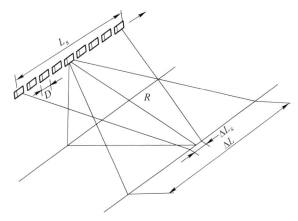

图 9-6　合成孔径侧视雷达工作过程

再通过方位向压缩得到目标唯一的影像。这种方法效果等价于大孔径天线观测的结果，如图 9-7 所示。合成孔径雷达正是利用这一原理进行成像的。不同的是合成孔径雷达天线是在不同的位置上接收同一地物的回波信号，真实孔径天线则在一个位置上接收目标回波。

利用合成孔径技术，合成后的天线孔径长度 L_s、合成波束宽度 β_s 分别为：

$$L_s = \beta R = \Delta L \tag{9-4}$$

$$\beta_s = \frac{\lambda}{2L_s} = \frac{D}{2R} \tag{9-5}$$

因此，合成孔径雷达的方位分辨率 ΔL_s 为：

$$\Delta L_s = \beta_s R = \frac{D}{2R} R = \frac{D}{2} \tag{9-6}$$

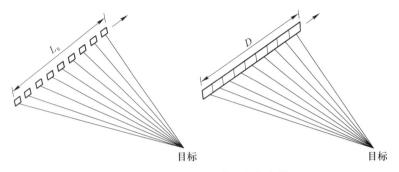

图 9-7　两种天线接收信号的相似性

式(9-6)表明合成孔径雷达的方位分辨率与距离无关，仅与实际天线的孔径有关，且天线越短，分辨率越高。例如天线孔径为 8m，波长为 4cm，目标与平台间的距离为400km 时，真实孔径雷达的方位向分辨率为 2km，而合成孔径雷达的方位向分辨率仅为 4m。

综上所述，雷达图像成像过程主要分为距离压缩和方位压缩两大步骤。在距离压缩中，首先，完成距离向的傅里叶变换；其次，读取距离向参考函数完成相关运算，实现距离向压缩；最后，完成距离向逆傅里叶变换。在方位向压缩中，首先完成方位向傅里叶变换；其次完成距离单元迁移改正；然后读取方位向参考函数完成相关运算，实现方位向压缩，同时完成多视平均；最后完成方位向逆傅里叶变换。流程框图如图 9-8 所示。

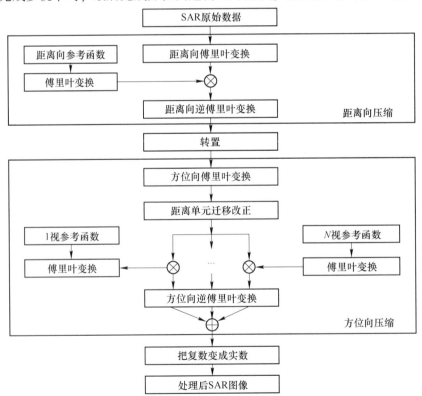

图 9-8　雷达图像观测数据成像处理流程

雷达使用的波长覆盖了不同的波段，表9-1给出对应的波段和波长。

表9-1 各种波段、对应的波长范围及其名称

波段	频率/GHz	波长/cm
P	0.225~0.390	133~76.9
L	0.39~1.55	76.9~19.3
S	1.55~4.20	19.3~7.1
C	4.20~5.75	7.1~5.2
X	5.75~10.90	5.2~2.7
Ku	10.90~22.0	2.7~1.36
Ka	22.0~36.0	1.36~0.83

注：表中所指的范围不是统一的，在有些文献中有明显的不同。

在太空遥感中，必须考虑波穿越大气的能力。波长最短的（Ka和Ku）波在穿过中性大气（对流层）的低层时会有很大衰减，而最长的波（P）在穿越电离层（F层）时则会严重地发散。这就是经常使用中间波段（X、G、S和L）的原因。至于到底选用其中的哪种波段，主要取决于进行的主要任务（L波段：科学任务、生物量估计和生物地球物理参数、地表的穿透性、极化；X波段：高分辨率、绘制地图、勘测），同时还取决于一些技术限制，包括雷达设备的大小、天线的高度（与波长成正比），以及有源模块的效率等。对所有这些应用，C波段（ERS，RADARSAT）是可接受的折中选择。未来的任务倾向于发展双频系统，使用相隔尽可能远的两个波段（X+L）。

9.1.2 雷达图像的色调特征

雷达图像多是单波段图像，因此图像色调及色调空间变化所构成的纹理就是从雷达图像中提取信息的主要依据。地面目标在雷达图像上影像色调取决于天线接收到目标回波的强度，回波功率越强，影像色调越浅；回波信号越弱，则影像色调越深。

雷达接收到的回波强度是系统参数和地面目标参数的复杂函数，雷达探测单个目标的回波功率 P_r 的计算公式为：

$$P_r = \frac{P_t G_t G_r \lambda^2 \delta}{(4\pi)^3 R^4} \tag{9-7}$$

式中，P_t 为雷达发射功率；G_t 为雷达发射天线的功率增益；G_r 为雷达接收天线的功率增益；λ 为雷达波波长；δ 为雷达截面积（雷达接收天线的方向上目标的有效面积）；R 为目标到雷达天线间的距离。

由式(9-7)可知，回波信号的强弱主要与雷达发射功率、天线功率增益、雷达波长、目标本身的微波散射特性及极化方式等因素有关。除了雷达本身的发射功率及天线特性外，主要有以下几个方面影响地物在雷达图像上的影像色调。

（1）平台高度。平台高度指的是地面目标到雷达天线间的距离，影响到回波功率。微波在大气中传播时，会受到大气分子的吸收和散射。大气中吸收微波的主要因素是氧分子和水蒸气，波长越短的吸收得越多；大气中粒子引起的散射主要由雾、雨滴引起的，且波长越短，散射影响越大。在相同的大气条件下，微波的衰减量随距离的增大而增加，平

台高度还影响到微波在大气中传播的路程长短，从而影响微波传输的透过率，影响回波功率。因此，同一地物目标，在不同高度成像时，其影像色调会发生变化，平台越高，其影像色调相对深一些。

（2）入射角。雷达系统的俯角 α 是雷达波束与飞行水平面（或水平地面）间的夹角；入射角 θ 是雷达波束与水平地面法线间的夹角，而与实际地面法线的夹角称局地入射角。入射角 θ 与后向散射强度密切相关，首先地面回波构成一个立于地面的椭球体，θ 减小，回波强度增大，如图 9-9 所示。

其次，山坡可能朝向雷达波束，这时 θ 就会处于近垂直入射区［见图 9-10（a）］，图像上色调会变亮。而山坡如果背向雷达波束［见图 9-10（b）］，θ 处于近切向区，故图像上出现暗色调，这种情况对分析地形是有利的。另外，在相同的地形条件下，入射角的大小与前方压缩、顶底倒置和阴影等现象的发生有直接的关系，这也是确定入射角大小时必须考虑的因素。

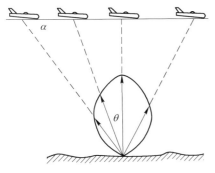

图 9-9　回波强度与入射角的关系

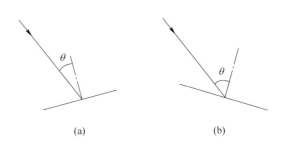

图 9-10　斜坡效应
（a）向着波束的斜坡；（b）背着波束的斜坡

（3）波长。从雷达方程可知，雷达回波强度与入射波长直接相关。雷达遥感系统所选择的波长长短，一方面决定了表面粗糙度的大小和入射波穿透深度的能力（波长越长，对地物的穿透能力越强）；另一方面波长不同，地物目标的复介电常数不同。这些都直接影响到雷达回波的强弱。因此，对于不同的雷达波长，同一目标的影像特征不一样。

实际情况表明，当波长为 1cm 时，大多数表面都被认为是粗糙面，而当波长接近 1m 时，则不会显得粗糙。波长为 1cm 时，穿透能力可以忽略不计，而当波长为 1m 时，对潮湿土壤的穿透能力为 0.3m，而对干燥的土壤则有 1m 或 1m 以上。

（4）表面粗糙度。表面粗糙度指小尺度的粗糙度，即尺度比分辨单元的尺寸要小得多的地物表面粗糙度，它是由细小的物质（如叶面、砂石等）所决定的粗糙度。这是决定回波振幅的主要因素，一般这种粗糙度分为光滑表面、稍粗糙表面和十分粗糙的表面三种情况，如图 9-11 所示。

完全光滑的表面产生镜面反射，反射角等于入射角。这种情况下，几乎所有的反射能量都集中在以反射线为中心的很小立体角角度范围内。因此一般情况下，几乎没有回波信号，只有当雷达波束垂直于这类地物表面时，才能收到很强的回波。对于稍微粗糙表面，被反射的能量不再完全集中在反射线方向，而是在各个方向上均有反射能量分布，常称漫反射或散射。这时尽管镜面反射方向能量仍占大部分，雷达天线已可以接收到少部分

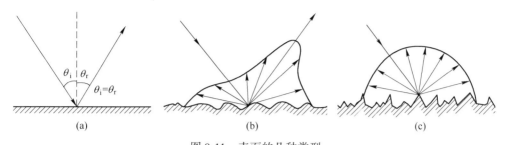

图 9-11　表面的几种类型

（a）完全光滑表面；（b）稍粗糙表面；（c）十分粗糙表面

能量，图像出现回波信号，但是比较弱。对于非常粗糙的表面，可以向所有方向比较均匀地反射能量，镜面反射的情况没有了，这就是所谓各向同性散射，这时雷达天线接收的回波比较强。因此一般情况下，粗糙表面在雷达图像上的色调是亮色调，稍粗糙表面是灰色调，而光滑表面呈暗色调。

（5）复介电常数。复介电常数是表示物体导电导磁性能的参数。一般说来，复介电常数越高，反射雷达波束的作用越强，穿透作用越小，雷达图像上色调越浅。复介电常数相对于单位体积的液态水含量呈线性变化。水分含量低时，雷达波束穿透力大，反射小，当地物含水量很大时，穿透力就大大减小，反射能量增大。在整个微波波段内，水的复介电常数值变化为 20~80，而大多数天然物质（植被、土壤、岩石、雪）的复介电常数变化只有 3~8，可见水的复介电常数之高，它对于各种含水物质的影响甚大。在雷达图像解译中，含水量经常是复介电常数的代名词，这对于植被、土壤湿度分析是十分重要的。

（6）硬目标。具有较大的散射截面，在雷达图像上呈亮白色影像的物体统称为硬目标。当地物目标具有两个互相垂直的光滑表面（如房屋墙面与地表面）或有三个互相垂直的光滑表面（如建筑物的凹部与地表面）时就构成了角反射器，它有二面角反射器和三角反射器之分。当雷达波束遇到这种目标时，由于角反射器每个表面的镜面反射，使波束最后反转 180°方向向来波方向传播（见图 9-12）这样就产生各条射线在反射回去的时候方向相同，相位也相同，故而信号互相增强的现象，致使回波信号极强。对二面角反射器来说，雷达图像上就出现相应于二面角两平面交线（轴线）的一条亮线，对于三面角来讲，就在图像上形成相应于三个面交点的一个亮点。对于两面角轴线与雷达波束所在平面的夹角称指向角，如图 9-13 所示。

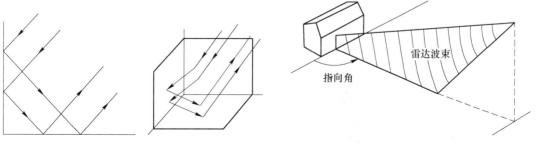

图 9-12　角反射器的反射　　　　　　　　图 9-13　雷达波束的方向角

一般说来，当指向角为 90°时，回波最强，偏离 90°时，回波就弱。如高压输电线路除金属塔架在雷达图像上为亮白色调外，当线路与雷达波方向垂直时也为亮白色线状影像。但三面角没有这种指向角的明显效应，无论雷达波束方向如何，其回波总是比较强的。不同材料的角反射器其回波强度不同，主要与其介电常数有关，一般金属角反射器比混凝土角反射器的回波要强，混凝土角反射器又比木材角反射器的回波要强。硬目标雷达图像如图 9-14 所示。

注意：硬目标都有很强的雷达回波，由于光晕的影响，在雷达图像上影像尺寸一般比按比例尺缩小的尺寸大，如图 9-15 所示。

图 9-14   硬目标雷达图像   扫码查看图片   图 9-15   雷达光晕图像   扫码查看图片

（7）极化方式。电磁波主要有水平极化波 H 和垂直极化波 V 两种。水平极化波 H 是指电磁波的电场矢量与入射面（入射波与目标表面入射处的法线所组成的平面）垂直，垂直极化波 V 是指电磁波的电场矢量与入射面平行，如图 9-16 所示。雷达成像系统一般发射水平极化方式电磁波。雷达成像系统发射的水平极化波 H 与地表相互作用时，会使电磁波的极化方向发生不同程度的旋转，形成水平和垂直两个分量，可用不同极化的天线去接收。这样就有了 HH 和 HV 两种极化方式的图像。当雷达系统发射垂直极化波 V，同样可以接收到两种分量的信号，产生 VV 和 VH 图像，但一般较少这样做，多是发射水平极化波 H。极化方式是否改变取决于被照射目标的物理和电特性。目标表面粗糙造成的多次散射、非均质物体引起的体散射等，都可能产生交叉极化的回波。不同极化方向会导致

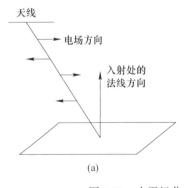
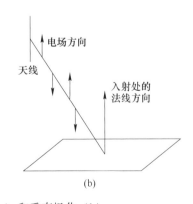

图 9-16   水平极化（a）和垂直极化（b）

目标对电磁波的不同响应，使雷达回波强度不同，并影响到对不同方位信息的表现能力。利用不同极化方式图像的差异，可以更好地观测和确定目标的特性和结构，提高图像的识别能力和精度。

9.1.3 雷达图像的几何特征

侧视雷达在记录地面目标的影像位置时是按其回波的到达时间顺序记录在相应位置上，即依照目标与天线之间的距离大小按顺序记录，所以雷达图像是地面的距离投影，具有固有的几何特点，认识这些几何特点，对于正确地分析雷达图像，是十分必要的。

9.1.3.1 斜距图像的比例失真

雷达图像中一般沿航迹向的比例尺是一个常量，它取决于记录地物目标的速度与飞机或卫星航速之比，但是沿距离向的比例尺就复杂了。因为雷达系统的图像记录有斜距图像和地距图像两种类型。在斜距显示的图像上，发射脉冲与接收脉冲之间有一个时间"滞后"，雷达回波信号的间隔与相邻地物的斜距（遥感器与目标间距）成正比。因而，在斜距图像上各点目标间的相对距离与目标的地面实际距离并不保持恒定的比例关系，使图像在距离上受到不同程度的压缩。一般情况下，与底点较近的目标被压缩得严重些，与底点较远的目标压缩得较轻些。

如图 9-17 表示了地面上相同大小的地块 A、B、C 在斜距图像和地距图像上的投影，A 是距离雷达较近的地块，但在斜距图像上却被压缩最大，可见比例尺是变化的，这样就造成了图像的几何失真。失真图像示意图如图 9-18 所示。这一失真的方向与航空摄影所得到的像片形变方向刚好相反，航空摄影像片中是远距离地物被压缩。

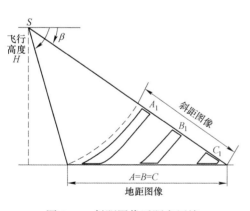

图 9-17 斜距图像近距离压缩

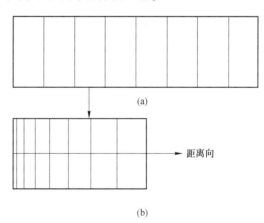

图 9-18 斜距投影引起的图像变形

（a）地面上图形；（b）斜距投影图形

为了得到在距离上无几何失真的图像，就要采取地距显示的形式，通常在雷达显示器的扫描电路中，加延时电路补偿，或在光学处理器中加几何校正，或采用数字信号处理的方式以得到地距显示的图像。

9.1.3.2 前方压缩和顶底倒置

雷达波束入射角与地面坡度的不同组合，使其出现程度不同的前方压缩（又称透视收缩）现象，即雷达图像上的地面斜坡被明显缩短的现象。

如图 9-19 所示，设雷达波束到山坡顶部、中部和底部的斜距分别为 R_t、R_m、R_b，从图 9-19（a）中可见，雷达波束先到达坡底，最后才到达坡顶，于是坡底先成像坡顶后成像，山坡在斜距显示的图像上显示其长度为 ΔR，很明显 $\Delta R<L$。而图 9-19（b）中由于 $R_t=R_m=R_b$，坡底、坡腰和坡顶的信号同时被接收，图像上成了一个点，更无所谓坡长。图 9-19（c）中由于坡度大，雷达波束先到坡顶，然后到山腰，最后到坡底，故 $R_b>R_m>R_t$，这时图像所显示的坡长为 ΔR，同样是 $\Delta R<L$。图 9-19（a）所示图像形变称为透视收缩；图 9-19（c）的形变称为顶底倒置（又称叠掩），与航空摄影正好相反。

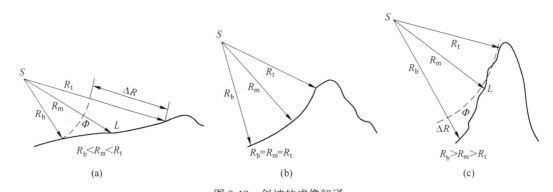

图 9-19　斜坡的成像解译

（a）雷达透视收缩；（b）斜坡成像为一点；（c）雷达叠掩

9.1.3.3　雷达阴影

雷达波束在山区除了会造成透视收缩和叠掩外，还会对坡后形成阴影，只要在山的坡后雷达波束不能到达，因而也就不可能有回波信号，在图像上的相应位置出现暗区，没有信息。雷达阴影的形成与俯角和坡度有关。图 9-20 说明了产生阴影的条件。当背坡坡度小于俯角即 $\alpha<\beta$ 时，整个背坡都能接受波束不会产生阴影。当 $\alpha=\beta$ 时，波束正好擦过背坡，这时就要看背坡的粗糙度如何，如果是平滑表面，则不可能接收到雷达波束，如果有起伏，则有的地段可以产生回波，有的则产生阴影。当 $\alpha>\beta$ 时，即背坡坡度比较大时，则必然出现阴影。

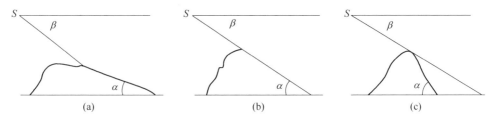

图 9-20　背坡角对雷达图像的影响

（a）$\alpha<\beta$ 无阴影；（b）$\alpha=\beta$ 波束擦掉后坡；（c）$\alpha>\beta$ 产生阴影

雷达阴影的大小，与 β 有关，在背坡坡度一定的情况下，β 越小，阴影区越大。这也表明了一个趋势，即远距离地物产生阴影的可能性大，与产生叠掩的情况正好相反。

阴影对于了解地形地貌是十分有利的，可以根据对阴影的定量统计（如面积和长度的平均值，标准差等）和其他标准地形进行分类。但是当阴影太多时，就会导致背坡区信息匮乏，这是它不利的一面，所以一般尽可能在起伏较大的地区避免阴影。为了补偿阴影部分丢失的信息，有必要采取多视向雷达技术，即在一视向的阴影区在另一视向正好是朝向雷达波束的那一面，前者收集不到的信息在后者那里得到补偿。

9.1.3.4 虚假现象

雷达图像的形成过程中，地物的反射和散射或者多路径散射可能会导致虚假的目标。如图 9-21 所示，在强反射体如金属塔附近若有光滑表面（如路面、水面等），就可能形成角反射器。除金属塔角反射引起多重回波外，雷达波束还会被附近光滑表面反射到金属塔，然后又被反射出去，这样就可能出现另外多重回波信号。当图像分辨率比较高时，一个塔在图像上可能变成几个塔。

另外，若天线的方向图中旁瓣照射到反射目标如桥梁上，而主波束却照射到无回波的水面上，这时在真实目标的附近可能出现微弱的虚假目标，如图 9-22 所示。虽然这种情况是极个别的，但也须引起注意。

虚假现象的出现多与强反射目标有关，在图像分析时，遇有强反射目标，应注意附近是否有虚假目标出现。

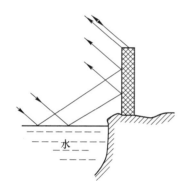

图 9-21 角反射器引起多重回波

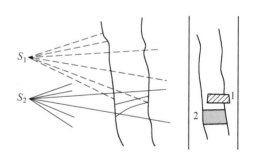

图 9-22 雷达图像虚假目标

1—前旁瓣形成的虚假目标；2—主波束形成的实际目标图像

9.2 SAR 图像斑点噪声的抑制

由于 SAR 发射相干电磁波，因此各理想点目标回波是互相干涉的。当相干电磁波照射实际目标时，其散射回来的总回波并不完全由地物目标的散射系数决定，而是围绕这些散射系数值有很大的随机起伏，这种起伏在图像上的反映就是相干斑噪声（speckle），也就是说，这种起伏将会使一幅具有均匀散射系数目标的 SAR 图像并不具有均匀灰度，而会出现许多的斑点。斑点噪声的存在使图像信噪比下降，是影响 SAR 图像质量的最大障碍，严重时使图像模糊，甚至图像特征消失。如图 9-23 给出了同一地区的 SAR 图像和光学图像，两幅图对相同地物呈现出的灰度是不一样的，其中图 9-23(a) 还包含比较严重的相干斑噪声。

(a)   (b)

图 9-23 同一地区同一目标的 SAR 图像和光学图像对比

(a) 某机场的 SAR 图像；(b) 对应的光学图像

9.2.1 相干斑噪声的产生机理

理想点目标散射电磁波，其回波为球面波，在球面上其幅度处处相等。如图 9-24 所示，实际点目标，其距离向和方位向尺度均小于或至多等于雷达分辨率 P_r 和 P_a，因此可以将此目标看成由许多理想点目标组成。由于这些理想点目标均处于同一个分辨单元之内，合成孔径雷达是无法分辨这些目标的，它所收到的信号是这些理想点目标的矢量和。

每一时刻，雷达脉冲照射的地表单元内部都包含了很多的散射点，这一单元的总的回波是各散射点回波的相干叠加，如图 9-25 所示，各散射点的回波矢量相加后得到幅度为 V，相位为 φ 的总回波。每一散射点回波的相位同传感器与该点之间的距离有关，因此当传感器有一点移动时，所有的回波相位都要发生变化，从而引起合成的幅度 V 发生变化，这样当传感器移动中连续观测同一地表区域时将得到不同的 V 值，这种 V 值的变化称为衰弱。为了准确地得到地表观测单元的散射特性，需要获取多次观测值，然后平均。同样地，具有相同后向散射截面的两个相邻观测单元，如在细微特征上有差异，则它们的回波信号也会不同，这样本来具有常数后向散射截面的图像上的同质区域，像元间会出现亮度变化，这成为斑点，为了得到地表的后向散射截面，需要平均多个相邻像元的回波。

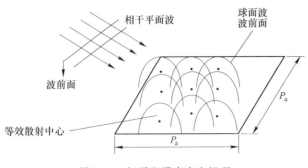

图 9-24 相干斑噪声产生机理

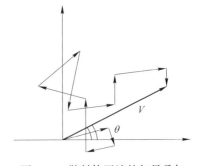

图 9-25 散射体回波的矢量叠加

9.2.2 相干斑噪声的抑制方法

一般的相干斑噪声抑制算法，大多采用多点平滑或低频滤波的方法，因此在抑制相干斑噪声的同时往往会模糊图像中的细节，降低图像分辨率，但是这并不意味着相干斑噪声抑制对于后续的提高分辨率算法有负作用。事实上，相干斑噪声的存在会大大影响后续分辨率提高算法的有效性。在相干斑噪声很严重的情况下，有些分辨率提高算法根本不能发挥原有的分辨率提高作用，而在抑制相干斑噪声之后，则可以充分发挥提高分辨率算法的有效性。这种后续处理中分辨率的提高程度远远高于因相干斑噪声抑制而对图像产生的分辨率损失。总的说来，带有相干斑噪声抑制过程的分辨率提高算法所得的分辨率，将高于不带相干斑噪声抑制过程的分辨率提高算法。因此相干斑噪声抑制这一过程最终将为图像的分辨率提高作出贡献，而且随着越来越多的带特征增强的相干斑噪声抑制算法的涌现，相干斑噪声抑制已基本能实现保持分辨率。因此，在考虑提高图像的分辨率时，首先必须考虑的就是相干斑噪声抑制问题。总之，相干斑噪声抑制与分辨率的关系可以概括为以下几点：

（1）相干斑噪声抑制过程是分辨率提高算法的预处理过程；

（2）相干斑噪声抑制本身不能提高图像的分辨率，甚至会造成分辨率的损失；

（3）相干斑噪声抑制过程有利于提高后续的分辨率提高算法的有效性。

目前相干斑噪声抑制主要有两种处理手段：一种是多视处理；另一种是滤波后处理。多视处理在数据获取的过程中完成，它是将合成孔径分为若干个子孔径，在每一个子孔径内分别进行方位压缩，再将多个子孔径的处理结果求和平均，就可以消除或减少光斑噪声，多视处理一般在频域进行，通常会降低图像的分辨率。空间滤波是利用低通滤波器（如均值滤波器、中值滤波器等）对输出图像进行滤波处理，达到消除或减少光斑噪声的目的。

随着形态学的不断完善和发展，基于数学形态学的滤波方法在相干斑噪声抑制方面也取得了很好的效果；另外，还有一些其他新方法，如小波方法。近年来，随着偏微分方程方法在光学图像去噪与增强中应用的迅猛发展，偏微分方程方法在相干斑噪声抑制中也取得了很好的效果。

从 20 世纪 80 年代开始，出现了很多应用在空间域内的 SAR 图像相干斑抑制算法。从大体上说，这些算法可以分为两种类型：第一类是进行像素级的中值、均值处理（称为经典滤波方法），这类算法实现起来比较简单，但无法达到最佳效果；第二类是在假定噪声模型（乘性噪声模型），并考虑其统计特性基础上的空间域滤波方法，称为统计类滤波。经常用到的滤波器包括 Lee 滤波、Kuan 滤波、Frost 滤波、Gamma MAP 滤波及增强型滤波器、自适应滤波方法。Baraldi 等人研究了基于 Bayes 方法的 SAR 图像恢复方法；Lopes、Touzi 等人给出了基于 SAR 图像统计模型的 MAP 滤波器。这些滤波器都使用局部统计参数如均值、方差等来描述真实图像，进而估计像元的真实值。这些方法适用于背景简单、纹理信息不丰富的图像，而对于复杂背景、含丰富纹理的 SAR 图像，则会产生过平滑现象，不能很好地保持边缘信息。

9.2.2.1 均值滤波

均值类滤波是把平滑窗口内的所有像元的灰度值作平均计算，然后赋给平滑窗口的中心像元，其数学表达式为：

$$R_{ij} = \frac{1}{N^2} \sum_{i=1}^{N} \sum_{j=1}^{N} I_{ij} \tag{9-8}$$

式中，R 为平滑后的像元灰度值；N 为平滑窗口的大小；I 为平滑窗口内各像元的原始灰度值。

9.2.2.2 中值滤波

中值滤波器在滤除叠加白噪声和长尾叠加噪声方面显示出极好的特性，在滤除噪声（尤其是脉冲噪声）的同时能很好地保护信号的细节信息，如边缘等。这种滤波器的优点是运算简单而且速度快，另外也很容易自适应化。

中值滤波器的基本工作原理为：滤波窗口通常选择成窗口内的滤波点数为奇数，然后对滤波窗口内的所有观测值按其数值大小排序，选择中间位置观测值作为中值滤波器的输出。

9.2.2.3 Sigma 滤波

假设图像的噪声服从正态分布，而一维正态分布的 2σ 概率为 0.954，即 95.4%的随机采样在均值范围的 2 倍标准偏差范围内。在图像平滑噪声处理时，任何位于 2σ 范围以外的像元极可能是来源于不同类型的噪声，所以应当从均值中去除。设 x 为像元(i, j)处的灰度值，x'为平滑后像元的灰度值，噪声具有零均值和标准偏差 σ，则 Sigma 滤波可以概括为以下几个步骤：

（1）统计 σ 值，然后设立密度范围$(x-\Delta, x+\Delta)$，其中 $\Delta = 2\sigma$；

（2）将 $(2n+1) \times (2m+1)$ 窗口内在上述密度范围内的所有灰度值相加，并计算其均值；

（3）令 x'等于均值（为了去除另一类型的点噪声，这一步将在后面改进）。

一般情况下，2σ 范围已足够大，它包含了来源于同一分布的 95.4%的像元。但对于尖锐的点噪声来说，因为它与其相邻像元差值较大，$\delta = 0$，从而未参加上述的平均作用。为了弥补这一缺陷，我们设置了一个阈值 K，如果窗口中的 2σ 范围内的像元数 M 小于或等于 K，那么这一像元就用其直接相邻的 4 个像元的均值，也即这一像元被认为是另一类型的噪声，否则仍用上述 2σ 范围内的均值。

K 值应当仔细选择，以便去除孤立的点噪声而又不至于损坏细微结构。对于 7×7 的窗口，K 应当小于 4，对于 5×5 的窗口，K 应当小于 3，这样细微结构就能被很好保留了。然而，经过多次交互使用 Sigma 滤波，细微特征也会被去除，因此要保持更好的结构信息，就应当用一个小一些的 σ 范围。一般情况下，用 σ 而不是用 2σ 的灰度范围，交互使用 2~3 次滤波后的效果较合适。由于 Sigma 滤波去除噪声能力较强，往往要进行多次处理，这样就有可能损失图像的信息。

总的来说，经典滤波方法没有充分考虑 SAR 图像的噪声模型和统计特性，因此对相干斑噪声的抑制效果并不好。下面将重点介绍另一类考虑了噪声模型和统计特性的统计类滤波。

9.2.2.4 Lee 滤波及其增强型算法

Lee 滤波是利用图像局部统计特性进行 SAR 图像斑点滤波的典型代表之一。它的基本思想是利用图像的局部统计特性控制滤波器的输出，使滤波器自适应于图像的变化。Lee 滤波方法是基于如下的乘性噪声模型，利用最小均方误差（MMSE）算法推导，得：

$$Y = XN \tag{9-9}$$

式中，X 为未受相干斑污染的图像信号；N 为相干斑噪声。由于 SAR 图像的相干斑是由回波信号中均值为 0 的随机相位干扰产生的，N 的均值为 1，方差 σ_N^2 与图像的等效视数有关，而与图像场景无关。

由于图像信号与噪声不相关，则 Y 的均值 $\overline{Y}$ 和方差 σ_r^2 满足：

$$\overline{Y} = \overline{X}\ \overline{N} = \overline{X} \tag{9-10}$$

$$\sigma_r^2 = E\left[(XN - \overline{XN})^2\right] = E[X^2]E[N^2] - \overline{X}^2\overline{N}^2 \tag{9-11}$$

在均匀区域内，$E[X^2] = \overline{X}^2$，所以

$$\sigma_r^2 = \overline{X}^2\sigma_N^2 = \overline{Y}^2\sigma_N^2 \tag{9-12}$$

用最佳线性估计法得到 X 的最佳线性估计值 $\hat{X}$ 为：

$$\hat{X} = \overline{Y} + \frac{(Y - \overline{Y})\left(1 - \dfrac{\overline{Y}^2\sigma_N^2}{\sigma_Y^2}\right)}{1 + \sigma_N^2} \tag{9-13}$$

由式(9-13)得到一个基于局部统计特性的 Lee 滤波算法。

Lee 算法是在均质区域的基础上推导得到的，但这一点事实上在真实的 SAR 图像中是不成立的。因此，Lee 滤波方法对于在保持边缘等细节信息方面不是十分理想，但同质区则比较有效。

针对 Lee 算法的缺陷，Lopes 提出根据图像不同区域采用不同滤波器的方法。Lopes 把一个图像分为三类区域：第一类是均匀区域，其中的相干斑噪声可以简单地用均值滤波平滑掉；第二类是不均匀区域，在去除噪声时应保留纹理信息，应用 Lee 滤波；第三类是包含分离点目标的区域，滤波器应尽可能地保留原始值。以上的分类基于两个标准差 C_N 和 $C_{\max}$，$C_N = \dfrac{\sigma_N}{\overline{N}}$，$C_{\max} = \sqrt{3}\,C_N$，由此可写出增强 Lee 滤波为：

$$\hat{X} = \begin{cases} \overline{Y} & (C_X < C_N) \\ \overline{Y} + (Y - \overline{Y})K & (C_N \leqslant C_X \leqslant C_{\max}) \\ Y & (C_X > C_{\max}) \end{cases} \tag{9-14}$$

式中，$K = \dfrac{1 - \dfrac{\overline{Y}^2\sigma_N^2}{\sigma_Y^2}}{1 + \sigma_N^2}$。

增强 Lee 滤波算法对 SAR 图像区域进行了区分，不同区域采用不同的滤波方法，这样能较好地去除同质区域的噪声，保留边缘信息。但是，区域的划分标准，需用到先验知识，这严重影响了区域的正确划分；并且，它对于纹理区域并不能很好地保留纹理信息。

9.2.2.5 Kuan 滤波及其增强型算法

Kuan 滤波是个加性噪声滤波器。SAR 图像的灰度值 I 包含图像真实灰度 $R(t)$ 和零均值的非相关噪声，即：

$$I(t) = R(t) + N(t) \tag{9-15}$$

假设图像的模型是非平稳均值和非平稳方差。那么图像的协方差矩阵可以认为是对角型。对于给定 SAR 图像 $I(t)$，图像真实灰度 $R(t)$ 可以通过最小均方差原理来估计，即：

$$\hat{R}(t) = \bar{I}(t)\left[I(t) - \bar{I}(t) \right]\left[\frac{\sigma_R^2(t)}{\sigma_R^2(t)} + \sigma_N^2(t) \right] \tag{9-16}$$

真实图像 $R(t)$ 和噪声是相互独立的，真实图像的统计量可以由观测图像来估计。对于 SAR 图像乘性噪声情况，可以利用上面的滤波器推导，得：

$$\hat{R}(t) = I(t)W(t) + \bar{I}(t)\left[1 - w(t) \right] \tag{9-17}$$

式中，$w(t)$ 为权重函数，其计算公式为：

$$w(t) = 1 - \frac{\frac{C_u^2}{C_1^2}}{1 + C_u^2} \tag{9-18}$$

式中，C_u 为噪声的变化系数，$C_u = \dfrac{\sigma_u}{u}$。

Kuan 滤波算法与 Lee 算法一样，存在着保持边缘等细节信息不佳的问题。因此，它也有对应的增强算法：

$$\hat{I}(i,\,j) = \begin{cases} \bar{I} & (C_R < C_u) \\ \bar{I} + w(I - \bar{I}) & (C_u \leq C_R \leq C_{\max}) \\ I(i,\,j) & (C_R > C_{\max}) \end{cases} \tag{9-19}$$

9.3　SAR 图像融合

图像融合是多传感器数据融合的一个重要分支。图像融合是将不同传感器得到的多幅图像，根据某种算法进行综合处理，以得到一个新的、满足某种需求的图像。图像融合的目的是通过对多幅图像信息的提取与综合，以获得对同一场景/目标更为准确、更为全面、更为可靠的图像描述。融合后的图像更符合人或机器的视觉特性，有利于图像的进一步分析、理解，以及目标的监测、识别或跟踪。通常在观察同一目标或场景时，多个不同特性的传感器获取的信息是有差异的，即使采用相同传感器，在不同观测时间或不同观测角度所得到的信息也可能不同。与采用单一传感器图像相比，多传感器图像融合技术可带来以下好处：扩展了系统的时间和空间覆盖范围；提高信息的利用率；增加测量维数，提高信息的置信度和精度；改善探测性能；容错性好，性能稳定；提高空间分辨率；降低对单个传感器的性能要求；改善系统的可靠性和可维护性。

目前，美、英等军事强国都致力于研发新一代适用于战场复杂环境下的全天候多源图像融合系统。在美、欧的多套大型战区级传感器信息融合演示验证系统中，相当重要的组成部分是武器平台下的或分布式的图像融合装置。美国休斯公司对热像仪和毫米波雷达两种传感器图像的融合进行了研究，并将其应用于美国陆军坦克中。同时，美国得克萨斯仪器公司也研究对红外热像与微光图像的融合，用来提高夜战能力。2007 年 8 月，英国 BAF 系统公司开始替美军设计并开发单兵头盔式数字增强型夜视镜，这种夜视镜可以融合来自长波红外传感器和微光传感器的视频图像，并显现在士兵眼前的彩色显示屏上，同时还可以实现多个士兵间的图像资源共享。

9.3.1 图像融合的分类

图像融合技术按照信息表征层次不同，由低到高可分为像素级图像融合、特征级图像融合和决策级图像融合。

（1）像素级图像融合。在严格配准的条件下，依据某个融合规则直接对各源图像的像素进行信息融合。在图像融合的三个层次中，像素级图像融合是最低层次的融合技术，它保留了尽可能多的场景信息，精度比较高，可用来提高信号的灵敏度与信噪比，以利于目标观测和特征提取。但是它对源图像之间的配准精度要求也比较高，一般应该达到像素级配准。因此，在像素级图像融合前，必须将待融合的各源图像进行精确配准。此外，像素级图像融合处理的数据量大，处理速度较慢，实时性较差。

（2）特征级图像融合。从各源图像中提取特征信息（如边缘、形状、轮廓、角、纹理、相似亮度区域等信息），并对其进行综合分析和处理。特征级图像融合属于中间层次下的信息融合。在这一层次的融合过程中，首先对各源图像进行特征提取，其次对图像在特征域中的表述进行融合，最后在一张总的特征图上合并这些特征。特征级图像融合既保留了图像中足够的重要信息，又可以对信息进行压缩，有利于实时处理，并且由于所提取的特征直接与决策分析有关，因而融合结果能最大限度地给出决策分析所需要的特征信息，从而提高系统的目标检测能力，更有利于系统的判决。但是相对于像素级图像融合，特征级图像融合的信息丢失较多。

（3）决策级图像融合。从各源图像中获取决策，按一定的准则及各个决策的可信度，将它们合并成一个全局性最优决策。决策级图像融合是最高层次的信息融合，其结果为指挥控制决策提供依据。在这一层次的融合过程中，首先根据每幅源图像分别建立对同一目标的初步判决和结论，其次对来自各个图像的决策进行相关处理，最后进行决策级的融合处理，从而获得最终的联合判决。决策级图像融合具有良好的实时性和容错性，但其预处理代价较高，信息损失也最多。

不同层次的融合各有优缺点，难以在信息量和算法效率方面都同时满足需求。遥感影像融合层次结构如图 9-26 所示。

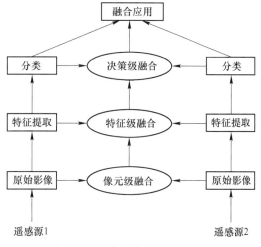

图 9-26 遥感影像融合层次结构

9.3.2 图像融合方法

9.3.2.1 像元级影像融合方法

在三种融合层次中，像元级融合能够充分应用原始数据中包含的数据和信息量，综合集成多源遥感信息的优越性，尽可能多地保持对象的原始信息，充分利用现有数据来获取更高质量的数据，因此像元级融合不仅是遥感信息处理研究的一个重要方向，更是近年遥感影像处理研究和应用的热点。它也是三级融合层次中研究最为成熟的一级，已经形成多种常用的融合算法，如基于 IHS 变换、基于高通滤波的融合方法等。下面分别对几种常用方法的原理进行详细的阐述。

A　基于 IHS 变换的遥感影像融合

在所有彩色变换技术中，IHS 变换最符合人的视觉效果。IHS 变换属于色度空间变换，它从多光谱彩色合成图像中提取代表空间信息的亮度 I（Intensity）和代表光谱信息的色度 H（Hue）与饱和度 S（Saturation）。I、H 和 S 是指人的色彩感觉中的三元素，属于定性处理颜色的显色系统。亮度 I 主要反映图像地物反射的全部能量信息；色度 H 是指一种颜色的最大或平均波长分布，代表颜色属性，由红、绿、蓝色的比重所决定；饱和度 S 表示的是相对中性灰色而言颜色的比重，即颜色的鲜艳度。IHS 变换有效地分离了 RGB 图像的强度（I 特征分量）和光谱信息（H、S 特征分量）。经过 IHS 变换后，亮度、色度和饱和度三种成分之间的相关性变得很低，可假定三者之间相互独立，从而为亮度、色度和饱和度进行分离提供了统计学方面的依据，可以对 IHS 空间中的三个变量单独进行处理。I、H、S 三种特征分量的分离能够对饱和度直接进行扩展，扩大饱和度的动态范围，从而降低各个波段亮度值之间的相关性，从根本上改善图像质量。另外，也可以根据应用目的差别或者按照程度的不同来改变亮度、色度和饱和度，而这些是在 RGH 空间上无法办到的。

IHS 用于图像融合的途径有很多种（具体算法可参考 10.2.3 基于 HIS 变换的影像融合）。总的原则是用一幅图像的三元素（I、H 或 S）之一取代另一幅图像的相应部分。例如，当高分辨的 SAR 图像与 TM 多光谱图像融合时，由于亮度 I 主要反映地物辐射的总能量及其空间分布，即几何特征，而 H、S 主要反映地物的光谱信息，因此可以将 TM 多光谱图像从 RGB 空间变换到 IHS 空间，同时将单波段的高分辨率图像经过灰度线性变换，使其灰度的均值与方差与 IHS 空间中亮度分量图像一致，然后用高分辨率图像作为新的亮度分量 I 代入 IHS，再经过 IHS 反变换回到 RGB 空间，这样，融合的结果既保持了原图像的光谱特征，又引入了新图像的高空间分辨率。由于不同通道数据具有不同光谱特性曲线，IHS 方法得到的新图像会产生一定的光谱退化现象，即光谱信息有一定损失。

B　高通滤波融合方法

高通滤波（HPF）融合是通过将高分辨率影像中的几何信息逐像元叠加到低分辨率影像中而进行的。高分辨率影像的高通滤波结果对应空间的高频信息，即通过高通滤波器提取高分辨率影像中对应空间信息的高频分量，这种空间滤波器去除了大部分低频信息，然后在高通滤波结果中加入光谱分辨率较高的影像，形成高频特征信息突出的融合影像。

用 I_F、I_{HR}、I_{MS} 分别表示融合结果图像、高空间分辨率图像和多光谱图像，用 H_1、L_1 分别表示图像的高、低频信息。则高通滤波融合算法的计算公式为：

$$I_F = L_{MS} + H_{HR} \tag{9-20}$$

在空间域中，对于图像 I 而言，通常有：

$$L_{MS(i,j)} = \overline{M}(I, i, j, m, n) \tag{9-21}$$

$$H_{HR(i,j)} = G_{HR(i,j)} - \overline{M}(P, i, j, m, n) \tag{9-22}$$

式中，$G_{HR(i,j)}$ 为图像 I 中 (i, j) 像素的灰度值；$\overline{M}(P, i, j, m, n)$ 为在图像 I 中以像素

(i, j) 为中心的 $m \times n$ 区域的灰度均值。在空间域中，某一点的低频信息通常采用以该点为中心邻域均值来表示，而其高频信息则用它的灰度值与其低频信息之差来表示。将式(9-20)和式(9-21)代入式(9-22)中，就得到了空间域中高通滤波图像。融合方法可表示为：

$$G_{F(i, j)} = G_{L_{MS}(i, j)} + G_{H_{HR}(i, j)} - \overline{M}(H, i, j, m, n) \tag{9-23}$$

HPF 融合方法的具体步骤如下：

（1）首先将多光谱影像与高分辨率影像进行空间配准，将多光谱影像重采样到与高分辨率影像大小一致；

（2）将高分辨率影像与低分辨率多光谱影像各波段进行直方图匹配；

（3）对进行直方图匹配后的高分辨率影像进行高通滤波；

（4）将高通滤波后的影像分别注入多光谱各个波段；

（5）将多光谱各个波段的影像彩色合成为融合影像。

这种方法的优点是很好地保留了原多光谱影像的光谱信息，并且具有一定的去噪功能，对波段数没有限制。但局限之处在于滤波器尺寸大小是固定的，对于不同大小的各种地物类型很难或不可能找到一个对应的理想滤波器，若滤波器尺寸取得过小，则融合后的结果影像将包含过多的纹理特征，并难于将高分辨率影像中的空间细节融入结果中；若滤波器尺寸取得过大，则难于将高分辨率影像中非常重要的纹理特征加入低分辨率影像中去。

9.3.2.2　特征级影像融合方法

特征级影像融合，是先对各个传感器影像的原始信息进行特征提取，然后对其进行综合分析和融合处理。此种融合方式需要首先从原始影像中提取与研究对象相关的特征（如光谱特征和空间特征），然后将获得的特征影像通过统计模型或人工神经网络等算法进行融合。通过特征级影像融合不仅可以增加从影像中提取特征信息的可能性，而且还可以获取一些有用的复合特征。特征级融合的基本过程如图 9-27 所示。

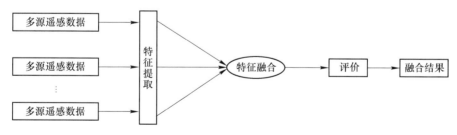

图 9-27　特征级融合的基本过程

特征级影像融合的关键就是特征选择与特征提取。从影像像元信息中抽象、提取出来的并用于融合的典型特征信息有边缘、角、纹理、相似亮度区域、相似景深区域等。当在特定环境下的特定区域内，多传感器影像均具有相似的特征时，说明这些特征实际存在的可能性极大，同时对该特征的检测精度也可大大提高。融合处理后得到的特征可能是各影像特征的综合，也可能是一种全新的特征。

特征级的优点在于可实现可观的信息压缩，有利于实施处理，并且由于所提取的特征信息直接与决策分析有关，因而融合的结果能最大限度地给出决策分析所需要的特征信息。特征级融合可分为目标状态信息融合和目标特征信息融合两大类。目标状态信息融合主要用于多传感器目标跟踪，融合系统对传感器数据进行预处理后，对参数相关和状态向量进行估计。目标特征信息融合就是对特征层的联合识别，它具有的融合方法仍属于模式识别的相应方法，只是在影像融合前必须先对特征值进行相关处理，把特征向量分类成有意义的组合向量。

特征级影像融合的方法主要有卡尔曼滤波算法、Dempster-Shafer 方法、相关聚类法、神经网络法、联合概率数据关联法等。

9.3.2.3   决策级影像融合技术

决策级影像融合属于高层次的融合，可理解为先对每个数据源进行各自的决策以后，将来自各个数据源的信息进行融合的过程。即首先对每个传感器获得的数据进行预处理、特征提取、识别和判决后，做出独立的属性或决策说明，然后对这些属性说明进行融合处理，最终产生一个全局最优的属性或决策说明。其融合过程如图 9-28 所示。

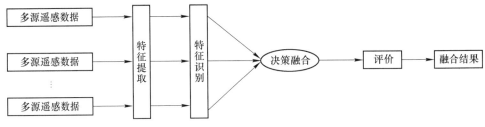

图 9-28   决策级融合的基本过程

决策级融合最直接的体现就是经过决策层融合的结果可以直接作为决策要素来做出相应的行为，以及直接为决策者提供决策参考。决策级融合的主要优点有：具有很高的灵活性；系统对信息传输带宽要求较低；能有效地反映环境或目标各个侧面的不同类型信息；当一个或几个传感器出现错误时，通过适当的融合，系统还能获得正确的结果，所以具有容错性；通信量小，抗干扰能力强；对传感器的依赖性小，传感器可以是同质的，也可以是异质的。但是，决策级融合首先要对原始传感器信息进行预处理以获得各自的判定结果，所以预处理代价较高。

决策级融合的方法主要有 Bayes 估计法、IBS 证据理论、神经网络法、专家知识法、模糊逻辑法等。

10 多光谱图像处理

10.1 多光谱图像原理与特点

10.1.1 多光谱图像原理

多光谱图像是指对同一景物摄影时，分波段记录景物辐射电磁波信息，形成一组多波段灰度图像，如图 10-1 所示。

图 10-1　多光谱图像示例

扫码查看图片

多光谱传感器将接收地面目标景物反射和发射的电磁波，它们分成若干波段（通道）同时进行探测，所获取的遥感信息是将可见光和红外波段分割成几个到几十个波段，只是取若干个离散的宽波段。通常对谱间分辨率在 $10^{-1}\lambda$ 数量级的光谱图像称为多光谱图像，这样的图像都是在几个离散的波段获取的，如 Landsat TM 和 SPOT 图像；谱间分辨率在 $10^{-2}\lambda$ 数量级的光谱图像称为高光谱图像，这类图像一般波段数目达到数十甚至具有 100 以上的波段，如 MODIS 图像包含了 36 个波段；谱间分辨率更高的光谱图像，称为超光谱图像。但是，以上分类并不完全统一，很多研究人员把以上三种光谱图像统称为多光谱图像。

多光谱成像方式一般分为画幅式成像和扫描式成像两种，其中画幅式成像传感器工作波段从可见光到近红外，它是通过滤光片分光，以光学原理摄影成像的；而扫描式成像传感器工作波段从可见光到远红外，是利用分光计分光，以光电转换原理扫描成像的。多光谱图像的成像原理就是利用多个光谱通道对物体成像，相比一般的 RGB 彩色图像的三个光谱通道，多光谱图像成像一般有几十个至上百个光谱通道。一个光谱成像系统核心包括光源、滤光片、CCD 相机。对于光源，要求在可见光区保持连续，滤光片用于构成多个光谱通道，CCD 相机用于图像的采集和输入。

常见的多光谱相机有单镜头和多镜头两种形式。单镜头多光谱相机是在物镜后利用分光装置，将收集的光束分离成不同的光谱成分，分别记录在不同的介质上，形成地物不同的波段影像。多镜头多光谱相机是利用多个物镜获取地物在不同波段的反射信息（如在不同镜头前加不同的滤光片），分别记录在不同的介质上，形成地物不同的影像。

10.1.2 多光谱图像特点

多光谱图像中不同波段的图像在几何上完全配准，但记录的是景物在不同波段范围内的电磁波信息。多光谱摄影的目的是充分利用地物在不同光谱区有不同的反射特性，在不增加探测对象信息量的基础上，提高影像的判读和识别能力。

在军事领域，多光谱图像可用于战场侦察和伪装目标识别等。多光谱图像在连续波段上同时对目标探测，可以分辨出目标的成分和状态，得到空间探测信息与地面实际目标直接的精确对应关系，是一种非常有效的战场详细侦察手段。在伪装目标识别上，主要是通过光谱特征曲线反演出目标的组成成分，从而揭露与背景环境不同的目标及伪装。

10.1.2.1 具有丰富的光谱信息

多光谱图像是由多幅图像构成，每幅图像都是灰度图像，如果为多光谱图像建立一个坐标轴，那么每一幅灰度图像都可以看成是具有 x，y 变量的二维图像，而多幅图像的数量是由多光谱成像仪含有波段数量决定的（又称为光谱信息 λ），可以看作是建立在 z 轴上的变量，因此多光谱图像可以看作是由两个空间变量和一个光谱变量构成的三维灰度值函数，可视为三维图像，即在普通二维图像之外又多了一维谱间信息，具有丰富的光谱信息，如图 10-2 所示。

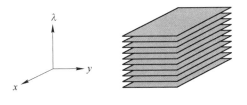

图 10-2　可近似看成三维图像的多光谱图像

10.1.2.2 谱间信息表征的是图像的每一个像元的光谱曲线变化特征

多光谱图像是在同一时间、对同一地点进行单独成像，生成一叠图像的过程，那就意味着每幅灰度图像，同一个坐标点对应的地面目标是一样的，区别在于不同波段上的反射特性不同，如图 10-3 所示。

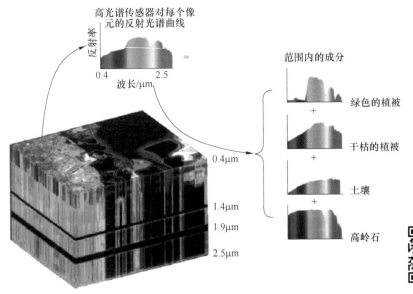

图 10-3　同一地面点在不同波段的不同反射特性

扫码查看图片

几种主要地物的反射光谱曲线如图 10-4 所示。

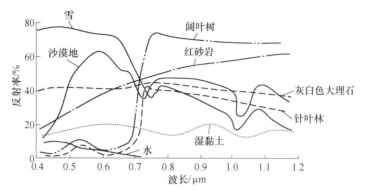

图 10-4　几种主要地物的反射光谱曲线

10.1.2.3　几何空间上完全配准

由于各波段图像是对同一观测目标在不同光谱波段上的成像，不同波段图像在几何上是完全配准的，因此边缘和纹理都出现在各波段图像的相同位置上，形状也基本相同，如图 10-5 所示。

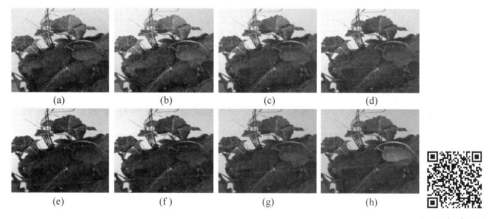

图 10-5　不同波段的多光谱图像

扫码查看图片

（a）525nm；（b）550nm；（c）575nm；（d）600nm；（e）625nm；（f）650nm；（g）675nm；（h）700nm

10.1.2.4　谱段之间具有极强相关性

谱段之间具有极强相关性：一是空间相关性，即具体某一波段图像内部相邻像素间相关性；二是谱间相关性，即同一空间位置在相邻波段映射成的不同像素之间相关性，因此存在大量冗余信息。这一点可以通过求 MODIS 多光谱图像各波段的相关系数看出，见表 10-1。

表 10-1　MODIS 多光谱图像第 20~29 波段图像的相关系数

波段	20	21	22	23	24	25	26	27	28	29
20	1.000000	0.917546	0.909764	0.853846	0.804921	0.634864	0.525010	0.662009	0.460373	0.635571
21	0.917546	1.000000	0.774012	0.718567	0.670405	0.515531	0.421729	0.539204	0.367915	0.519025

波段	20	21	22	23	24	25	26	27	28	29
22	0.909764	0.774012	1.000000	0.982567	0.952061	0.787384	0.659473	0.817779	0.580441	0.786183
23	0.853846	0.718567	0.982567	1.000000	0.988275	0.845147	0.712855	0.874964	0.630259	0.845837
24	0.804921	0.670405	0.952061	0.988275	1.000000	0.892701	0.762795	0.920712	0.678336	0.891803
25	0.634864	0.515531	0.787384	0.845147	0.892701	1.000000	0.936668	0.994771	0.859570	0.976687
26	0.525010	0.421729	0.659473	0.712855	0.762795	0.936668	1.000000	0.909886	0.969733	0.901401
27	0.662009	0.539204	0.817779	0.874964	0.920712	0.994771	0.909886	1.00000	0.828764	0.978921
28	0.460373	0.367915	0.580441	0.630259	0.678336	0.859570	0.969733	0.828764	1.000000	0.825364
29	0.635571	0.519025	0.786183	0.845837	0.891803	0.976687	0.901401	0.978921	0.825364	1.000000

10.1.2.5　多光谱图像数据量极大

例如，EOS 系统的 TERRA 卫星上搭载的 MODIS（中分辨率光谱成像仪），它所产生的多光谱图像有 36 个波段，其中 1、2 波段的一条扫描线图像的空间分辨率是 5416×40，3~7 波段为 2708×20，8~36 波段为 1354×10，一条扫描线产生图像的数据量大约有 2MB，一幅 MODIS 多光谱图像的数据量将达到数十兆字节甚至上百兆字节之多。

10.2　光　谱　增　强

光谱增强法是通过对多光谱图像上像素的光谱矢量数据进行处理，达到改善图像质量、突出有用信息、增强视觉效果等目标的多光谱（或高光谱）图像增强技术。HIS 增强、彩色合成、主成分分析、K-T 变换、植被指数特征计算等都属于光谱增强算法。

10.2.1　彩色合成

人眼对黑白密度的分辨能力有限，大约只有 10 个灰度级，而对彩色影像的分辨能力则要高得多。如果以平均分辨率 $\lambda = 3nm$ 计算，人眼可察觉出上百种颜色差别来。这还仅仅是讨论了色别一个要素，如果加上颜色的其他两个要素（饱和度和亮度），人眼能够辨别彩色差异的级数要远远大于黑白差异的级数。为了充分利用色彩在遥感图像判读中的优势，常常利用彩色合成的方法对多光谱图像进行处理，以得到彩色图像。

彩色图像又可以分为真彩色图像和假彩色图像。真彩色图像上影像的颜色与地物颜色基本一致，假彩色图像是指图像上影像的色调与实际地物色调不一致的图像。利用数字技术合成真彩色图像时，常把红色波段的影像作为合成图像中的红色分量，把绿色波段的影像作为合成图像中的绿色分量，把蓝色波段的影像作为合成图像中的蓝色分量，进行合成处理。遥感中最常见的假彩色图像是彩色红外合成图像，它是在彩色合成时，把近红外波段的影像作为合成图像中的红色分量，把红色波段的影像作为合成图像中的绿色分量，把绿色波段的影像作为合成图像中的蓝色分量，进行合成处理。下面来分析一下植被在真彩色图像和假彩色红外图像上的表现形式。

由图 10-6 可知，植被在近红外波段有较高的反射率，其次是在绿色波段。按上述方法进行真彩色合成时，绿色分量（对应于植被在绿色波段的反射）在整个像素的三个分

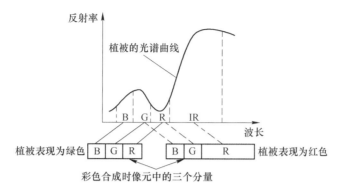

图 10-6　真彩色和假彩色合成时像元三个分量颜色分配情况

量中占的比例最大，所以该像素表现为绿色；而按上述方法进行假彩色红外图像合成时，红色分量（对应于植被在近红外波段的反射）在整个像素的三个分量中占的比例最大，所以该像素表现为红色。假彩色红外图像可以有效地突出植被要素，有利于植被的判读。

10.2.2　HIS 增强

HIS 增强法是先将彩色图像从 RGB 表色系统变换到 HIS 显色系统，然后对各像素的 I、S、H 值进行处理，再将其反变换成 RGB 表色系统的 R、G、B 值，从而达到对彩色图像处理的目的。在 HIS 显色系统中对 I、S、H 值进行处理时，一般提供人机交互对话界面，采用人机交互的方式改变整个图像的 I、S、H 值（整个图像的 I、S、H 值与图像上各像素的 I、S、H 值之间关系，类似于黑白灰度图像的反差拉伸关系），并实时增强图像的内容，达到所见即所得的目的。

10.2.2.1　亮度增强

亮度增强是仅对彩色图像的亮度分量进行处理的增强方法，它的目的是通过对图像亮度分量的调整，使得图像在适合的亮度上提高最大的细节。彩色图像的亮度增强可以在其亮度分量上使用之前介绍的灰度图像的增强算法，如灰度变换法、直方图增强法等。图 10-7 所示为对彩色图像的亮度分量使用对比度拉伸和直方图均衡的方法进行增强的示例。对比结果图像和原图像可以看出，通过亮度增强，图像的细节有所增强。

(a)

(b)

(c)

图 10-7　真彩色图像的亮度增强示例

（a）原彩色图像；（b）对比度拉伸的增强图像；（c）直方图均衡的增强图像

扫码查看图片

10.2.2.2 色调增强

色调增强是通过增加颜色间的差异来达到图像增强目的，一般可以通过对彩色图像每个点的色度值加上或减去一个常数来实现。由于彩色图像色度分量是一个角度值，因此对色度分量加上或减去一个常数，相当于图像上所有点的颜色都沿着彩色环逆时针或顺时针旋转一定的角度，对于整幅图像就会偏向"冷"色调或"暖"色调，如果加或减过大角度，会使图像产生剧烈的变化。此外，色度增强还可以采用线性变换的形式，当变换函数的斜率大于1时，色度增强可以扩大相应光谱范围内颜色的差别。

需要注意的是，由于色相是用角度来表示的，因此，处理色相分量图像的操作必须考虑灰度级的"周期性"，即对色调值加上 120° 和加上 480° 是相同的。图 10-8 为对彩色图像进行色调增强的示例。图 10-8(a) 为原彩色图像；图 10-8(b) 为对原彩色图像每个像素点的色度值加上 120° 得到的结果，可以看到原图像中红色的点，现在变为绿色了，这一点也可从彩色环上的红色逆时针旋转 120° 得到；图 10-8(c) 为对原彩色图像每个像素点的色度值减去 120° 得到的结果，可以看到原图像中红色的点，现在变为蓝色了。

(a)   (b)   (c)

图 10-8   真彩色图像的色度增强示例

(a) 原彩色图像；(b) 色度值加 120°结果；(c) 色度值减 120°结果

扫码查看图片

10.2.2.3 饱和度增强

饱和度增强可以使彩色图像的颜色更为鲜明。饱和度增强可以通过对彩色图像每个点的饱和度值乘以一个大于 1 的常数来实现；反之，如果对彩色图像每个点的饱和度值乘以小于 1 的常数，则会减弱原图像颜色的鲜明程度。图 10-9 为进行饱和度增强的示例。

(a)   (b)   (c)

图 10-9   真彩色图像的饱和度增强示例

(a) 原彩色图像；(b) 饱和度值乘以 0.5 的结果；(c) 饱和度值乘以 5 的结果

扫码查看图片

图 10-9(b)为对原彩色图像，每个像素点的饱和度值乘以 0.5 后得到的结果；图 10-9 (c)为对原彩色图像每个像素点的饱和度值乘以 5 后得到的结果。与原彩色图像图 10-9 (a)相比，图 10-9(c)中各点的颜色较原图像鲜明，图 10-9(b)中各点的颜色没有原图像的鲜明。此外，饱和度增强还可以使用非线性的点运算，但要求非线性点变换函数在原点为零。

需要注意的是，变换饱和度接近于零的像素饱和度，可能会破坏原图像的彩色平衡。

10.2.3 基于 HIS 变换的影像融合

利用 HIS 变换，可以实现不同空间分辨率的遥感图像之间几何信息的叠加。例如，对于 SPOT 全色波段的图像（分辨率为 10m，图像大小为 6000×6000 像元）和多光谱图像（分辨率为 20m。图像大小为 3000×3000 像元），可先对多光谱图像进行重采样，使其在图像大小方面与全色波段的图像一致。然后对三个波段的多光谱进行 HIS 正变换，并用 10m 分辨率的全色波段图像替换经 HIS 正变换以后得到的亮度分量 I，最后进行 HIS 逆变换可得到 10m 分辨率的多光谱图像。这个过程如图 10-10 所示。

在多种遥感数据融合处理中，最重要的是掌握信息融合的机理。例如，在上面的处理中，利用 HIS 正变换把三个波段的多光谱图像变成了具有明确物理意义的三个量，即亮度、饱和度和色调。而亮度分量图像上的像素值反映了地物在 $0.50 \sim 0.59 \mu m$、$0.61 \sim 0.68 \mu m$、$0.78 \sim 0.89 \mu m$ 三个波段上辐射强度的总和，全色波段图像上的像素值反映了地物在 $0.51 \sim 0.73 \mu m$ 波段上的辐射强度，物理意义基本相同，因此这种替换是合理的。

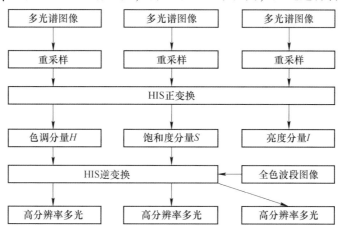

图 10-10 SPOT 全色波段和多光谱图像的信息融合

此外，由于 SPOT 多光谱图像中的红、绿波段与全色波段的相关性很强，可以采用相关系数的方法将全色波段的信息融合到多光谱图像中去，具体方法如下。

（1）对多光谱图像进行重采样，使其大小与全色波段图像一致。

（2）计算多光谱图像各波段与全色波段图像的相关系数，即：

$$r(P, X_k) = \frac{\sum_{i=1}^{m} \sum_{j=1}^{n} [P(i, j) - \overline{P}][X_k(i, j) - \overline{X}_k]}{\sqrt{\sum_{i=1}^{m} \sum_{j=1}^{n} [P(i, j) - \overline{P}]^2 \sum_{i=1}^{m} \sum_{j=1}^{n} [X_k(i, j) - \overline{X}_k]^2}} \tag{10-1}$$

式中, $k = 1$, 2, 3; m、n 分别为图像的长和宽; $P(i, j)$ 为全色波段图像上 (i, j) 处的像素值; $X_k(i, j)$ 为重采样后的多光谱中第 k 波段图像上 (i, j) 处的像素值; $\overline{X_k}$ 为重采样后的多光谱中第 k 波段图像的灰度平均值; $\overline{P}$ 为全色波段图像的灰度平均值。

（3）将全色波段图像的信息融合到多光谱图像各波段中:

$$X_k^*(i, j) = \frac{1}{2}\big[(1 + |r(P, X_k)|)P(i, j) + (1 - |r(P, X_k)|)X_k(i, j) \big] \quad (10\text{-}2)$$

式中, $k = 1$, 2, 3; $i = 1$, 2, $\cdots$, m; $j = 1$, 2, $\cdots$, n; $X_k^*(i, j)$ 为融合了全色波段信息后第 k 波段图像上 (i, j) 处的灰度值。

10.2.4 K-L 变换

K-L 变换也称为主成分分析或主分量分析, 是在统计特征基础上的多维（如多波段）正交线性变换, 它也是遥感数字图像处理中最常用也是最有用的一种变换算法。主成分分析是基于变量之间的相互关系, 在尽量不丢失信息的前提下利用线性变换的方法实现特征提取和数据压缩。设有向量 $X \in \mathbf{R}^n$ 可用一组正交归一化的基向量 $\{u_i,\ i = 1,\ 2,\ \cdots,\ n\}$ 来表示, 即:

$$X = \sum_{j=1}^{n} c_j u_j \quad (10\text{-}3)$$

将式(10-3)两边同乘以 u_i'（u_i' 表示 u_i 的转置, 以下类同）, 得:

$$u_i' \cdot X = u_i' \cdot \sum_{j=1}^{n} c_j u_j = c_i$$

假如只用 X 中的前 d（$d < n$）个分量来估计 X, 即:

$$\hat{X} = \sum_{j=1}^{d} c_j u_j$$

则由此引起的均方误差为:

$$\varepsilon = (X - \hat{X})' \cdot (X - \hat{X}) = \sum_{j=d+1}^{n} c_j u_j' u_j c_j = \sum_{j=d+1}^{n} c_j^2 \quad (10\text{-}4)$$

将式(10-2)代入式(10-4), 得:

$$\varepsilon = \sum_{j=d+1}^{n} u_j' X X' u_j \quad (10\text{-}5)$$

令 $S = XX'$, 则:

$$\varepsilon = \sum_{j=d+1}^{n} u_j' S u_j \quad (10\text{-}6)$$

要使用 $\hat{X}$ 估计 X 产生的平方误差 ε 最小, 可用拉格朗日乘数法求出, 满足:

$$u_j' u_j = \begin{cases} 1 & (j = i) \\ 0 & (j \neq i) \end{cases} \quad (10\text{-}7)$$

式中, u_j（$j = 1$, 2, $\cdots$, n）的解为:

$$(S - \lambda_j I) \cdot u_j = 0 \quad (10\text{-}8)$$

或 $$\lambda_j = u_j' S u_j \quad (10\text{-}9)$$

式中, I 为单位矩阵; λ_j 为 S 的特征根; u_j 为 S 的特征向量。

将式(10-9)代入式(10-6)，得：

$$\varepsilon = \sum_{j=d+1}^{n} \lambda_j \qquad (10\text{-}10)$$

要使用 $\hat{X}$ 估计 X 产生的平方误差 ε 最小，需将 n 个特征向量按照特征根由大到小的顺序排列构成一组正交归一化的基向量 $\{u_i, i = 1, 2, \cdots, n\}$，向量 $X \in \mathbf{R}^n$ 在此基向量组上表示出来后，仅用 X 中的前 d ($d<n$) 个分量来近似表示 X 所产生的平方误差最小。

根据上面的推导，得到主成分分析算法如下。设有向量集 $X = \{X_i, i = 1, 2, \cdots, N\} \in \mathbf{R}^n$，$E(X)$ 为 X 的数学期望，U 是 X 的协方差矩阵 C 的特征向量按其特征根由大到小的顺序排列而构成的变换矩阵，则称式(10-11)为主成分分析算法。

$$\begin{cases} Y_i = UX_i \\ X_i = U^T Y_i \end{cases} \qquad (10\text{-}11)$$

式中，$Y = \{Y_i, i = 1, 2, \cdots, N\} \in \mathbf{R}^n$。

主成分分析算法的性质如下：

(1) 主成分分析算法是一正交变换；

(2) 主成分分析后所得到的向量 Y_i(n 维) 中各元素互不相关；

(3) 从离散主成分分析后所得到的向量 Y_i(n 维) 中删除后面的($n-d$) 个元素而只保留前 d ($d<n$) 个元素时所产生的误差满足平方误差最小的准则。

主成分分析的原理如图 10-11 所示，原始数据为二维数据，两个分量 x_1、x_2 之间存在相关性，具有如图所示的分布，通过投影，各数据可以表示为 y_1 轴上的一维点数据，从二维空间中的数据变成一维空间中的数据会产生信息损失，为了使信息损失最小，必须按照使一维数据的信息量（方差）最大的原则确定 y_1 轴的取向，新轴 y_1 称为第一主成分。为了进一步汇集剩余的信息，可求出与第一轴 y_1

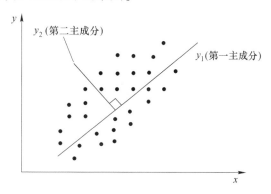

图 10-11　主成分分析原理

正交、且尽可能多地汇集剩余信息第二轴 y_2，新轴 y_2 称为第二主成分。

对多光谱图像做主成分分析以后保留多少个主分量比较适合？通常情况下采用指标 V 进行衡量。在给出 V 值的情况下可确定 d 的大小。

$$V = \frac{\displaystyle\sum_{i=1}^{d} \lambda_i}{\displaystyle\sum_{i=1}^{n} \lambda_i} \qquad (10\text{-}12)$$

在遥感图像分类中，常常利用主成分分析算法来消除特征向量中各特征之间的相关性，并进行特征提取。主成分分析算法还可以被用来进行高光谱图像（hyper spectral images）数据的压缩和信息融合。例如，对 Landsat TM 的六个波段的多光谱图像（热红外波段除外）进行主成分分析，然后把得到的第一、二、三主分量图像进行彩色合成，可以获得信息量非常丰富的彩色图像。

10.3　彩色图像空间增强

灰度图像的平滑和锐化处理比较简单，处理的对象是标量，计算时采用相应的低通滤波算子和高通滤波算子即可。彩色图像的平滑和锐化处理相对比较复杂，除了处理的对象是向量外，还要注意图像所用的彩色空间，因为随着所用彩色空间的不同，所处理的向量表示的含义也不同。

10.3.1　彩色图像平滑

由于光照、摄影设备以及图像传输等原因，在得到的彩色图像中不可避免地存在噪声。为了得到质量较高的彩色图像，要通过对图像的平滑处理消除这些噪声。下面以系数为 1，大小为 5×5 的滤波模板进行彩色图像平滑为例，介绍使用 RGB 彩色模型和 HSI 彩色模型进行平滑滤波的方法。

10.3.1.1　基于 RGB 彩色模型的彩色图像平滑

对于采用 RGB 模型的彩色图像，设位于点 (x,y) 处的颜色向量为 $f(x,y)$，则由灰度图像的平滑公式可以得到彩色图像的平滑公式为：

$$\bar{f}(x,y)=\frac{1}{N}\sum_{(x,y)\in S_{xy}}f(x,y) \tag{10-13}$$

式中，S_{xy} 为以像素点 (x,y) 为中心的相邻像素点的集合；N 为集合中的像素点的个数；

由于 $f(x,y)$ 分别由 R、G 和 B 的 3 个分量构成，该平滑公式还可写成：

$$\bar{f}(x,y)=\frac{1}{N}\begin{vmatrix}\sum_{(x,y)\in S_{xy}}f_R(x,y)\\\sum_{(x,y)\in S_{xy}}f_G(x,y)\\\sum_{(x,y)\in S_{xy}}f_B(x,y)\end{vmatrix} \tag{10-14}$$

由式 (10-14) 可知，对 RGB 彩色图像进行平滑操作，就是对图像的 3 个彩色通道分别进行平滑操作，再把平滑的结果合成一幅彩色图像。图 10-12 为一幅 RGB 彩色图像和它的 3 个彩色分量。

(a)　　　　　　　　(b)　　　　　　　　(c)　　　　　　　　(d)

图 10-12　RGB 彩色图像和它的 3 个彩色分量

（a）原图像；（b）原图像中的 R 分量；（c）原图像中的 G 分量；（d）原图像中的 B 分量

扫码查看图片

10.3.1.2 基于 HSI 彩色模型的彩色图像平滑

对于采用 HSI 模型的彩色图像，图像的 3 个彩色分量 H、S 和 I 分别表示图像的色调、饱和度和亮度信息，如果像处理 RGB 图像那样利用式（10-14）对图像进行平滑，那么得到的图像颜色将会因为颜色分量的混合而发生变化。对于采用 HSI 模型的彩色图像，仅对图像的亮度信息进行混合更有意义。图 10-13 为图 10-12（a）的 HSI 分量图像。

(a)　　　　　　　　　(b)　　　　　　　　　(c)

图 10-13　彩色图像的 HIS 分量图像

（a）H 分量；（b）I 分量；（c）S 分量

扫码查看图片

图 10-14（b）是仅对 I 分量进行平滑（H、S 分量不变），并把处理结果变换为 RGB 图像的结果。基于 RGB 彩色模型的彩色图像平滑方法和基于 HSI 彩色模型的彩色图像平滑方法得到的结果存在一定差异，图 10-14（c）是这两种平滑结果［即图 10-14（a）和（b）］的差别。由于两种平滑结果图像的差异较小，为了较清楚地显示出存在的差别，图 10-14（c）为对结果图像的各分量分别再进行直方图均衡处理后得到的结果。由图 10-14（c）可以看出，上述两种平滑方法得到的结果图像是不相同的（尽管仅有微小差异），这主要是因为在采用 RGB 模型的平滑方法中，是对图像的 3 个彩色通道分别进行平滑；而在采用 HSI 模型的平滑方法中，是仅对彩色图像的亮度分量进行平滑，保留了原图像的彩色信息，即该点的色调值和饱和度值并未发生改变。此外需要注意的是，这两种结果的差别会随着所用平滑模板的增大而变大。

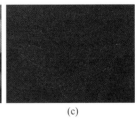

(a)　　　　　　　　　(b)　　　　　　　　　(c)

图 10-14　彩色图像的平滑结果图像及其比较

（a）RGB 模型平滑结果；（b）HSI 模型平滑结果；（c）两种结果的差异图像

扫码查看图片

10.3.2 彩色图像锐化

灰度图像锐化的算法可以扩展到彩色图像上。以拉普拉斯算法为例，向量的拉普拉斯变换也为向量，它的各分量等于输入向量的各分量的拉普拉斯微分。

对于采用 RGB 模型的彩色图像，输入向量 $f(x, y)$ 的拉普拉斯变换表示为：

$$\nabla^2[f(x,\ y)] = \begin{vmatrix} \nabla^2[f_R(x,\ y)] \\ \nabla^2[f_G(x,\ y)] \\ \nabla^2[f_B(x,\ y)] \end{vmatrix} \qquad (10\text{-}15)$$

由式(10-15)可知，对 RGB 彩色图像进行拉普拉斯变换等于对图像的 3 个彩色通道分别进行拉普拉斯变换。图 10-15(a)为对图 10-12 的 R、G 和 B 分量图像分别进行拉普拉斯变换后得到的结果图像。同理，对于彩色图像的锐化还可以使用 HSI 模型进行处理，图 10-15(b)为仅对图 10-12 的 I 分量进行拉普拉斯变换（H、S 分量不变），并把处理结果变换为 RGB 图像的结果。基于 RGB 模型的彩色图像锐化方法与基于 HIS 模型的彩色图像锐化方法得到的结果图像［即图 10-15(a)和(b)］的差异如图 10-15(c)所示，由于两结果图像的差异较小，为了较清楚地显示出存在的差别，图 10-15(c)为对结果图像的各分量分别进行直方图均衡化后得到的结果。

  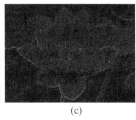

　　　　(a)　　　　　　　　　　(b)　　　　　　　　　　(c)

图 10-15　彩色图像锐化结果图像及其比较

(a) RGB 模型锐化结果；(b) HSI 模型锐化结果；(c) 两种结果的差异图像　　扫码查看图片

11 视频图像处理

据统计，人类从外界获取的信息中，75%来自视觉，这些信息实际上就是图像。在图像的基础上再加上时间因素，就形成了视频，因此视频有时又称为时基媒体。从最早出现的模拟视频发展到数字视频，是视频技术的一大飞跃，由于数字视频具有易存储一、易编辑等特性，因此获得了越来越广泛的应用。

数字视频可借助使用CCD（电荷耦合器件）传感器的数字摄像机来获取。数字摄像机的输出在时间上分成离散的帧，而每帧在空间上与静止图像类似，都分成离散的行和列，每帧图像的基本单元仍用像素表示。

视频是一组图像在时间轴上的有序排列，是三维图像在一维时间轴上构成的图像序列，又称为动态图像、活动图像或者运动图像。它不仅包含了静止图像所包含的内容，还包含了场景中目标运动的信息和客观世界随时间变化的信息。电影、电视等都属于视频的范畴。早期的视频主要指模拟视频信号，随着电子技术的发展以及全球数字化进程的推进，视频的采集设备和采集方式有了很大的进展，直接采集数字视频的设备得到了广泛地开发和应用。

所谓的视频图像处理，就是指用数字计算机及其他有关的数字技术，对图像施加某种运算和处理，从而达到某种预期的目的。

11.1 运动目标检测

运动目标是日常生活中常见的，如活动的交通工具、空间飞行器及自然界中其他运动物体。运动目标的检测，目的是通过对视频图像的分析，实现对场景中目标的定位、识别，从而做到对目标行为的分析，在完成日常管理外还能对发生的异常情况做出反应，同时减少对视频信号的存储并能实现自动报警，还可以极大地减少视频传输所需要的带宽，并且只存储一些感兴趣的片段。

目标的运动图像序列为低信噪比情况下的目标检测提供了比目标静止时更多的有用信息，使得我们可以利用图像序列检测出单帧图像中很难检测出的目标。由运动目标形成的图像序列可以分为两种情况：一种是静止背景；另一种是变换背景。前一种情况相机通常处于相对静止状态，如监视某个路口车流量的固定摄像机；后一种情况通常是相机也处于相对运动状态，如装在卫星或飞机上的监视系统。从处理方法上看，一般是采用突出目标或消除背景的思想。对前一种情况可采用消除背景的办法，处理起来比较简单，如简单的帧间差分或自适应背景对消方法。对后一种情况，处理起来比较复杂，若采用消除背景的方法，则通常需要先进行帧间稳像及配准；若采用突出目标的办法，则需要在配准的前提下进行多帧能量积累和噪声抑制。

11.1.1 静止背景下的运动目标检测

11.1.1.1 差分检测法

将同一背景不同时刻两幅图像进行比较，可以反映出一个运动物体在此背景下运动的结果。比较简单的一种方法是将两图像做差分或相减运算，从相减后的图像中，很容易发现运动物体的信息。在相减后的图像中，灰度不发生变化的部分被减掉，则前区为正，后区为负，其他部分为零。由于减出的部分可以大致确定运动目标在图像上的位置，使用相关法时就可以缩小搜索范围。

例如，时刻 t 的图像为 $f_t(x, y)$，时刻 $t+1$ 的图像为 $f_{t+1}(x, y)$，则两幅图像相减后，得：

$$g(x, y) = f_{t+1}(x, y) - f_t(x, y) \tag{11-1}$$

所表示的图像变化过程如图 11-1 所示。

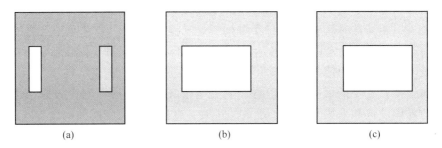

| (a) | (b) | (c) |

图 11-1　差分法检测图像中发生变化的区域

（a）$g(x, y)$；（b）$f_{t+1}(x, y)$；（c）$f_t(x, y)$

从图 11-1 可以清楚地看到，灰色背景中的一块白色运动区域在图像中发生了向右方向的平移，则两幅图像相减后，运动部分被检测出来，而未发生变化部分相减抵消，灰度值为零。

11.1.1.2 自适应运动检测方法

当两帧图像的背景图像起伏较大时，简单的差分法难以得到满意的解。此时可以考虑用自适应背景对消的方法，该方法可以在低信噪比情况下压制背景杂波和噪声，检测出非稳态图像信号。在背景杂波较大时，常用的门限分割不能分出这种运动目标。

在图像序列中，每一个像素点的灰度值都是这一点所对应传感器的输出信号值与系统噪音值的叠加，因此，如何克服噪声的影响确定一个最佳门限将目标与背景分离，就成为目标检测的一个重要环节。

令 $f(x, y, k)$ 为输入的图像序列，$f(x, y, k)$ 可以重新表示为：

$$f(x, y, k) = s(x, y, k) + b(x, y, k) + n(x, y, k) \tag{11-2}$$

式中，$s(x, y, k)$ 为目标信号；$b(x, y, k)$ 为背景图像；$n(x, y, k)$ 为图像中的噪声。在图像中，目标点亮度通常较周围背景高，与背景不相关，而背景是图像的主要成分，具有强相关性。如果能得到背景图像及噪声的准确估计：

$$\hat{f}(x, y, k) = \hat{b}(x, y, k) + \hat{n}(x, y, k) \tag{11-3}$$

可得：

$$f(x, y, k) - \hat{f}(x, y, k) = s(x, y, k) + n'(x, y, k) \tag{11-4}$$

此时相减后的图像，通过后续处理就能检测出目标信号。式中 $n'(x, y, k)$ 是由于背景估计不准确而残余的噪声，式(11-4)表明，选择合适的预测器，加强背景预测的结果，从而实现了抑制背景、突出目标的目的。

假设图像中的任一个像素点，如果是属于背景中的点，由于它和周围的像素点是属于同一背景，具有相关性，就一定可以用周围区域的背景点来预测。实际上，任何一点灰度的背景预测值都是用它周围区域的一些点的灰度值经过线性或非线性的组合产生的，将所有点的实际灰度值与预测值相减得到预测残差。如果预测准确的话，目标被保留在预测残差中，此时只要在预测残差图像上进行门限检查就可以了。

最基本的背景预测模型为：

$$\hat{f}(x, y) = \sum_{i, j \in S} (x - i, y - j) w(i, j) \tag{11-5}$$

式中，$w(i, j)$ 为预测背景所用的核函数；S 为预测域。

要尽量准确地预测背景，核函数的选择是非常关键的。有很多种方法来确定 $w(i, j)$，最简单的一种方法就是采用固定权值矩阵，比较复杂的自适应法求最优权值，其中有 Wiener 滤波、Kalman 滤波等方法。以下是两种典型固定权值矩阵的模板：

$$\boldsymbol{w}_1 = \frac{1}{40} \begin{pmatrix} 1 & 1 & 1 & 1 & 1 & 1 & 1 \\ 1 & 1 & 1 & 1 & 1 & 1 & 1 \\ 1 & 1 & 0 & 0 & 0 & 1 & 1 \\ 1 & 1 & 0 & 0 & 0 & 1 & 1 \\ 1 & 1 & 0 & 0 & 0 & 1 & 1 \\ 1 & 1 & 1 & 1 & 1 & 1 & 1 \\ 1 & 1 & 1 & 1 & 1 & 1 & 1 \end{pmatrix} \tag{11-6}$$

$$\boldsymbol{w}_2 = \frac{1}{112} \begin{pmatrix} 3 & 3 & 3 & 3 & 3 & 3 & 3 \\ 3 & 2 & 2 & 2 & 2 & 2 & 3 \\ 3 & 2 & 1 & 1 & 1 & 2 & 3 \\ 3 & 2 & 1 & 0 & 1 & 2 & 3 \\ 3 & 2 & 1 & 1 & 1 & 2 & 3 \\ 3 & 2 & 2 & 2 & 2 & 2 & 3 \\ 3 & 3 & 3 & 3 & 3 & 3 & 3 \end{pmatrix} \tag{11-7}$$

实际处理的图像往往比较复杂，用固定权值模板的方法处理过于简单。例如在两种背景区域交界处的像素，如果用它周围的所有像素的灰度组合来进行预测通常不能获得准确的预测值，其结果是在这些区域会产生大量虚假目标，对真实目标的检测和识别造成干扰。针对这种情况，有人研究采用区域化背景模型的背景预测算法，即把被预测点周围的区域划分成多个不同的子区域，根据各子区域内灰度分布的情况，采取不同的预测方法，从而可以降低起伏较大的不同背景交界处的虚警概率。

以上为静止背景下的运动目标检测方法，实现起来相对容易，对其影响较大的主要是成像噪声。因此，应该在预处理阶段采取适当的方法，对图像进行随机噪声的压制。

成像跟踪系统中的图像处理，实际上是动态图像处理。处理对象通常都是一个记录了目标运动过程的序列图像。动态图像为我们提供了比单帧静止图像更丰富的信息，通过对多帧图像进行分析，可以获得从静止图像中无法获取的运动信息，它对于目标跟踪和识别有着非常重要的意义。

11.1.2　运动背景下的目标检测方法

与静止图像相比，动态图像的基本特征就是灰度的变化。具体而言，在对某景物拍摄到的图像序列中，相邻两帧图像间至少有一部分像素的灰度发生了变化，这个图像序列就称为动态图像序列。造成灰度变化的原因是多种多样的，主要有：物体本身发生了变形（扩大或缩小）或运动（旋转、平移）；相机与物体之间发生了相对运动；照度变化导致物体表面灰度发生变化。如图 11-2 所示，图 11-2(a) 和 (b) 是从马路上拍摄的相邻两个时刻的车辆图像，由于车辆相对马路及树木、房屋等静止背景发生了运动，因此可以提取出图像中的运动目标，如图 11-2(c) 所示。

  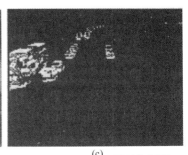

(a)　　　　　　　　　　　(b)　　　　　　　　　　　(c)

图 11-2　物体的运动信息

扫码查看图片

运动目标检测的任务，是从纷繁复杂的背景中，把感兴趣的运动目标（前景）尽可能完整地提取出来，运动目标检测的结果用二值图表示。下面介绍两种常用的运动背景下的目标检测方法，即光流法和块匹配法。

11.1.2.1　光流法

光流的概念是 Gibson 于 1950 年首先提出的。光流是空间运动物体在观测成像面上的像素运动的瞬时速度。光流场是指图像中所有像素点构成的一种二维（2-D）瞬时速度场，其中的二维速度矢量是景物中可见点的三维速度矢量在成像平面的投影。所以光流不仅包括了被观察物体的运动信息，还包含有关景物三维结构的丰富信息。研究光流场的目的就是为了从序列图像中近似计算出不能直接得到的运动场，3-D 运动的 2-D 表示称为运动场（或速度场），即图像上的运动点将分配一个速度矢量（运动方向、速度大小）。图 11-3 就是一个运动的圆和它的运动场。对光流的研究成为计算机视觉及相关研究领域中的一个重要部分。因为在计算机视觉中，光流

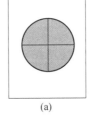  

(a)　　　　　　　(b)　　　　　　　(c)

图 11-3　运动场示意图

(a) 未运动的圆；(b) 运动后的圆；(c) 圆的运动场

扮演着重要角色，在目标对象分割、识别、跟踪、机器人导航以及形状信息恢复等都有着非常重要的应用。

光流法是利用图像序列中像素在时间域上的变化以及相邻帧之间的相关性来找到上一帧跟当前帧之间存在的对应关系，从而计算出相邻帧之间物体的运动信息的一种方法。

在理想情况下，光流对应于运动场，但这一命题不总是对的。图 11-4 是一个非常均匀的球体，由于球体表面是曲面，则在某一光源照射下，亮度呈现一定的空间分布或称为明暗模式。当球体在摄像机前面绕中心轴旋转时，明暗模式并不随着表面运动，所以图像也没有变化，此时光流在任意地方都等于 0。然而，运动场却不等于 0。如果球体不动，则光源运动，明暗模式运动将随着光源运动。此时光流不等于 0，但运动场为 0，因为物体没有运动。一般情况下可以认为光流与运动场没有太大的区别，因此允许根据图像运动来估计相对运动。

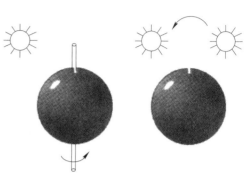

图 11-4　光流与运动场差别示意图

A　光流约束方程

假定 t 时刻图像上的点 (x, y) 处灰度值为 $I(x, y, t)$，在时刻 $t+\Delta t$ 时，这一点运动到 $(x+\Delta x, y+\Delta y, t+\Delta t)$，对应的灰度值为 $I(x+\Delta x, y+\Delta y, t+\Delta t)$，假定它与 $I(x, y, t)$ 相等，即：

$$I(x + \Delta x, y + \Delta y, t + \Delta t) = I(x, y, t) \tag{11-8}$$

将左边在 (x, y, t) 点用泰勒公式展开，忽略二阶和二阶以上项，得：

$$\frac{\partial I}{\partial x}\frac{\Delta x}{\Delta t} + \frac{\partial I}{\partial y}\frac{\Delta y}{\Delta t} + \frac{\partial I}{\partial t} = 0 \tag{11-9}$$

记 $u(x, y, t) = \dfrac{\mathrm{d}x}{\mathrm{d}t} = \dfrac{\Delta x}{\partial t}$，$v(x, y, t) = \dfrac{\mathrm{d}y}{\mathrm{d}t} = \dfrac{\Delta y}{\partial t}$，则可得到基本光流约束方程，即：

$$I_x u + I_y v + I_t = 0 \tag{11-10}$$

式中，$I_x = \dfrac{\partial I}{\partial x}$、$I_y = \dfrac{\partial I}{\partial y}$、$I_t = \dfrac{\partial I}{\partial t}$ 可以从图像通过差分运算直接求得。

由于光流场 $\boldsymbol{U} = (u, v)^T$ 有两个变量，而基本约束方程只有一个，因此只使用一个点上的信息是不能确定光流的。人们将这种不确定问题称为孔径问题。从理论上分析，仅能沿着梯度方向确定图像点的运动，即法向流。

由于孔径问题的存在，仅通过光流约束方程而不使用其他信息是无法计算图像平面中某一点处的图像流速度的，必须引入新的附加约束条件。

B　Horn-Schunck 方法

Horn 和 Schunk 等人提出同一运动物体引起的光流场应该是连续、平滑的（即运动场既满足光流约束方程，又满足全局平滑性），对光流场附加一个速度平滑约束，从而将光流场的计算问题转化为一个变分问题。根据光流约束方程，光流误差为：

$$e^2(\boldsymbol{x}) = (I_x u + I_y v + I_t)^2 \tag{11-11}$$

式中，$\boldsymbol{x}=(x,\ y)^{\mathrm{T}}$。对于光滑变化的光流，其平滑约束条件为：

$$s^2(\boldsymbol{x}) = \iint \left[\left(\frac{\partial u}{\partial x}\right)^2 + \left(\frac{\partial u}{\partial y}\right)^2 + \left(\frac{\partial v}{\partial x}\right)^2 + \left(\frac{\partial v}{\partial y}\right)^2 \right] \mathrm{d}x\mathrm{d}y \qquad (11\text{-}12)$$

将光流约束同加权平滑约束组合起来，其中加权参数控制图像流约束微分和光滑性微分之间的平衡：

$$E = \iint \{ e^2(\boldsymbol{x}) + as^2(\boldsymbol{x}) \} \mathrm{d}x\mathrm{d}y \qquad (11\text{-}13)$$

式中，a 为控制平滑度的参数，a 越大，则平滑度就越高，则估计的精度也越高。

对式(11-13)求极小值，并用高斯−赛德尔方程迭代求解，得到 u 和 v 的迭代计算方程：

$$\begin{cases} u^{k+1} = \bar{u}^k - \dfrac{I_x\bar{u}^k + I_y\bar{v}^k + I_t}{a^2 + I_x^2 + I_y^2}I_x \\[4mm] v^{k+1} = \bar{v}^k - \dfrac{I_x\bar{u}^k + I_y\bar{v}^k + I_t}{a^2 + I_x^2 + I_y^2}I_y \end{cases} \qquad (11\text{-}14)$$

式中，k 为迭代次数，u^0、v^0 为光流的初始估计值。当相邻两次迭代结果的值小于预定的某一小值时，迭代过程终止。

11.1.2.2 块匹配方法

基于块（block-based）的运动分析在图像运动估计和其他图像处理和分析中得到了广泛的应用，比如在数字视频压缩技术中，国际标准 MPEG1、MPEG2 均采用了基于块的运动分析和补偿算法。块运动估计与光流计算不同，它无须计算每一个像素的运动，而只是计算由若干像素组成的像素块的运动，对于许多图像分析和估计应用来说，块运动分析是一种很好的近似。这里主要介绍块匹配方法。

块匹配方法（BMA，Block Matching Algorithm）实质上是在图像序列中做一种相邻帧间的位置对应任务。它首先选取一个图像块，然后假设块内的所有像素做相同的运动，以此来跟踪相邻帧间的对应位置。如图 11-5 所示，在第 k 帧中选择以$(x,\ y)$为中心、大小为 $m{\times}n$ 的块 B，然后在第 $k+1$ 帧中的一个较大的搜索窗口内寻找与块 B 尺寸相同的最佳匹配块的中心的位移矢量 $\boldsymbol{r}=(\Delta x,\ \Delta y)$。搜索窗口一般是以第 k 帧中的块 B 为中心的一个对称窗口，其大小常常根据先验知识或经验来确定。

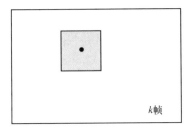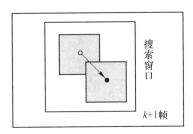

图 11-5　块匹配法示意图

各种块匹配算法的差异主要体现在匹配准则、搜索策略和块尺寸选择方法 3 个方面；还有四步搜索法、菱形搜索法等许多性能优异的搜索方法。

A 匹配准则

典型的匹配准则有最大互相关准则、最小均方差准则、最小平均绝对值差准则、最大匹配像素数量准则等。最大互相关准则（MCC，Max Cross-Correlation）定义为：

$$MCC(\Delta x, \Delta y) = \frac{\sum\limits_{x=1}^{X} \sum\limits_{y=1}^{Y} \left[I(x, y, k) \cdot I(x + \Delta x, y + \Delta y, k + 1) \right]}{\left[\sum\limits_{x=1}^{X} \sum\limits_{y=1}^{Y} I^2(x, y, k) \right]^{\frac{1}{2}} \left[\sum\limits_{x=1}^{X} \sum\limits_{y=1}^{Y} I^2(x + \Delta x, y + \Delta y, k + 1) \right]^{\frac{1}{2}}}$$

(11-15)

通过求式(11-15)的极大化可求得位移$(\Delta x, \Delta y)$，即：

$$(\Delta x, \Delta y) = \arg \min_{(\Delta x, \Delta y)} \left[MCC(\Delta x, \Delta y) \right]$$

(11-16)

最小均方差准则（MSE，Mean Square Error）定义为：

$$MSE(\Delta x, \Delta y) = \frac{1}{mn} \sum_{(x, y) \in W} \left[I(x, y, k) - I(x + \Delta x, y + \Delta y, k + 1) \right]^2$$

(11-17)

通过求式(11-17)的极小化可以估计出位移$(\Delta x, \Delta y)$，即：

$$(\Delta x, \Delta y) = \arg \min_{(\Delta x, \Delta y)} \left[MSE(\Delta x, \Delta y) \right]$$

(11-18)

对 MSE 求极小化的准则可以认为是给窗口内的所有像素强加一个光流约束。最小均方差准则很少通过超大规模集成电路（VLSI）来实现，主要原因是用硬件实现平方运算有相当的困难。通过超大规模集成电路（VLSI）来实现的准则是最小平均绝对差。

最小平均绝对差准则（MAD，Mean Absolute Difference）定义为：

$$MAD(\Delta x, \Delta y) = \frac{1}{mn} \sum_{(x, y) \in W} \left| I(x, y, k) - I(x + \Delta x, y + \Delta y, k + 1) \right|$$

(11-19)

位移$(\Delta x, \Delta y)$的估计值为：

$$(\Delta x, \Delta y) = \arg \min_{(\Delta x, \Delta y)} \left[MAD(\Delta x, \Delta y) \right]$$

(11-20)

众所周知，随着搜索区域的扩大，出现多个局部极小值的可能性也增大，此时，MAD 准则性能将恶化。还有一种匹配准则是最大匹配像素数量准则（MPC，Matching Pel Count），这种方法是将窗口内的匹配像素和非匹配像素根据式(11-21)分类：

$$T(x, y, \Delta x, \Delta y) = \begin{cases} 1 & (\left| I(x, y, k) - I(x + \Delta x, y + \Delta y, k + 1) \right| \leqslant T) \\ 0 & (其他) \end{cases}$$

(11-21)

T 是预先确定的阈值，这样，最大匹配像素数量准则为：

$$MPC(\Delta x, \Delta y) = \sum_{(x, y) \in W} T(x + \Delta x, y + \Delta y)$$

(11-22)

$$(\Delta x, \Delta y)^T = \arg \min_{(\Delta x, \Delta y)} \left[MPC(\Delta x, \Delta y) \right]$$

(11-23)

运动估计值 $r = (\Delta x, \Delta y)$ 对应匹配像素的最大数量 MPC 准则需要一个阈值比较器和 $\log_2(m \times n)$ 计数器。

B 搜索策略

为了求得最佳位移估计，可以计算所有可能的位移矢量对应的匹配误差，然后选择最小匹配误差对应的矢量就是最佳位移估计值，这就是全搜索策略。这种策略的最大优点是可以找到全局最优值，但十分浪费时间。因此，人们提出了各种快速搜索策略。尽管快速搜索策略得到的可能是局部最优值，但由于其快速计算的实用性，在实际中得到了广泛的应用。下面讨论二维对数搜索法和三步搜索法两种快速搜索方法。

二维对数搜索法开创了快速搜索算法的先例，分多个阶段搜索，逐渐缩小搜索范围，直到不能再小而结束。其基本思想是从当前像素点开始，以十字形分布的 5 个点构成每次搜索的点群，通过快速搜索跟踪最小块误差 MBD（Minimum Block Distortion）点，如图 11-6(a)所示。算法具体描述如下。

（1）设当前像素点位于窗口中心，选取一定的步长，在以十字形分布的 5 个点处计算匹配准则函数，并找出 MBD 点。

（2）以步骤(1)最佳匹配对应的像素点为中心，保持步长不变，重新搜索十字形分布的 5 个点；若 MBD 点位于中心点处，则保持中心点位置不变，将步长减半，构成十字形点群，在 5 个点处计算匹配准则函数值。

（3）若步长为 1，则在中心点及周围 8 个点处找出 MBD 点，该点所在位置即对应最佳运动矢量，算法结束；否则转到步骤(2)。

二维对数搜索法找到的可能是局部最优点，不能找到全局最优点是大部分快速算法的通病。三步搜索法与二维对数法类似，由于简单、性能良好等特点，为人们所重视。若最大搜索长度为 7，搜索精度取一个像素，则步长为 4、2、1，只需三步即可满足要求，因此而得名三步法。其基本思想是采用一种由粗到细的搜索模式，从原点开始，按一定步长取周围 8 个点构成每次搜索的点群，然后进行匹配计算，跟踪最小块误差 MBD 点，如图 11-6(b)所示。算法具体描述如下。

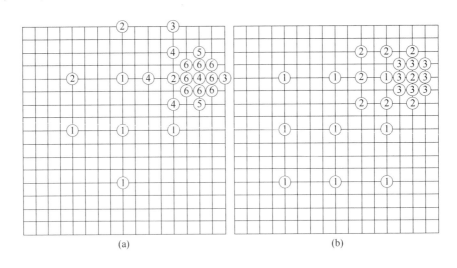

图 11-6　块匹配法的搜索策略

(a) 二维对数法搜索过程举例；(b) 三步搜索法搜索过程举例

（1）从当前像素点开始，选取最大搜索长度的一半为步长，在周围距离步长的 8 个点处进行匹配并比较找出 MBD 点。

（2）将步长减半，以第一步最佳匹配对应的像素点为中心选择 8 个点，计算这 8 个点的匹配准则函数值，找出 MBD 点。

（3）若步长为 1，则在中心点及周围 8 个点处找出 MBD 点，该点所在位置即为最佳运动矢量，算法结束；否则转到步骤(2)。

三步搜索法进行搜索时，每进行一步，搜索距离减小一半，并且越来越接近精确解。当搜索范围大于 7 时，仅用 3 步是不够的。

11.1.3　红外小目标检测

红外成像制导技术在现代国防科技中正发挥着越来越重要的作用。成功的红外成像制导系统必须配有高效、准确的红外弱小目标检测装置，这对于及早发现并追踪远处的目标具有重大的意义。因此，红外图像中的小目标检测技术一直是精确制导武器研究领域中的热点课题之一。

在红外图像小目标检测中，存在两个主要的困难。首先，由于红外图像是利用红外探测元件在空间上接受物体的热辐射而形成的，所生成的图像易受到目标与探测元件之间的大气热辐射干扰，产生大量噪声，导致图像信噪比很低，图像边缘模糊，甚至部分情况下杂波的灰度值大于目标的灰度值。其次，由于目标与探测元件之间距离较远，目标在红外图像中可能仅仅占据几个像素的大小，呈现出微弱的小光斑，缺少如形状、纹理、尺寸等信息。目前，较为常用的检测方法主要有两大类：一类是将红外图像看成是完全随机的二维图像信号，应用图像频域增强的方法实现目标检测；另一类是将其视为小目标类和背景类之间的分类问题。

11.1.3.1　频域增强方法

红外图像频域增强方法也可被称为是一种背景抑制技术，即通过图像的增强操作，抑制复杂背景和杂波干扰，从而提高处理后图像的信噪比。对于一般较为平缓的背景而言，红外小目标的局部辐射强度都大于背景杂波的辐射强度，高通滤波方法是一种最容易被人们想到并可实现的红外图像预处理方法。

空域高通滤波模板以其良好的实时性和便于硬件并行实现等优势在现实应用中占据着非常重要的位置，空间匹配滤波器及空间域局部标准差滤波，可以较大程度地提高滤波后图像的信噪比，其适合完成对具备较平缓背景的红外图像的预处理任务。伴随着硬件技术的不断发展，一些快速的处理器件（如 DSP、FPGA 等）陆续出现并得到了广泛的使用，这也就使得对图像做更加直接和高效的频域滤波处理成为可能。通过对原始红外图像实施小波变换，再求取小波模极大值图像，小目标图像的信噪比都可以得到较大的提高。自适应频率域高通滤波器是一种有效的海空红外背景抑制办法，滤波器参数的可调节性使得该方法具有在一定程度上能够同时处理平缓的天空和复杂多变的海杂波背景的能力。

相对于上述直接的空间域/频率域高通滤波策略，基于低通滤波概念的红外复杂背景估计方法代表了另一种有效的红外小目标图像频域增强方法。由于待检测的小目标对象的像素毕竟是有限的，由原始图像与经低通滤波得到的背景估计结果图像对应相减，即可实现对红外背景的抑制。常见的红外复杂背景估计办法一般都是在空间域里完成的，它们的实用性都相对较强。中值滤波作为一种重要的背景平滑滤波方法，可以做到在衰减随机噪声的同时不使目标边界模糊，实践表明基于中值滤波的红外图像小目标检测方法具有较为稳定的滤波性能。数学形态学开运算也是一种有效的红外复杂背景估计方法。将原始图像与开运算结果求差即构成了著名的 Top-hat 变换。良好的实时性和方便硬件实现的性质成为该类方法区别与其他算法的最大优点。以上两类红外复杂背景估计办法非常适合于对平缓的天空背景的预处理，但对于灰度变化剧烈的杂波背景（如红外海杂波）却一般很难保证其滤波效果。

11.1.3.2 基于学习的分类算法

与频域增强方法不同的是，基于学习的分类算法可以通过样本训练进行参数最优化，使得对目标区域的检测更具有针对性，因而能够获得较小的虚警率。

基于学习的分类算法要求使用大量的目标训练样本。对于面积较小的红外目标而言，有些学者提出点源目标成像的区域灰度分布可以通过高斯灰度函数来建模，即：

$$I(x,\ y) = I_{\max}\exp\left\{-\frac{1}{2}\left[\frac{(x-x_0)^2}{\sigma_x^2}+\frac{(y-y_0)^2}{\sigma_y^2}\right]\right\} \tag{11-24}$$

式中，$I_{\max}$ 为目标灰度最大值；σ_x 为水平扩散参数；σ_y 为垂直扩散参数；$(x_0,\ y_0)$ 为小目标区域的中心点。通过调整 $I_{\max}$、σ_x 和 σ_y 可生成大量小目标的训练样本，并且样本特性与真实红外图像中的小目标差别不大，使用这些样本就可以对各种学习算法中的参数进行训练。

由于物理成像机制的限定，红外图像中往往只有小目标区域符合上述灰度分布模型，而背景及噪声区域与该模型的差别较大。因而对于符合式(11-24)模型的红外小目标而言，基于学习的算法往往能够获得良好的检测效果。

11.2　运动目标跟踪

所谓目标跟踪，是指对视频图像序列中的运动目标进行检测、提取、识别和跟踪，获得运动目标的运动参数（如目标质心位置、速度、加速度等），以及运动轨迹，从而进行进一步处理与分析，实现对运动目标的行为理解，以完成更高一级的任务。运动目标跟踪融合了许多领域的先进技术，其中包括图像处理、模式识别、人工智能、自动控制等，它在军事视觉制导、机器人视觉导航、安全监测、公共场景监控、智能交通等许多方面都有广泛的应用。这也使得目标跟踪技术有着非常广泛的应用前景。

视觉跟踪要求在容忍传感器噪声、光照变化、遮挡等引起的各种干扰下，准确有效地跟踪不同背景条件下的不同目标。为此，国内外许多研究人员一直致力于该项技术的研究。

在军事领域，随着视频传感设备的不断普及，基于视觉的目标跟踪技术的应用变得越来越广泛。视频设备具有非接触性、直观性的特点，在军事上，一些人类无法到达或者存在极大危险的地方可以由携带视频传感器的机器人去探索，一些更加智能的机器人不但可以发现目标，还可以跟踪目标，认知周围环境，自主行进。目前自主制导、精确打击的智能武器是军事研究中的一个热点，而这类武器必须具有目标跟踪模块，目前这一模块越来越多地由视频传感器来提供必要的信息，并使用视频目标跟踪技术来实现精确打击。相比一些雷达和红外装置，其最大的优势在于不怕电磁干扰，信息直观而可靠，只要目标跟踪准确就可以确保击中目标。典型的成像跟踪系统如图 11-7 所示。

目前运动目标跟踪领域的两个热点是 Mean-shift 算法与粒子滤波。总体来说，Mean-

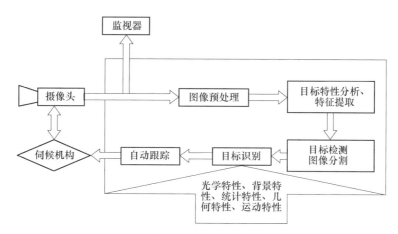

图 11-7　典型的成像跟踪系统原理框图

shift 算法的运算效率更高，但跟踪性能不及粒子滤波。

11.2.1　Mean-Shift 算法

均值漂移（MS，Mean-Shift）算法作为一种基于梯度分析的非参数优化算法，最早由 Fukunaga 等于 1975 年提出，1995 年 Cheng 将其引入计算机视觉领域，引起了国内外学者的广泛关注。

Mean-Shift 目标跟踪算法作为匹配类跟踪算法的典型代表之一，以其无须参数、快速模式匹配的特性在目标跟踪领域迅速发展起来。基于 Mean-Shift 的目标跟踪算法最大的优点就是计算量很小，特别适合于对跟踪系统有实时性要求的场合；其次，作为一个无参数密度估计算法，很容易做成一个模块，从而与其他的算法集成。尽管该算法速度快，对某些目标跟踪问题效果较好，但是它也存在一定的缺陷：经典的 Mean-Shift 红外目标跟踪算法采用目标的灰度信息对目标进行建模，当背景和目标的灰度分布较相似时，算法效果欠佳；另外，Mean-Shift 跟踪算法要求相邻两幅图像间的目标区域具备部分的重合，以此来向目标中心位置漂移，当目标发生严重遮挡或目标运动速度较快时，因无法满足上述要求，往往导致跟踪收敛于背景，而不是目标本身。

11.2.1.1　核密度梯度估计

A　核函数的定义

核函数的定义：设 x_1，x_2，$\cdots$，x_N 是 N 个独立同分布的 n 维空间中的向量。Cacoullos 等提出的核密度估计的公式为：

$$\hat{p}_N(x) = (Nh^n)^{-1} \sum_{i=1}^{N} K\left(\frac{x - x_i}{h}\right) \tag{11-25}$$

式中，尺度函数 $K(x)$ 满足：

$$\sup_{x \in \mathbf{R}^n} |K(x)| < \infty \tag{11-26}$$

$$\int_{\mathbf{R}^n} |K(x)| \mathrm{d}x < \infty \tag{11-27}$$

$$\lim_{\|x\| \to \infty} \|x\|^n K(x) = 0 \tag{11-28}$$

$$\int_{\mathbf{R}^n} K(x) \, dx = 1 \tag{11-29}$$

式中，符号 $|\cdot|$ 表示欧式距离；$\mathbf{R}^n$ 为 n 维特征空间；h 为样本数量 N 的函数，应当满足：

$$\lim_{N \to \infty} h(N) = 0 \tag{11-30}$$

从而保证估计的渐进无偏性。最小方差意义下估计的连续性由式（11-31）保证：

$$\lim_{N \to \infty} Nh^n(N) = \infty \tag{11-31}$$

概率意义下的一致连续性由式（11-32）保证：

$$\lim_{N \to \infty} Nh^{2n}(N) = \infty \tag{11-32}$$

受上面密度估计的启示，采用密度梯度的估计作为概率密度估计的梯度：

$$\hat{\nabla}_x p_N(x) \equiv (Nh^n)^{-1} \sum_{i=1}^{N} \nabla_x K\left(\frac{x - x_i}{h}\right) \tag{11-33}$$

$$\hat{\nabla}_x p_N(x) \equiv (Nh^n)^{-1} \sum_{i=1}^{N} \nabla_x K\left(\frac{x - x_i}{h}\right) = (Nh^{n+1})^{-1} \sum_{i=1}^{N} \nabla K\left(\frac{x - x_i}{h}\right) \tag{11-34}$$

式中，

$$\nabla K(y) \equiv \left(\frac{\partial K(y)}{\partial y^1}, \ \frac{\partial K(y)}{\partial y^2}, \ \cdots, \ \frac{\partial K(y)}{\partial y^n}\right)^T \tag{11-35}$$

式中，y 的 n 个分量用 y^1，y^2，$\cdots$，y^n 表示。

B 常用核函数分析

Epanechnikov 核函数为：

$$K(x) = \begin{cases} \dfrac{1}{2} c_d^{-1}(d + 2)(1 - \|x\|^2) & (\|x\| < 1) \\ 0 & (\text{其他}) \end{cases} \tag{11-36}$$

式中，c_d 为 d 维单位球的体积。

高斯核函数为：

$$K(x) = (2\pi)^{-\frac{d}{2}} \exp\left(-\frac{1}{2}\|x\|^2\right) \tag{11-37}$$

引入核函数 $K(x)$ 的剖面函数 $g(x)$：$[0, +\infty] \to \mathbf{R}$ 满足 $K(x) = g(\|x\|^2)$。这样，Epanechnikov 核的剖面函数为：

$$g(x) = \begin{cases} \dfrac{1}{2} c_d^{-1}(d + 2)(1 - x) & (x < 1) \\ 0 & (\text{其他}) \end{cases} \tag{11-38}$$

高斯核的剖面函数为：

$$g(x) = (2\pi)^{-\frac{d}{2}} \exp\left(-\frac{1}{2}x\right) \tag{11-39}$$

采用剖面函数的概念后多变量核概率密度估计公式可写为：

$$P_g(z) = \frac{1}{nh^d} \sum_{i=1}^{n} g\left(\left\|\frac{z - x_i}{h}\right\|^2\right) \tag{11-40}$$

式中，$P_g(z)$ 为剖面函数为 g 的核概率密度估计。

11.2.1.2　Mean-Shift（均值偏移）理论

给定 n 个 d 维空间 $\mathbf{R}^d$ 中的点集 $\{x_i,_{i=1,\cdots,n}\}$，利用核函数 $k(x)$、核函数窗宽 h，在 x 点处估算的概率密度为：

$$\hat{f}(x) = \frac{1}{nh^d}\sum_{i=1}^{n}K\left(\frac{x-x_i}{h}\right) \tag{11-41}$$

为简化处理，通常满足一定条件的径向对称核函数，即：

$$K(x) = c_{k,d}k(\|x\|^2) \tag{11-42}$$

$$c_{k,d} = \left[\int_{\mathbf{R}^d}k(\|x\|^2)\right]^{-1} \tag{11-43}$$

式中，$c_{k,d}$ 选取的原则是保证 $K(x)$ 的积分为 1；$K(x)$ 为非负、递减、分段连续的函数，须满足以下性质：

（1）$K(x)\geqslant 0$；

（2）$K(x)$ 非递增函数，即如果 $a<b$，则 $K(a)\geqslant K(b)$；

（3）$K(x)$ 分段连续并且可积，$\int_0^{+\infty}k(r)\mathrm{d}r < +\infty$。

假设带宽矩阵 $\boldsymbol{H}=h^2\boldsymbol{I}$，可以进一步简化密度估计的复杂性，如此只需确定一个带宽参数 h 即可。结合式（11-42），密度估计公式（11-41）可改为：

$$\hat{f}(x) = \frac{1}{nh^d}\sum_{i=1}^{n}k\left(\left\|\frac{x-x_i}{h}\right\|^2\right) \tag{11-44}$$

定义　　　　　　　　　　$$g(x) = -k'(x) \tag{11-45}$$

其中，假设 $k(x)$ 的一阶导数在区间 $x\in[0,\infty)$ 上除少数有限点处均存在。定义核函数 G 为：

$$G(x) = Cg(\|x\|^2) \tag{11-46}$$

式中，C 为归一化常数。

$$
\begin{aligned}
\hat{\nabla f}_K(x) = \nabla\hat{f}(x) &= \frac{2}{nh^{d+2}}\sum_{i=1}^{n}(x-x_k)k'\left(\left\|\frac{x-x_i}{h}\right\|^2\right)\\
&= \frac{2}{nh^{d+2}}\sum_{i=1}^{n}(x-x_k)g\left(\left\|\frac{x-x_i}{h}\right\|^2\right)\\
&= \frac{2}{nh^{d+2}}\left[g\left(\left\|\frac{x-x_i}{h}\right\|^2\right)\right]\left[\frac{\sum_{i=1}^{n}x_ig\left(\left\|\frac{x-x_i}{h}\right\|^2\right)}{\sum_{i=1}^{n}g\left(\left\|\frac{x-x_i}{h}\right\|^2\right)}-x\right]
\end{aligned} \tag{11-47}
$$

式中，假定 $\sum_{i=1}^{n}g\left(\left\|\frac{x-x_i}{h}\right\|^2\right)$ 大于 0。式（11-47）的最后一项称为样本 Mean-Shift 矢量。

$$M_{h,G}(x) = \frac{\sum_{i=1}^{n}x_ig\left(\left\|\frac{x-x_i}{h}\right\|^2\right)}{\sum_{i=1}^{n}g\left(\left\|\frac{x-x_i}{h}\right\|^2\right)} - x \tag{11-48}$$

在 x 点处的密度估计用核 G 计算时为：

$$\hat{f}_G(x) = \frac{C}{nh^d} \sum_{i=1}^{n} g\left(\left\|\frac{x - x_i}{h}\right\|^2\right) \tag{11-49}$$

利用式(11-49)和式(11-48)，式(11-47)变为：

$$\hat{\nabla} f_K(x) = \hat{f}_G(x) \frac{2}{Ch^2} M_{h,G}(x) \tag{11-50}$$

从而得到：

$$M_{h,G}(x) = \frac{Ch^2}{2} \frac{\hat{\nabla} f_K(x)}{\hat{f}_G(x)} \tag{11-51}$$

式(11-51)表明利用核函数 G 得到的样本 Mean-Shift 矢量是利用核函数 K 计算的归一化密度函数的梯度，并且在 x 点基于核函数 G 的 Mean-Shift 矢量与基于核 K 的归一化的密度梯度估计 $\hat{\nabla} f_{h,K}(x)$ 成正比关系。归一化过程体现在分母上基于核函数 G 对点 x 的密度估计 $\hat{f}_{h,K}(x)$。因此，Mean-Shift 矢量总是指向密度变化最大的方向。

由此可见，Mean-Shift 算法的实质是连续不断地向采样均值位置移动，整个过程可以定义为计算 Mean-Shift 向量 $M_{h,c}(x)$，然后根据 $M_{h,c}(x)$ 不断变更核函数 G 中心的一个递归的过程。

11.2.1.3　基于核函数直方图的 Mean-Shift 目标跟踪算法

常用的 Mean-Shift 算法有两种形式：基于核函数直方图的 Mean-Shift 算法和基于概率分布图的 Mean-Shift 算法，前者计算目标的核函数直方图，通过最大化目标模型和候选目标模型之间的 Bhattacharyya 系数来得到求取目标形心位置的迭代公式；而后者首先计算目标直方图，再利用直方图反向投影来计算加权图（这种加权图又称为概率分布图），在加权图上利用 Mean-Shift 迭代求解质心。

A　核函数直方图

Comaniciu 等先用各向同性的核函数对目标模型区域和候选目标区域（该区域由 Mean-Shift 算法获取）的直方图分别进行加权处理，得到所谓的核函数直方图，然后对处理结果进行相似性度量，最终，使相似函数最大化的候选区域即为当前帧中被跟踪目标的位置。

设目标模型所在的区域由 $\{x_{i^*}\}_{i=1,\cdots,n}$ 共 n 个点构成，区域中心点为 y^*。将该区域灰度分布离散成 m 级，目标图像的核函数直方图 $\hat{q} = \{\hat{q}_u(y^*)\}_{u=1,\cdots,m}$ 可表示为：

$$\hat{q}_u(y^*) = C_1 \sum_{i=1}^{n} k\left(\left\|\frac{y^* - x_i^*}{h_1}\right\|^2\right) \delta[b(x_i^*) - u] \tag{11-52}$$

式中，$u = 1, \cdots, m$；$b(x_i^*)$ 为 x_{i^*} 处像素的量化值；h_1 为核函数窗宽，它决定了候选目标区域的大小。常数 C_1 根据条件 $\sum_{u=1}^{m} \hat{q}_u(y^*) = 1$ 可导出：

$$C_1 = \frac{1}{\sum_{i=1}^{n} k\left(\left\|\dfrac{y^* - x_i^*}{h_1}\right\|^2\right)} \tag{11-53}$$

同理，对于候选目标区域 $\{x_i\}_{i=1,\cdots,s}$，设该区域的中心位置为 y，则候选目标模型

可表示为:

$$\hat{p}_u(y) = C_2 \sum_{i=1}^{s} k\left(\left\|\frac{y - x_i}{h_2}\right\|^2\right) \delta[b(x_i) - u] \tag{11-54}$$

式中, $u = 1, \cdots, m$; 归一化常数 C_2 为:

$$C_2 = \frac{1}{\sum_{i=1}^{s} k\left(\left\|\frac{y - x_i}{h_2}\right\|^2\right)} \tag{11-55}$$

B　基于 Bhattacharyya 系数度量的目标定位

通常情况下, 选取 Bhattacharyya 系数作为候选目标核函数直方图 $\hat{p}$ 和目标模型核函数直方图 $\hat{q}$ 间的相似度量函数:

$$\hat{\rho}(y) \equiv \rho[\hat{p}(y), \hat{q}(y^*)] = \sum_{u=1}^{m} \sqrt{\hat{p}_u(y)\hat{q}_u(y^*)} \tag{11-56}$$

式中, $\hat{p}(y)$ 的局部极大值所处的位置即为目标所处的位置。

为了最大化式(11-56), 设 $\hat{y}_0$ 为当前帧初始搜索位置, 将式(11-56)在 $\hat{p}_u(\hat{y}_0)$ 处进行泰勒级数展开, 并舍去高阶项, 得:

$$\rho[\hat{p}(y), \hat{q}(y^*)] \approx \frac{1}{2}\sum_{u=1}^{m}\sqrt{\hat{p}_u(\hat{y}_0), \hat{q}_u(y^*)} + \frac{1}{2}\sum_{u=1}^{m}\hat{p}_u(y)\sqrt{\frac{\hat{q}_u(y^*)}{\hat{p}_u(\hat{y}_0)}} \tag{11-57}$$

由式(11-54)得:

$$\rho[\hat{p}(y), \hat{q}(y^*)] \approx \frac{1}{2}\sum_{u=1}^{m}\sqrt{\hat{p}_u(\hat{y}_0), \hat{q}_u(y^*)} + \frac{C_2}{2}\sum_{i=1}^{s}w_i k\left(\left\|\frac{y - x_i}{h_2}\right\|^2\right) \tag{11-58}$$

式中,

$$w_i = \sum_{u=1}^{m}\sqrt{\frac{\hat{q}_u(y^*)}{\hat{p}_u(\hat{y}_0)}}\delta[b(x_i) - u] \tag{11-59}$$

由于式(11-58)中第一项和 y 无关, 所以为了最大化式(11-58), 就要使第二项达到最大化。实际上, 第二项是在当前帧位置 y 处利用 w_i 加权的核函数 k 估算的概率密度。这个概率密度的极值问题可以用 Mean-Shift 理论求得, 计算 Mean-Shift 向量, 得到目标匹配的新位置。

$$\hat{y}_1 = \frac{\sum_{i=1}^{s} x_i w_i g\left(\left\|\frac{\hat{y}_0 - x_i}{h}\right\|^2\right)}{\sum_{i=1}^{s} w_i g\left(\left\|\frac{\hat{y}_0 - x_i}{h}\right\|^2\right)} \tag{11-60}$$

C　基于核函数直方图的 Mean-Shift 算法描述

假设目标模型核函数直方图为 $\{\hat{q}_u\}_{u=1, \cdots, m}$, 目标在前一帧中的位置为 $\hat{y}_0$, 根据上述推导可以得到 Mean-Shift 目标跟踪算法的一般流程。

(1) 初始化当前帧的目标位置为 $\hat{y}_0$, 计算 $\{\hat{p}_u(y_0)\}_{u=1, \cdots, m}$, 估计 Bhattacharyya 系数:

$$\rho[\hat{p}(\hat{y}_0), \hat{q}] = \sum_{u=1}^{m}\sqrt{\hat{p}_u(\hat{y}_0), \hat{q}_u} \tag{11-61}$$

（2）根据式（11-59）计算权值 $\{w_i\}_{i=1, \cdots, s}$。

（3）根据式（11-60）计算新的候选目标位置 $\hat{y}_1$。

（4）更新 $\{\hat{p}_u(y_1)\}_{u=1, \cdots, m}$ ，并估计

$$\rho[\hat{p}(\hat{y}_1), \hat{q}] = \sum_{u=1}^{m} \sqrt{\hat{p}_u(\hat{y}_1), \hat{q}_u} \tag{11-62}$$

（5）当 $\rho[\hat{p}(\hat{y}_1), \hat{q}] < \rho[\hat{p}(\hat{y}_0), \hat{q}]$ ，则 $\hat{y}_1 \rightarrow \frac{1}{2}(\hat{y}_0 + \hat{y}_1)$ ，直到 $\rho[\hat{p}(\hat{y}_1), \hat{q}] \geq \rho[\hat{p}(\hat{y}_0), \hat{q}]$ 。

（6）如果 $\| \hat{y}_1 - \hat{y}_0 \| < \varepsilon$ ，结束；否则 $\hat{y}_0 \rightarrow \hat{y}_1$ ，转到步骤（2）。

结束条件 ε 应当使 $\hat{y}_0$ 和 $\hat{y}_1$ 的间距小于一个像素，同时还要限制最大的迭代次数（一般设为20）。步骤（5）的作用是为了避免由于线性近似 Bhattacharyya 系数而可能造成的 Mean-Shift 过程中出现的数值计算误差。

基于核函数直方图的 Mean-Shift 目标跟踪算法有以下几个优点：首先，计算量不大，可以满足实时跟踪要求；其次，作为一个无参密度估计算法，容易和其他算法集成；最后，基于核函数直方图的目标建模方式对目标的旋转、变形及背景的运动不敏感，提高了跟踪的稳定性。但是，该算法也有不足之处，例如，首先，它仅采用颜色直方图对目标进行建模，易受到与目标颜色分布较相似的背景干扰；其次，算法缺乏必要的模板更新过程；再次，由于跟踪过程中窗口宽度的大小保持不变，一旦目标尺度发生变化，可能导致跟踪失败；最后，当目标的运动速度较快或目标发生严重遮挡时，跟踪容易发生漂移。

11.2.1.4　基于概率分布图的 Mean-Shift 目标跟踪算法

基于概率分布图的 Mean-Shift 算法，其核心思想是在视频图像中的每一帧对应的概率分布图下做 Mean-Shift 迭代运算，并将前一帧的结果（搜索窗口的中心和大小）作为下一帧 Mean-Shift 算法搜索窗口的初始值，重复这个过程，就可以实现对目标的跟踪。

A　概率分布图

概率分布图（PDM，Probability Distribution Map）是利用直方图反向投影获取的。所谓直方图反向投影，是指将原始视频图像通过目标直方图转换到概率分布图的过程。直方图反向投影产生的概率分布图，即为直方图的反向投影图，该概率分布图中的每个像素值表示输入图像中对应像素属于目标直方图的概率。

概率分布图生成的具体过程如下。

（1）首先计算目标图像的直方图：假定目标区域由 n 个像素点 $\{x_i^*\}_{i=1, \cdots, n}$ 组成，将该区域灰度分布离散成 m 级（1，2，$\cdots$，m），b 表示像素点 x_i^* 的直方图索引，则目标区域的直方图 $q = \{\hat{q}_u\}_{u=1, \cdots, m}$ 为：

$$\hat{q}_u = C \sum_{i=1}^{n} \delta(b(x_i^*) - u) \tag{11-63}$$

式中，$u = 1, \cdots, m$；C 为归一化常数，使得 $\sum_{u=1}^{m} \hat{q}_u = 1$。

（2）给定一幅新的待处理图像 f，$\{x_i\}_{i=1, \cdots, s}$ 表示图中的 s 个像素点，则 f 基于分布 q 的概率分布图 I 可表示为：

$$I(x_i) = \sum_{u=1}^{m} \hat{q}_u \delta [b(x_i) - u] \qquad (11\text{-}64)$$

概率分布图 I 实际反映了图像 f 中各种颜色成分的分布信息：I 上某一点的值大，说明 f 上对应点的颜色值在目标图像上的分布多；反之，I 上某一点的值小，说明 f 上对应点的颜色值在目标图像上的分布少。因此，图像 f 颜色的含量信息在这个投影图 I 上得到了充分的描述。

B 基于概率分布图的 Mean-Shift 算法描述

建立被跟踪目标的直方图模型后，可将输入视频图像转化为概率分布图。通过在第一帧图像初始化一个矩形搜索窗，对以后的每一帧图像，基于概率分布图的 Mean-Shift 算法能够自动调节搜索窗的大小和位置，定位被跟踪目标的中心和大小，并且用当前帧定位的结果来预测下一帧图像中目标的中心和大小。算法的具体流程如下。

（1）初始化：计算目标模型的直方图，同时将第一帧中目标区域作为初始化的搜索窗，设搜索窗的尺寸为 s_0，中心位置为 P_0。

（2）利用目标模型的直方图，反向投影到当前帧图像，得到当前帧的概率分布图 I。

（3）Mean-Shift 迭代过程：在概率分布图上，根据搜索窗的大小 s 和中心位置 P，计算搜索窗的质心位置。其步骤如下。

1）计算零阶矩，其计算公式为：

$$M_{00} = \sum_x \sum_y I(x, y) \qquad (11\text{-}65)$$

2）分别计算 x 和 y 的一阶矩，其计算公式为：

$$M_{10} = \sum_x \sum_y x I(x, y) \qquad (11\text{-}66)$$

$$M_{01} = \sum_x \sum_y y I(x, y) \qquad (11\text{-}67)$$

式中，$I(x, y)$ 为概率分布图 I 上点 (x, y) 处的像素值，x 和 y 的变化范围为搜索窗的范围。

3）计算搜索窗的质心位置，其计算公式为：

$$x_c = \frac{M_{10}}{M_{00}}, \ y_c = \frac{M_{01}}{M_{00}} \qquad (11\text{-}68)$$

4）重新设置搜索窗的参数，其计算公式为：

$$P = (x_c, y_c), \ s = 2 (M_{00})^{\frac{1}{2}} \qquad (11\text{-}69)$$

5）重复步骤 1）~4）直到收敛（质心变化小于给定的阈值）或迭代次数小于某一阈值（通常设置为 20）；

（4）此时的中心位置和区域大小就是感兴趣区域在当前帧中的位置和大小，返回步骤（2）重新获取新一帧图像，并利用当前所得的中心位置和区域大小在新的图像中进行搜索。

实际采用该算法对目标进行跟踪时，不必计算每帧图像所有像素点的概率分布，只需计算比当前搜索窗大一些的区域内的像素点的概率分布，这样可大大减少计算量。图 11-8 给出了基于概率分布图的 Mean-Shift 目标跟踪算法的流程图，其中，虚线方框内为 Mean-Shift 迭代过程。

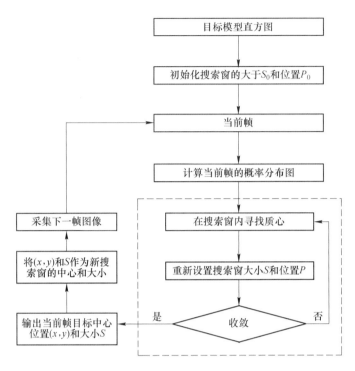

图 11-8　基于概率分布图的 Mean-Shift 目标跟踪算法流程

　　与基于核函数直方图的 Mean-Shift 算法相比，基于概率分布图的 Mean-Shift 算法在目标表示上更加简单，且便于进行模型的组合。

11.2.2　粒子滤波

　　粒子滤波是指通过寻找一组在状态空间传播的随机样本对概率密度函数进行近似计算，以样本均值代替积分运算，从而获得状态最小方差分布的过程。粒子滤波器的多模态处理能力及在非线性、非高斯系统表现出来的优越性，决定了它的应用范围非常广泛。

　　在目标跟踪任务中，经常由于图像中杂物的存在而导致观测密度是非线性的，而在计算机视觉中解决非线性、非高斯问题的算法是由 Isard 和 Blake 首先提出来的。他们将静态图像处理中分解采样算法推广到序列图像中，提出条件概率密度传播算法跟踪目标的运动。几乎与此同时，粒子滤波器（又称为序列蒙特卡罗滤波器或序列重要采样方法等）独立地在科学和工程的其他领域被提出来以解决非线性、非高斯问题，所有这些方法都具有相同的理论框架，条件概率密度传播算法是这种理论的一种变形。本小节为了方便起见统称这种理论为粒子滤波器。

　　粒子滤波器的基本思想是蒙特卡罗模拟，其中系统状态的后验分布由一组带有权重的离散采样（称为粒子）来表达。在跟踪任务中，对于序列图像中的每一帧，粒子滤波器主要涉及粒子采样、对粒子赋予权重及输出几个步骤。采样阶段从提议分布中采样一组新的粒子；接下来粒子的权重被赋予真实概率和从提议分布中计算的概率的比值；粒子滤波器的输出是粒子的状态及权重，用于近似估计系统状态的后验概率密度。在算法的最后，需对粒子进行重采样以获得均匀权重分布。

11.2.2.1 蒙特卡罗随机模拟

在很多复杂的统计问题中，很难直接进行理论分析并进而求解，而随机模拟是非常有效的方法。随机模拟就是设法按问题的要求与条件去构造一系列的随机样本，并用这些样本的频率代替对应的概率做统计分析和推断。在概率论发展初期，随机模拟原型常常来自博彩，于是人们就以博彩之都蒙特卡罗（Monte Carlo）作为随机模拟别称。蒙特卡罗方法经常应用于求解高维积分和优化问题，广泛应用于物理学、统计学、信号处理、机器学习以及计算机视觉等领域。

对于高维空间 X 上高维积分：

$$I(f) = \int_X f(X) p(X) \, \mathrm{d}X \tag{11-70}$$

式中，$p(X)$ 为定义在高维空间 X 上的概率分布；$f(\cdot)$ 为关于 $p(X)$ 任意可积函数（多数为非线性函数），且满足 $f: X \to \mathbf{R}_f^n$。如果从概率分布 $p(X)$ 独立地抽取 N 个随机样本 $\{X^{(i)}\}_{i=1}^N$，则样本集 $\{X^{(i)}\}_{i=1}^N$ 是独立同分布的，于是概率分布 $p(X)$ 即可由这些样本近似表示：

$$p_N(X) = \frac{1}{N} \sum_{i=1}^N \delta(X - X^{(i)}) \tag{11-71}$$

式中，$\delta(X - X^{(i)})$ 为在样本 $X^{(i)}$ 处的 Dirar-Delta 函数。于是，式（11-70）定义的高维积分问题可近似为：

$$I_N(f) = \frac{1}{N} \sum_{i=1}^N f(X^{(i)}) \xrightarrow[N \to \infty]{a.s.} I(f) = \int_X f(X) p(X) \, \mathrm{d}X \tag{11-72}$$

这种基于随机模拟的积分方法称为蒙特卡罗积分。由式（11-72）可知，蒙特卡罗积分是几乎处处收敛于 $I(f)$；而且由大数定律可知，$I_N(f)$ 是无偏的。如果 $f(\cdot)$ 的方差是有界的，且定义 $\sigma_f^2 \stackrel{\triangle}{=} E_{p(X)}[f^2(X)] - I^2(f)$，则 $I_N(f)$ 的方差为 $\dfrac{\sigma_f^2}{N}$，且由中心极限定理则有：

$$\sqrt{N}(I_N(f) - I(f)) \underset{N \to \infty}{\to} N(0, \sigma_f^2) \tag{11-73}$$

如果概率分布 $p(X)$ 具有标准形式（比如高斯分布），那么可直接从 $p(X)$ 采样获得随机样本集 $\{X^{(i)}\}_{i=1}^N$。但是，在实际应用中 $p(X)$ 很难找到标准形式，于是很多复杂的采样策略被提出，比如拒绝采样法、重要性采样法和马尔科夫链-蒙特卡罗采样法等。

11.2.2.2 标准粒子滤波器

如果令 $q(X_{0:k} | Z_{1:k})$ 为定义在非高斯、非线性系统状态空间上易于抽样的条件概率分布，且与后验分布具有相同或更大的支撑集 [函数 $f(x)$ 在其定义域全体函数值不为零的点的集合称为 $f(x)$ 的支撑集，记为 $\mathrm{supp} f$]，则称 $q(X_{0:k} | Z_{1:k})$ 为建议分布（也称为重要性函数）。设从建议分布抽取 N 个随机样本形成样本集 $\{X^{(i)}\}_{i=1}^N$，则：

$$q(X_{0:k} | Z_{1:k}) = \frac{1}{N} \sum_{i=0}^N \delta(X_{0:k} - X_{0:k}^{(i)}) \tag{11-74}$$

于是，对于后验分布则有：

$$p(X_{0:k} | Z_{1:k}) = \frac{p(X_{0:k} | Z_{1:k})}{q(X_{0:k} | Z_{1:k})} q(X_{0:k} | Z_{1:k}) = \sum_{i=0}^N w_k^{(i)} \delta(X_{0:k} - X_{0:k}^{(i)}) \tag{11-75}$$

式中，$w_k^{(i)}$ 为归一化的样本值，且 $w_k^{(i)} = \dfrac{\widetilde{w}_k^{(i)}}{\displaystyle\sum_{j=1}^{N} \widetilde{w}_k^{(i)}}$ ，其中，

$$\widetilde{w}_k^{(i)} \propto \frac{p(X_{0:k}^{(i)} \mid Z_{1:k})}{q(X_{0:k}^{(i)} \mid Z_{1:k})} \tag{11-76}$$

由此可见，后验概率 $p(X_{0:k} \mid Z_{1:k})$ 可由一组加权的随机样本（称为粒子）$\{X_{0:k}^{(i)}, w_k^{(i)}\}_{i=1}^{N}$ 近似计算，而这样的采样方法，称为重要性采样方法。

11.2.2.3 基于粒子滤波的视觉跟踪算法

在处理非线性非高斯问题时，Cordon 等首次将粒子滤波应用到状态估计中，由于粒子滤波不受非线性非高斯问题的限制，所以在金融领域的数据分析、视频目标跟踪等方面得到了广泛的应用。

基于粒子滤波视觉跟踪的核心思想是利用一组加权的随机样本（也称为粒子）$\{X_{0:k}^{(i)}, w_k^{(i)}\}_{i=1}^{N}$ 近似地表示视觉目标后验概率 $p(X_k \mid Z_{1:k})$，视觉跟踪由贝叶斯迭代滤波过程实现。由粒子滤波原理可知，基于粒子滤波的视觉跟踪算法应该包含视觉目标状态采样与转移、状态样本加权和状态估计输出三个基本步骤。

（1）视觉目标状态采样与转移。状态采样就是从定义的建议分布 $q(X_k^{(i)} \mid X_{k-1}^{(i)}, Z_k)$ 抽取当前状态的样本 $X_k^{(i)}$，而建议分布在不同的采样策略中的定义是不同的。状态转移是状态空间理论中的概念，描述了目标状态的动态过程。因此，状态转移模型能刻画视觉目标在连续两帧之间的运动特性。一般情况下，目标的状态转移模型都能概率化为有限阶的状态转移概率 $p(X_k \mid X_{j:k-1})(0 < j < k-1)$。如果将建议分布选为有限阶的状态转移概率分布（比如标准粒子滤波），建议分布为 $p(X_k \mid X_{k-1})$，那么目标状态采样 $X^{(j)}$ 的转移过程可等价于粒子滤波的采样过程。

（2）状态样本加权。样本的权值决定了该样本对目标状态的近似能力，权值越大则该样本越接近真实状态值。因此，样本的权值计算是非常重要的，其关键是目标观测概率分布的计算。目标观测概率 $p(Z_k \mid X_k)$ 定义为某种视觉特征的概率分布，因此 $p(Z_k \mid X_k)$ 的计算取决于视觉目标的统计描述。视觉特征是指视觉目标区别于不同目标和背景的图像特征，主要有颜色、形状、纹理和运动等。

（3）状态估计输出。在 k 时刻，加权粒子集 $\{X_{0:k}^{(i)}, w_k^{(i)}\}_{i=1}^{N}$ 可近似表示视觉目标的状态后验分布 $p(X_k \mid Z_{1:k})$，而目标状态 X_k 的最小均方误差估计为：

$$\hat{X}_k = X_k^{MMSE} = E(X_k \mid Z_{1:k}) \approx \sum_{i=1}^{N} w_k^{(i)} X_k^{(i)} \tag{11-77}$$

其最大后验（MAP）估计为：

$$\hat{X}_k = X_k^{MAP} = \operatorname{argmax}[p(X_k \mid Z_{1:k})] \approx \operatorname{argmax}[w_k^{(i)}] \tag{11-78}$$

在基于粒子滤波的视觉跟踪理论框架中，状态转移模型的选择和观测概率分布计算是非常重要的，而视觉特征的统计描述又是计算观测概率分布的关键。因此，下面将主要讨论状态转移模型、视觉特征的统计描述及基于视觉特征统计模型的观测概率分布计算。

（1）状态转移模型。在视觉跟踪中，状态转移模型刻画了视觉目标在两帧之间的运动特性。显然，越精确的状态转移模型越有利于视觉目标的稳健跟踪，而建立精确的状态

转移模型是非常困难的。由于粒子滤波的 Monte Carlo 随机模拟机理，基于粒子滤波的视觉跟踪的稳健性并不过度依赖系统的状态转移模型的精确性，因此可采用近似的状态转移模型。建立近似状态转移模型的常见方法有：从特定的训练图像序列中学习和选择特定的统计模型。然而，学习的状态转移模型很难有较强的适应性。因此，多数基于粒子滤波的视觉跟踪都是根据先验知识选择特定的统计模型作为视觉目标的状态转移模型。在此，主要介绍在视觉跟踪中一些常用的状态转移模型。

1）随机漂移模型。随机漂移模型是一个较为简单的状态转移模型。在随机漂移模型意义下，视觉目标在二维图像域上的运动被视为随机漂移运动，也就是说，视觉目标在第 $k-1$ 帧图像的位置加上高斯噪声扰动即为其在第 k 帧图像上的新位置。如果假设视觉目标的状态向量 X 表示其在二维图像域上的位置，即 $X = (x, y)^{\mathrm{T}}$，且 $k-1$ 时刻目标状态为 X_{k-1}，那么 k 时刻视觉目标的状态 X_k 为：

$$X_k = X_{k-1} + U_k \tag{11-79}$$

式中，U_k 为二维零均值高斯噪声，即 $U_k = (u_{x,k}, u_{y,k})^{\mathrm{T}}$。一般都假设随机成分比较大（即噪声 U_k 的方差较大），使得该模型能较好地跟踪视觉目标。特别地，可以将该模型扩展为布朗（Brown）运动模型。

虽然随机漂移模型非常简单，好像是对静态的目标进行跟踪，看起来不太有用。但是，在视觉目标运动不剧烈和没有更好的运动模型的情况下，该模型得到了广泛应用。

2）二阶自回归模型。在基于粒子滤波的视觉跟踪中，二阶自回归模型是应用最为广泛的状态转移模型。其利用第 $k-1$ 时刻和第 $k-2$ 时刻视觉目标的状态估计第 k 时刻的目标状态。简单的二阶自回归模型为：

$$X_k - X_{k-1} = X_{k-1} - X_{k-2} + U_k \tag{11-80}$$

该模型假设视觉目标状态（二维图像域上的位置）X_k 和 X_{k-1} 之间的差异与 X_{k-1} 和 X_{k-2} 之间的差异相同（或者相近）；或者说，视觉目标的速度除了一个随机扰动因素外是在相邻帧间近似恒定的。

3）恒速度模型。假设在二维图像域上视觉目标恒速运动，且其速度为 $\boldsymbol{v}$，则其运动可描述为：

$$\begin{cases} \boldsymbol{X}_k = \boldsymbol{X}_{k-1} + T\boldsymbol{v}_k + \boldsymbol{U}_{X,k} \\ \boldsymbol{v}_k = \boldsymbol{v}_{k-1} + \boldsymbol{U}_{v,k} \end{cases} \tag{11-81}$$

式中，T 为帧间时间间隔。如果将视觉目标位置 X 和速度 $\boldsymbol{v}$ 组合为一个状态向量，即 $\widetilde{X} = (X, \boldsymbol{v})^{\mathrm{T}}$，那么式（*11-81*）可改写为：

$$\widetilde{\boldsymbol{X}}_k = \boldsymbol{A}\widetilde{\boldsymbol{X}}_{k-1} + \widetilde{\boldsymbol{U}}_k \tag{\textbf{11-82}}$$

式中，A 为状态转移矩阵，且有 $\boldsymbol{A} = \begin{pmatrix} 1 & T \\ 0 & 1 \end{pmatrix}$；$\widetilde{\boldsymbol{U}}_k$ 为高斯噪声，且有 $\widetilde{\boldsymbol{U}}_k = \begin{pmatrix} \boldsymbol{U}_{X,k} \\ \boldsymbol{U}_{v,k} \end{pmatrix}$。

4）恒加速度模型。假设在二维图像域上视觉目标恒加速运动，且其加速度为 a，则其运动可描述为：

$$\begin{cases} \boldsymbol{X}_k = \boldsymbol{X}_{k-1} + T\boldsymbol{v}_k + 0.5T^2\boldsymbol{a}_{k-1} + \boldsymbol{U}_{X,k} \\ \boldsymbol{v}_k = \boldsymbol{v}_{k-1} + T\boldsymbol{a}_{k-1} + \boldsymbol{U}_{v,k} \\ \boldsymbol{a}_k = \boldsymbol{a}_{k-1} + \boldsymbol{U}_{a,k} \end{cases} \tag{11-83}$$

相似地，如果将视觉目标位置 X、速度 v 和加速度 a 组合为一个状态向量，即 $\hat{X} = (X,\ v,\ a)^{\mathrm{T}}$，那么式(11-83)可改写为式(11-82)的形式，而

$$A = \begin{pmatrix} 1 & T & 0.5T^2 \\ 0 & 1 & T \\ 0 & 0 & 1 \end{pmatrix},\ \widetilde{U}_k = \begin{pmatrix} U_{X,\ k} \\ U_{v,\ k} \\ U_{a,\ k} \end{pmatrix}$$

对于上面四种状态转移模型：随机漂移模型、恒速度模型和恒加速度模型都可以统一于自回归模型理论框架。随机漂移模型即为简单的一阶自回归模型。如果视觉目标的速度可近似于其连续两帧的位置差（即 $X_k - X_{k-1}$），那么恒速度模型即为二阶自回归模型。相似地，如果视觉目标的加速度可近似于其连续 3 帧的位置差［即 $(X_k - X_{k-1}) - (X_{k-1} - X_{k-2})$］，那么恒加速度模型可由三阶自回归模型描述。当然，在一些复杂情况下，视觉目标的运动还取决于更高阶的状态。

（2）目标观测模型。在基于粒子滤波的视觉跟踪中，特定视觉特征的统计描述是计算观测概率分布的关键。在视觉跟踪中，常用的视觉特征有颜色、形状、纹理和运动等。对于不同的视觉特征，统计描述方法是不同的，而且在不同的场景下各视觉特征的稳定性、区分性和显著性也是不同的。以下主要讨论单特征、单目标的视觉跟踪问题，因此本节仅讨论颜色特征的统计描述。颜色特征是视觉跟踪的基本特征，其对视觉目标的部分遮挡、旋转和尺度变化都是稳定的。颜色特征的描述方法很多，而基于核的统计描述是有效的方法。在此，首先讨论基于核的颜色特征描述方法，并以此为基础建立视觉目标的观测概率分布。

1）颜色特征的统计模型描述。假设将视觉目标的颜色分布离散化为 B 级，B 是颜色量化等级（在 RGB 颜色空间，一般取 $B = 8 \times 8 \times 8$），且定义颜色量化函数 $b(l_m)$：$R^2 \to \{1,\ \cdots,\ B\}$，表示把位置 l_m 处的像素颜色值量化并将其分配到颜色分布相应的颜色级。于是，给定视觉目标状态 X，则其颜色分布 $p_i = \{p_l^{(u)}\}_{u=1,\ \cdots,\ B}$ 定义为：

$$p_l^{(u)} = C \sum_{m=1}^{M} k\left(\left\| \frac{l - l_m}{h} \right\| \right) \delta(b(l_m) - u) \tag{11-84}$$

式中，l 为视觉目标的中心 $(x,\ y)$，由目标状态 X 确定；M 为视觉目标区域的总像素数，而 $h = \sqrt{h_x^2 + h_y^2}$ 表示目标区域的大小；$k(\cdot)$ 为核函数（一般选择高斯核函数）；$\delta(\cdot)$ 为 Kronecker Delta 函数；C 为归一化常数：

$$C = \frac{1}{\displaystyle\sum_{m=1}^{M} k\left(\left\| \frac{l - l_m}{h} \right\| \right)} \tag{11-85}$$

2）视觉目标观测概率分布计算。在视觉跟踪的初始帧，选定参考视觉目标 X_c，利用式(11-84)建立参考目标的颜色分布 $\{q^{(u)}\}_{u=1,\ \cdots,\ B}$。在第 k 帧，设视觉目标状态 X_k 的第 n 个采样 $X_k^{(i)}$ 所对应的图像区域颜色分布为 $\{p^{(u)}\}_{u=1,\ \cdots,\ B}$，样本 $X_k^{(i)}$ 表示视觉目标在第 k 帧的一假定状态。于是，样本 $X_k^{(i)}$ 与参考目标 X_c 的相似性度量，可利用其颜色分布的相似性度量建立。一般地，Bhattacharyya 系数是建立两概率分布相似性度量的有效工具。样本 $X_k^{(i)}$ 与参考视觉目标 X_c 的颜色分布的 Bhattacharyya 系数定义为：

$$\rho\left[\,p^{(u)},\;q^{(u)}\,\right] = \sum_{u-1}^{B}\sqrt{p^{(u)}q^{(u)}} \tag{11-86}$$

则样本 $\boldsymbol{X}_k^{(i)}$ 与参考视觉目标 $\boldsymbol{X}_c$ 的相似性度量函数可定义为:

$$D(p,\;q) = \sqrt{1 - \rho\left[\,p^{(u)},\;q^{(u)}\,\right]} \tag{11-87}$$

式中, $D(p,\;q)$ 为 Bhattacharyya 距离。于是, 视觉目标的观测概率分布可定义为:

$$p(Z_k^{(i)} \mid X_k^{(i)}) = \frac{1}{\sqrt{2\pi}}\exp\left[\frac{-\lambda D^2(p,\;q)}{2}\right] \tag{11-88}$$

式中, λ 为控制参数, 在实验中取 $\lambda = 20$。显然, 相似性度量越小, 样本越可靠, 样本的观测概率越大。

11.2.2.4 视觉跟踪算法

对于标准粒子滤波算法, 粒子采样是根据状态条件概率 $p(\boldsymbol{X}_k \mid \boldsymbol{X}_{k-1})$ 抽取的, 粒子状态转移可选择式(11-79)所示的随机漂移模型, 而粒子 $\boldsymbol{X}_k^{(i)}$ 的权值可由其观测概率完全决定:

$$\omega_k^{(i)} \propto p(\boldsymbol{Z}_k^{(i)} \mid \boldsymbol{X}_k^{(i)}) \tag{11-89}$$

在视觉跟踪中, 视觉目标的观测概率分布可由其视觉特征的统计分布定义。粒子的权值可定义为视觉目标的颜色分布:

$$\omega_k^{(i)} \propto p(\boldsymbol{Z}_k^{(i)} \mid \boldsymbol{X}_k^{(i)}) = \frac{1}{\sqrt{2\pi}}\exp\left[\frac{-\lambda D^2(p,\;q)}{2}\right] \tag{11-90}$$

于是, 基于标准粒子滤波的视觉跟踪算法的基本步骤可以归纳为初始化、重采样、状态转移和样本的权值(即观测概率)计算, 具体算法如下。

(1) 初始化。令 $k = 0$, 在初始帧手动选取参考视觉目标 $\boldsymbol{X}_0$, 并计算其颜色分布 $\{q^{(u)}\}_{u=1,\;\cdots,\;B}$; 同时, 根据先验分布 $p(\boldsymbol{X}_0)$ 建立初始状态样本集 $\left\{\boldsymbol{X}_0^{(i)},\;\dfrac{1}{N}\right\}_{i=1}^{N}$。

(2) 粒子状态转移。根据随机漂移模型和粒子 $\boldsymbol{X}_{k-1}^{(i)}$, 计算粒子 $\widetilde{\boldsymbol{X}}_k^{(i)}$。

(3) 粒子的权值计算。根据式(11-89)计算样本 $\widetilde{\boldsymbol{X}}_k^{(i)}$ 的权值 $w_k^{(i)}$, 并进行归一化, 有:

$$\omega_k^{(i)} = \frac{\omega_k^{(i)}}{\displaystyle\sum_{i=1}^{N}\omega_k^{(i)}}$$

(4) 视觉目标状态估计输出。计算 k 时刻视觉目标状态的 MMSE 估计 $\hat{\boldsymbol{X}}_k = \displaystyle\sum_{i=1}^{N}\omega_k^{(i)}\widetilde{\boldsymbol{X}}_k^{(i)}$。

(5) 重采样。根据粒子的权 $w_k^{(i)}$ 从粒子集 $\{\widetilde{\boldsymbol{X}}_k^{(i)},\;\omega_k^{(i)}\}_{i=1}^{N}$ 重新抽取 N 个粒子, 具体过程如下:

1) 计算粒子集 $\{\widetilde{\boldsymbol{X}}_k^{(i)},\;\omega_k^{(i)}\}_{i=1}^{N}$ 的累积权值, $c_k^{(i)} = c_k^{(i-1)} + \omega_k^{(i)}$;

2) 产生[0, 1]上均匀分布的随机数 u;

3）在粒子集中搜索使 $c_k^{(i)} \geqslant u$ 的最小 j，并令 $\boldsymbol{X}_k'^{(i)} = \widetilde{\boldsymbol{X}}_k^{(i)}$ ；

4）形成新的粒子集 $\{\boldsymbol{X}_k^{(i)}, \omega_k^{(i)}\}_{i=1}^{N} = \left\{\boldsymbol{X}_k'^{(i)}, \dfrac{1}{N}\right\}_{i=1}^{N}$ ；

（6）令 $k = k+1$，返回步骤 2）。

参 考 文 献

[1] 李俊山，李旭辉，朱子江．数字图像处理［M］.3 版．北京：清华大学出版社，2017.

[2] 章毓晋．图像工程——图像处理和分析［M］.上册．北京：清华大学出版社，1999.

[3] 章毓晋．图像工程——图像理解与计算机视觉［M］.下册．北京：清华大学出版社，2000.

[4] 郑方，章毓晋．数字信号与图像处理［M］.北京：清华大学出版社，2005.

[5] 张艳宁，李映．SAR 图像处理的关键技术［M］.北京：电子工业出版社，2014.

[6] 王正明，朱炬波，谢美华．SAR 图像提高分辨率技术［M］.2 版．北京：科学出版社，2013.

[7] 才溪．多尺度图像融合理论与方法［M］.北京：电子工业出版社，2014.

[8] 龚声蓉，刘纯平，季怡．复杂场景下图像与视频分析［M］.北京：人民邮电出版社，2013.

[9] 徐晨，曹文明，刘辉．多光谱图像与几何代数［M］.北京：科学出版社，2014.

[10] 罗建书，周敏，孙蕾．高光谱遥感图像数据压缩［M］.北京：国防工业出版社，2011.

[11] 张连蓬，李行，陶秋香．高光谱遥感影像特征提取与分类［M］.北京：测绘出版社，2012.

[12] 张良培，杜博，张乐飞．高光谱遥感影像处理［M］.北京：科学出版社，2014.

[13] 尤红建，付琨．合成孔径雷达图像精准处理［M］.北京：科学出版社，2011.

[14] 皮亦鸣，杨建宇．合成孔径雷达成像原理［M］.成都：电子科技大学出版社，2007.

[15] Robert A S. 遥感图像处理模型与方法［M］.2 版．微波成像技术国家重点实验室译．北京：电子工业出版社，2010.

[16] Henri Maitre. 合成孔径雷达图像处理［M］.北京：电子工业出版社，2013.

[17] 刘富强，王新红，宋春林，等．数字视频图像处理与通信［M］.北京：机械工业出版社，2009.

[18] 杨杰，张翔．视频目标检测和跟踪及其应用［M］.上海：上海交通大学出版社，2012.

[19] 朱秀昌，刘峰，胡栋．视频编码与传输新技术［M］.北京：电子工业出版社，2014.

[20] 朱俊杰，范湘涛，杜小平．面向对象的高分辨率遥感图像分析［M］.北京：科学出版社，2014.

[21] Milan Sonka, Vaclav Hlavac, Roger Boyle. 图像处理、分析与机器视觉［M］.3 版．北京：清华大学出版社，2011.

[22] Mark S. Nixon, Alberto S. Aguado. 特征提取与图像处理［M］.2 版．北京：电子工业出版社，2010.

[23] 蓝章礼，李益才，李艾星．数字图像处理与图像通信［M］.北京：清华大学出版社，2009.

[24] 王相海，宋传鸣．图像及视频可分级编码［M］.北京：科学出版社，2009.

[25] 段大高，王建勇．图像处理与应用［M］.北京：北京邮电大学出版社，2013.

[26] Tony F. Chan, Jianhong（Jackie）Shen. 图像处理与分析-变分、PDE、小波及随机方法［M］.北京：科学出版社，2011.

[27] Maria Petrou, Costas Petrou. 图像处理基础［M］.2 版．北京：清华大学出版社，2013.

[28] 章毓晋．图像处理和分析技术［M］.北京：高等教育出版社，2014.

[29] 孔韦韦，王炳和，李斌兵，等．图像融合技术——基于多分辨率非下采样理论与方法［M］.西安：西安电子科技大学出版社，2015.

[30] 王鑫，徐立中．图像目标跟踪技术［M］.北京：人民邮电出版社，2012.

[31] Wang H B, Zheng S N, Wang X. An approach for target detection and extraction based on biological vision［J］. Intelligent Automation and Soft Computing, 2011, 17（7）：909-921.

[32] 丁晓峰．基于序贯拟蒙特卡罗滤波的视觉跟踪及相关算法［D］.南京：河海大学，2011.

[33] 王晓．合成孔径雷达图像相干斑滤波算法研究［D］.合肥：合肥工业大学，2005.

[34] 刘焕敏，王华，段慧芬．一种改进的 SIFT 双向匹配算法［J］.兵工自动化，2009, 28（6）：89-91.

[35] 刘立，彭复员，赵坤．采用简化 SIFT 算法实现快速图像匹配．红外与激光工程［J］.2008, 37

（1）：181-184.

[36] 赵佳佳，唐峥远，杨杰，等．基于图像稀疏表示的红外小目标检测算法 [J]．红外与毫米波学报，
2011，30（2）：156-162.

[37] 焦李成，侯彪，王爽，等．图像多尺度几何分析理论与应用——后小波分析理论与应用 [M]．西
安：西安电子科技大学出版社，2008.

[38] 陈博，赵春晖，任勇勇，等．基于小波分析的 Mean-Shift 航拍图像分割算法 [J]．计算机工程与应
用，2010，46（12）：143-115.

[39] 徐立中，李敏，石爱业．受昆虫视觉启发的多光谱遥感影像特征检测器模型 [J]．电子学报，
2011，39（11）：2497-2501.

[40] 蔺海峰，马宇峰，宋涛．基于 SIFT 特征目标跟踪算法研究 [J]．自动化学报，2010，36（8）：
1204-1208.

[41] 王永忠，梁彦，赵春晖，等．基于多特征自适应融合的核跟踪方法 [J]．自动化学报，2008，34
（4）：393-399.

[42] 梁敏．基于粒子滤波的多目标跟踪算法研究 [D]．西安：西安电子科技大学，2010.

[43] 王鑫，唐振民．基于特征融合的粒子滤波在红外小目标跟踪中的应用 [J]．中国图像图形学报，
2010，15（1）：91-97.